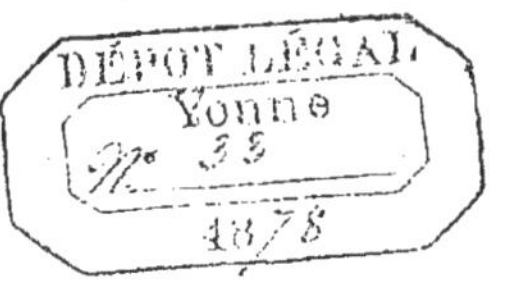

ÉCHINIDES

FOSSILES DE L'ALGÉRIE

DESCRIPTION
DES ESPÈCES DÉJA RECUEILLIES DANS CE PAYS
ET CONSIDÉRATIONS SUR LEUR POSITION
STRATIGRAPHIQUE

PAR

MM. COTTEAU, PERON & GAUTHIER

QUATRIÈME FASCICULE

ÉTAGE CÉNOMANIEN
(PREMIÈRE PARTIE)

AVEC HUIT PLANCHES

PARIS
G. MASSON, ÉDITEUR
LIBRAIRE DE L'ACADÉMIE DE MÉDECINE
Boulevard Saint-Germain, en face l'École de Médecine.

1878

ÉCHINIDES FOSSILES DE L'ALGÉRIE

DESCRIPTION

DES ESPÈCES DÉJA RECUEILLIES DANS CE PAYS

ET CONSIDÉRATIONS SUR LEUR POSITION STRATIGRAPHIQUE

PAR

MM. COTTEAU, PERON et GAUTHIER.

QUATRIÈME FASCICULE

ÉTAGE CÉNOMANIEN

Avec l'étage cénomanien nous abordons l'un des terrains les plus importants et les plus répandus de l'Algérie. Ses couches puissantes, qui souvent n'atteignent pas moins de 500 mètres d'épaisseur, contribuent à la formation de presque tous les grands groupes montagneux, sauf peut-être de ceux du littoral, ou leur présence n'a pas encore été nettement constatée. En raison de la nature pétrologique des assises, généralement composées d'alternances très uniformes de marnes argileuses plus ou moins délayables et de bancs calcaires résistants, elles donnent naissance à des régions particulièrement ravinées, inégales, hérissées de ces pics ou crêtes rocheuses, désignées habituellement sous le nom de *Kef*.

Leur accès est en général difficile. Presque partout les assises, fortement redressées, donnent lieu à une succession de petites vallées étroitement enclavées dans des murailles rocheuses. Toutes ces régions, partout où quelques couches détritiques ou d'alluvions ne sont pas venues recouvrir et masquer les roches arides de l'étage cénomanien, sont d'une stérilité à peu près complète. L'absence de tout élément siliceux, la prédominance des roches calcaires dures d'une désagrégation difficile, y créent un sol rebelle à toute culture. C'est à peine si, par places, de maigres forêts de chênes, de pins d'Alep ou de genévriers peuvent s'y fixer.

Au point de vue minéralogique, le terrain qui nous occupe n'est guère moins ingrat que sous le rapport agronomique. On n'y a jusqu'ici rencontré aucun gisement de minéraux utiles, de lignites combustibles, ni de roches précieuses. C'est à peine si quelques parties de l'étage offrent en certains endroits des bancs susceptibles de fournir une bonne pierre d'appareil, non gélive, résistante et d'un travail facile. Nous avons seulement à signaler l'existence, en quantités considérables, dans les régions du Sud, d'une roche utile qui partout ailleurs serait pour les populations une source de richesse inépuisable. Ce sont des bancs puissants de gypse compacte ou albâtre gypseux, fournissant par la cuisson un plâtre d'une pureté remarquable, qui sont intercalés par alternances dans les bancs calcaires et marneux de l'étage cénomanien de l'extrême sud. Malheureusement, en raison de leur situation, ces richesses demeurent inexploitées et stériles.

Si, sous les rapports minéralogique et agronomique, les couches de l'étage cénomanien sont ingrates et peu intéressantes, il n'en est pas de même au point de vue paléontologique. Il est peu de terrains, en effet, où les restes organisés fossiles se montrent avec autant de profusion. Dans tous les gisements que nous connaissons, la variété des espèces fossiles rivalise avec l'abondance des individus. Au point de vue particulier qui nous occupe dans ce travail, c'est de tous les terrains algériens celui qui nous a fourni le plus grand nombre et la plus grande variété d'Echinides. Nous ne comptons jusqu'ici pas moins de quatre-vingts espèces d'oursins provenant de cet étage, et il est évident que l'avenir nous amènera encore bien d'autres matériaux, quand tous les gisements qui existent auront été explorés. Sur ce nombre considérable, la plus grande partie des espèces sont nouvelles et spéciales jusqu'ici à l'Algérie. Un tiers seulement environ ont été déjà décrites et signalées dans les terrains synchroniques de la France.

Toutes les familles d'Echinides adoptées dans la nomenclature sont représentées dans nos listes. Elles le sont toutefois d'une manière très inégale. Les Spatangidées et en particulier le genre *Hemiaster* se montrent partout avec une profusion et une richesse de formes vraiment étonnantes. Ce genre, qui est, en somme, assez rare dans nos terrains français contemporains, où la seule espèce *Hemiaster Bufo* soit un peu répandue, est au contraire le fossile dominant des terrains cénomaniens d'Algérie. Il l'emporte même, sinon pour l'abondance des individus, au moins pour la variété des types spécifiques et par sa présence constante dans tous les gisements, sur le genre *Ostrea* lui-même dont les individus remplissent dans le midi des couches entières, mais qui fait absolument défaut dans les gisements du Tell.

A côté de cette surabondance de certaines formes d'oursins, nous aurons à signaler le défaut complet de certaines autres cependant assez répandues dans les terrains similaires français, comme les *Catopygus*, les *Caratomus*, les *Micraster*, etc., ou l'extrême rareté de quelques autres genres, non moins communs habituellement, les *Cidaris*, les *Echinoconus*, les *Anorthopygus*, etc., etc.

Nous aurons surtout à constater de curieuses répartitions et localisations des genres et des familles d'Echinides. Sous le rapport de la faune, les gisements cénomaniens que nous allons avoir à examiner présentent de singulières différences. Dans le nord, ce sont des genres tout spéciaux à cette région, les *Holaster*, *Epiaster*, *Discoïdea*, *Peltastes*, *Glyphocyphus*, *Goniophorus*, etc., dont nous ne trouvons pas trace dans le Midi. Ici au contraire ce sont les *Echinobrissus*, les *Pyrina*, les *Archiacia*, les *Phyllobrissus*, les *Holectypus*, les *Heterodiadema*, etc., etc., tous genres dont aucun représentant n'a pénétré dans les mers cénomaniennes du Tell.

Ces différences d'ailleurs ne sont pas limitées à la faune échinologique. Dans cette dernière région, c'est la prédominance absolue des céphalopodes, dont les types sont aussi abondants que variés, à l'exclusion complète des Lamellibranches pleuroconques, des zoophytes, des amorphozoaires, etc. Sur les hauts plateaux au contraire, les Ostracés remplissent les couches, les Céphalopodes deviennent en général très rares, les Brachiopodes manquent complétement.

Ces dissemblances presque radicales entre diverses localités, la richesse exubérante de la faune renfermée dans toutes ces couches, et enfin l'exemple donné à ce sujet par de savants maîtres, nous ont conduit à rechercher s'il n'y avait pas lieu de distinguer plusieurs époques dans ce vaste ensemble de couches et de scinder en deux étages nos matériaux si considérables.

M. Coquand, le savant professeur qui, le premier, a réellement porté la lumière dans le chaos jusque-là très confus des formations algériennes, appliquant dans ces régions la nomenclature et la terminologie qu'il avait inaugurées en France, a divisé la craie moyenne des environs de Tebessa et de Batna en un assez grand nombre d'étages dont deux, les étages Rhotomagien et Carentonien, correspondent sensiblement à l'ensemble des couches qu'Alcide d'Orbigny avait réunies sous le nom d'étage cénomanien.

La première de ces divisions de M. Coquand correspond, comme on le sait, à l'horizon de la craie inférieure de Rouen, et elle est caractérisée principalement par les *Turrilites costatus*, *Ammonites varians*, *A. Mantelli*, *A. Rhotomagensis*, *Scaphytes æqualis*, et en échinides, par les *Holaster subglobosus*, *H. nodulosus*, *Hemiaster bufo*, *Discoïdea cylindrica*, etc., etc.

L'étage carentonien, tel que l'a récemment réduit M. Coquand (1), correspond principalement aux couches à ostracées du Maine et de la Provence et aux calcaires à Ichtyosarcolithes. Il est caractérisé surtout par les *Ostrea columba*, *biauriculata*, *flabellata*, par la *Terebratella Carentonensis* et la *Caprina adversa*.

Cette division est en somme rationnelle et généralement adoptée en France. Si, sur quelques points, la distinction est difficile, comme au Mans, et la superposition un peu douteuse, il n'en est pas moins admis que ces deux groupes de couches forment deux

(1) Voir, au sujet de la création d'un étage ligérien aux dépens du carentonien, *la Monographie des Ostrea*, p. 10, et le *Bull. Soc. géol. de France*, t. III, 3me série, p. 268.

horizons distincts, fréquemment isolés l'un de l'autre et différenciés par des faunes en grande partie spéciales à chacun d'eux.

Nous étions donc, en principe, très disposés à adopter cette division en deux étages. Elle aurait eu l'avantage d'établir un rapprochement et une comparaison plus serrés avec les couches correspondantes en France, et elle nous aurait permis de continuer à réunir dans un même fascicule, tous les renseignements stratigraphiques et toutes les descriptions d'espèces afférentes à un même étage. Malheureusement nous avons été arrêtés par l'extrême difficulté d'introduire dans l'épaisseur des couches cénomaniennes d'Algérie une coupure suffisamment justifiée. Il est possible, à la vérité, là comme partout ailleurs, de distinguer des zones assez tranchées. Dans quelques-uns de nos travaux (1), nous avons déjà insisté sur ce fait et nous compléterons plus loin les renseignements déjà donnés à ce sujet. Mais, nulle part il ne nous a été possible de constater que telles ou telles zones pouvaient représenter la craie de Rouen, et telles autres les grès du Maine ou les calcaires des Charentes ou de la Provence.

Sans doute sur plusieurs points une certaine équivalence doit exister entre des portions de nos séries algériennes et les portions correspondantes du continent européen, mais cette parallélisation ne saurait avoir lieu d'étage à étage, comme pour les autres horizons, et surtout il ne nous parait pas possible de l'établir en prenant pour base les faunes ordinaires et reconnues caractéristiques de la craie de Rouen et des calcaires des Charentes. En entrant dans cette voie, M. Coquand a été conduit à des déplacements de couches et à une répartition des fossiles qu'il ne lui est pas possible de maintenir. Nous montrerons dans les descriptions locales qui vont suivre les causes de notre résolution, et nous espérons démontrer que toute coupure et toute parallélisation, basées seulement sur nos observations, eussent été, de notre part, une mesure tout à fait arbitraire et impossible à justifier.

Dans le principe, avant d'avoir étudié aussi en détail les

(1) *Bull. Soc. géol. de France*, t. XXIII, p. 686.

divers gisements cénomaniens que nous connaissons actuellement, nous avions été séduit par une division nette, facile, et en apparence bien motivée. Il s'agissait de séparer les terrains cénomaniens du Tell algérien, de ceux des hauts plateaux. Les premiers, par leur affinité bien plus accentuée avec le cénomanien à facies crayeux du bassin parisien, nous paraissaient représenter plus particulièrement l'étage rhotomagien. Les autres, d'un caractère tout différent, se rapprochent davantage par leur faune des grès du Maine et de certaines couches du sud-ouest et de la Provence. M. Coquand a en grande partie adopté cette manière de voir. Pour lui, Aumale, Berouaguiah, Boghar sont du Rhotomagien, et si, dans le Sud, certaines portions des couches ont été attribuées par lui à ce même étage, la masse principale des assises et en particulier les couches à oursins ont été placées dans les sous-étages supérieurs.

Cette séparation, comme nous l'avons dit, est séduisante en effet. Dès le premier abord on est tenté de la faire. La dissemblance est telle entre ces deux terrains, que l'on se croit difficilement en présence d'un seul et même étage. Non seulement l'ensemble de la faune et les caractères généraux sont totalement différents, mais c'est à peine si quelques espèces peuvent être considérées comme identiques dans les deux gisements. La distinction qu'on est porté à faire est donc par ce motif et en raison des affinités respectives des deux ensembles, bien rationnelle. Nous pensons toutefois que cette distinction en horizons superposés et le rapprochement avec les deux étages rhotomagien et carentonien ne seraient pas exacts.

Après un long examen de cette question, nous voyons dans les gisements du Nord et du Sud, deux séries de couches non pas superposées mais juxtaposées, parallèles et synchroniques. Toutes les deux se développent dans un ordre parfaitement normal, sans discordances, sans lacunes apparentes; toutes les deux sont comprises entre des limites équivalentes, sans qu'aucun groupe de couches, difficile à étudier ou dénué de fossiles, puisse être considéré comme représentant l'étage en défaut. Des changements de niveaux, des oscillations suivies d'exondations partielles pourraient-elles expliquer ces distributions de couches? Nous ne le pensons pas. L'examen paléontologique nous paraît contredire ce mode d'explication.

A Bou-Saada, à Batna, les espèces considérées comme caractéristiques du cénomanien supérieur, notamment les *Ostrea flabellata*, *carinata*, etc., *l'Heterodiadema libycum*, etc., se montrent dès les couches inférieures du cénomanien, et cela non pas isolément et exceptionnellement, mais avec de nombreux autres fossiles qui, comme eux, parcourent la longue série des couches et se retrouvent encore dans les zônes supérieures, après avoir traversé parfois 200 à 300 mètres de sédiments. Au contraire, beaucoup d'autres espèces de la craie de Rouen, comme *Turrilites costatus*, *T. Bergeri*, *Ammonites Rhotomagensis*, *A. Mantelli*, habitent, dans ces mêmes localités et dans bien d'autres, des couches relativement très élevées dans l'étage, et elles s'y trouvent en contact intime avec la plupart des espèces caractéristiques des gisements du sud.

Il y a lieu enfin de faire remarquer que dans quelques localités exceptionnelles, dont nous donnerons plus loin la description, on a pu observer la co-existence des deux facies et là, contrairement à ce qu'on était en droit de supposer, c'est le terrain cénomanien à facies du Sud qui occupe les couches inférieures.

A Boghar, par exemple, les *Isocardia aquilina*, *Janira tricostata*, *Ostrea africana*, *O. Syphax*, *O. Olisoponensis* et autres compagnons intimes et constants de l'*Heterodiadema libycum* sont bien inférieurs aux *Discoïdea cylindrica*, *Holaster nodulosus*, *Glyphocyphus radiatus*, *Turrilites costatus*, etc. Ailleurs comme dans le djebel Bou-Thaleb, plusieurs espèces des deux faunes cohabitent dans les mêmes bancs.

Nous pensons donc, en résumé, que les terrains du Tell et ceux des hauts plateaux sont deux facies d'un même étage, deux séries de sédiments déposés dans des conditions de fond éminemment différentes et présentant en conséquence des faunes distinctes et appropriées aux conditions biologiques qui leur étaient faites.

Le terrain cénomanien des hauts plateaux, quoique présentant quelques espèces communes avec les grès du Maine, a un caractère tout spécial. On a cependant, depuis quelque temps, découvert, sur plusieurs points du bassin méditerrannéen, des couches qui offrent avec celles de l'Afrique une grande analogie. Ces gisements se trouvent dans la Provence, aux Martigues et au Beausset, puis en Sicile, dans les Calabres, en Palestine, en Egypte, en Tunisie.

Tous sont caractérisés par une faune presque identique et un bon nombre d'espèces communes. Des *Ostrea* particuliers, des *Janira*, des *Hemiaster* et *l'Heterodiadema libycum* y abondent. Nous avons été conduit par ces faits à considérer ces terrains non pas seulement comme un facies local et exceptionnel, mais comme une forme générale de l'étage cénomanien dans un bassin déterminé. Nous avons, en raison de la situation de ces gisements, désigné ce terrain sous le nom de cénomanien à facies méditerranéen.

Dans le midi de la France, les quelques couches de l'étage qui revêtent ce facies méditerranéen, occupent, à la vérité, un horizon assez élevé dans l'étage.

Au Beausset notamment, elles sont superposées à des couches qu'on considère comme représentant la craie de Rouen. C'est là un argument puissant en faveur de l'opinion qui tend à reconnaître les deux facies dont nous parlons comme ne représentant pas un seul et même étage, mais bien deux horizons distincts. Nous pensons cependant qu'il ne faut pas s'exagérer la portée de cette disposition locale, dont nous verrons sur d'autres points la contrepartie. Il y a lieu de tenir compte de certaines considérations qui peuvent expliquer ces différences entre les terrains d'Algérie et ceux de Provence. Dans ce dernier pays, la composition pétrologique de l'étage est assez variée. La sédimentation s'est opérée dans des conditions de fond très diverses, et il en est résulté de grandes variations dans la faune. C'est ainsi que l'étage qui a débuté là par des grès à échinides et à céphalopodes, a vu, plus tard, se développer des marnes à ostracées et des calcaires à rudistes et à polypiers, véritables récifs dont les bassins parisien et algérien ne présentent aucune trace.

Ces calcaires à rudistes qui se sont déposés à plusieurs reprises, donnent à l'étage cénomanien de nos régions méridionales un caractère qu'on peut considérer comme un peu accidentel et local.

Sur ces points, la faune que nous appelons méditerranéenne, n'a pu se développer comme partout ailleurs. Elle est cantonnée dans d'étroites couches et a été étouffée, pour ainsi dire, entre les bancs de rudistes.

En Algérie, il en est tout autrement. De la base au sommet de l'étage, le facies pétrologique ne varie pas. C'est une alternance cent fois répétée de calcaires et de marnes d'un caractère complétement uniforme. Il est résulté de cette condition le développement d'une faune également uniforme qui a occupé tout l'étage. Si un bon nombre d'espèces sont, comme partout, localisées dans certaines zones, beaucoup d'autres se représentent à plusieurs niveaux ou parcourent même toute la série des couches.

Dans le Tell Algérien, c'est, comme nous l'avons dit, une faune de céphalopodes et d'oursins analogue à celle du bassin parisien, qui se perpétue à travers les 500 mètres de sédiments cénomaniens. Dans les hauts plateaux c'est la faune méditerranéenne, exclusivement. En fouillant, à Bou-Saada et à Batna, les couches les plus inférieures de l'étage, celles qui, immédiatement superposées aux assises du gault, auraient dû donner au moins quelques traces de cette faune rhotomagienne cherchée, c'est presque avec désappointement que j'y rencontrais déjà les mêmes *Ostrea*, les mêmes *Janira* et les mêmes Oursins qui dominent dans toute l'épaisseur de l'étage. Mais il est inutile d'insister ici plus longtemps sur ces faits que nos descriptions ultérieures feront plus nettement ressortir. Il convenait seulement de les rappeler au début de ce travail pour expliquer par quelles raisons nous avons dû renoncer à la division en étages rhotomagien et carentonien, et pourquoi nous croyons devoir maintenir la dénomination générale d'étage cénomanien introduite dans la science par notre grand géologue d'Orbigny.

L'étage cénomanien occupe en Algérie de vastes espaces. Dans la région du Tell, on l'a reconnu un peu au sud de Constantine; puis il forme, plus à l'ouest, une longue bande qui depuis les environs du caravansérail de l'Oued-Okris, se prolonge jusqu'à Médéah, en passant par Aumale, les ruines romaines de Sour-Djouab et Berouaguiah.

Un peu plus au sud, il se montre sur de nombreux points aux environs de Boghar, dans la partie nord et à l'ouest jusqu'au pays des Hellal. Il forme en grande partie les montagnes du Djebel Guessa, Djebel Slib, Drah-el-Kamisch, et présente de nombreux affleurements au-dessus du terrain tertiaire sur les rives de l'Oued-el-Kerem, Oued-el-Hadira, Oued-Berrin, à Daya, au marabout de Sidi-Mohammed-Brahim, etc. Plus à l'ouest encore, il a été signalé dans le massif de Milianah, mais d'une manière moins positive et moins précise.

D'autres gisements également très importants existent dans l'est de nos possessions, qui, sous le rapport de la latitude, occupent une position analogue à ceux de Boghar, et comme eux présentent un caractère mixte entre ceux du Nord et du Midi. Ce sont les affleurements nombreux qu'on voit dans les montagnes du nord du Hodna, au Kef-el-Acel, dans l'ouest du caravansérail de Medjès-el-Foukani, puis chez les Ouled-Mahdid, au Djebel Zarouga, à Aïn-Halmon, dans le Djebel Bou-Thaleb, etc., puis sur le versant nord, chez les Righa-Dahra, aux environs de la maison forestière et du bordj du scheik Messaoud.

C'est toutefois dans les régions méridionales que le terrain cénomanien joue un rôle vraiment important. Dans cette longue série de chaines de montagnes parallèles qui, du nord-est au sud-ouest, limite au midi la longue dépression des Chotts Algériens, et les sépare du Sahara proprement dit, ce terrain se montre très fréquemment. C'est dans cette région que l'on désigne habituellement sous les noms de hauts plateaux, petit Sahara, région des steppes, ou région de l'Alfa, que se trouvent les gisements les plus riches et le plus beau développement de l'étage.

Quoiqu'un très grand nombre de ces gisements soient déjà connus, il en reste évidemment beaucoup encore à connaitre.

Chaque voyage ou exploration entrepris dans ces régions nous en a fait connaître de nouveaux. Parmi eux il en est qui ont à peine été explorés. On peut donc affirmer que de ce côté nous sommes loin de posséder toute la faune de l'étage, et, quelque considérables que soient déjà nos matériaux, il y a lieu d'espérer qu'ils s'augmenteront notablement encore.

Dès l'extrémité est de nos possessions du sud, sur les frontières de la Tunisie, nous trouvons aux environs de Beccaria, de Tebessa, de Tenoukla, d'où il s'étend en Tunisie, un très beau et riche affleurement de notre terrain.

Il forme la plus grande partie des montagnes voisines de Tebessa, le Djebel Osmor, et le Djebel Doukkan. Au-delà du plateau des Nemenchas, il se montre très développé également, aux environs de Krenchela et dans le vaste massif de l'Aurès, qui a été encore fort peu exploré.

Aux extrémités ouest de ce massif, les localités de Batna et de Biskra présentent de beaux affleurements que la facilité des abords et des communications a permis à beaucoup de voyageurs d'étudier.

En continuant vers le sud-ouest nous en trouvons encore de nombreux aux environs de Bou-Saada et dans tout le sud de ce cercle.

Les mêmes couches se montrent au sud des lacs Zahrez, puis sur de nombreux points des environs de Laghouat, où elles forment notamment toute la masse centrale du Djebel Bou-Khaïl.

Dans le sud du département d'Oran on connaît l'étage qui nous occupe seulement dans le Djebel Amour, aux environs de Geryville, et enfin chez les Ouled-Sidi-Cheik, jusqu'à l'oasis de Moghrar-Tatania, à l'extrême limite sud-ouest de notre colonie. Plus au sud encore, il paraît exister dans le Sahara, où il contribue à la formation des collines du pays des Mzabites.

C'est surtout en ce qui concerne les régions occidentales et les montagnes des Ouled-Sidi-Cheik, dont nous venons de parler, que les renseignements font défaut. Il y a là de vastes massifs que quelques indications nous permettent de considérer comme riches et intéressants et qui n'ont pas été explorés, du moins à notre connaissance, ou sur lesquels, en tous cas, aucun document n'a été publié. Il est à désirer que des officiers zélés et actifs, comme nous avons eu la bonne fortune d'en rencontrer sur d'autres points extrêmes, veuillent bien nous mettre à même de combler cette regrettable lacune.

Il ne nous est pas possible, on le comprend, de donner des détails sur chacun des trop nombreux gisements que nous venons de mentionner. Nous devrons seulement insister sur ceux qui nous sont le mieux connus et nous ont fourni les principaux matériaux qui font l'objet de notre travail. Nous ferons en sorte, toutefois, de montrer les différents aspects du terrain, et de signaler les particularités les plus intéressantes.

Pour cela nous décrirons, avec quelques détails, une localité de chacune des catégories que nous avons signalées comme présentant un facies spécial.

GISEMENTS CÉNOMANIENS DU NORD.

Le meilleur type de cette forme du terrain cénomanien que nous avons signalée plus haut comme spéciale à la région du Tell, se trouve sans contredit dans les environs d'Aumale.

La série y est plus complète et plus nettement superposée que partout ailleurs. Depuis assez longtemps déjà, grâce aux recherches de MM. Vatonne et Nicaise, une bonne partie des espèces fossiles de cette intéressante localité étaient connues. M. Coquand, auquel ces espèces avaient été communiquées, avait pu les comprendre dans sa description de la faune fossile de la province de Constantine. Nous n'aurons donc, dans la deuxième partie de ce travail, qu'à reprendre en grande partie les excellents types créés par M. Coquand, en y ajoutant les types nouveaux que nos propres recherches nous ont fait découvrir.

Mais si la faune était en partie connue depuis les publications de M. Coquand, il n'en était pas de même de la répartition des espèces au sein des couches, de la disposition, de la nature et de la puissance des assises. Sous ce rapport aucune indication n'avait encore été donnée.

En 1866, à la suite d'un séjour de huit mois à Aumale et grâce à des recherches presque quotidiennes, nous avons été en mesure de combler cette lacune. Dans une note présentée le 4 juin 1866 à la Société géologique de France et insérée au Bulletin de cette même année (1), nous avons donné, sur toute la région qui environne Aumale, des renseignements géologiques très détaillés.

Toutes nos recherches ultérieures, toutes les communications qui nous ont été faites, ou les indications que nous avons recueillies, n'ont presque rien ajouté à ces renseignements. Nous nous contenterons donc de puiser dans ce mémoire, en les résumant le plus possible, les indications stratigraphiques qui nous sont aujourd'hui nécessaires, et nous prierons les personnes qui pourraient désirer des détails plus circonstanciés de vouloir bien se reporter au travail sus indiqué.

L'étage cénomanien débute au nord d'Aumale par une masse de bancs calcaires très pauvres en fossiles. Leur base est formée par une zone marno-gréseuse dont les fossiles rappellent la faune la plus pure du gault classique. C'est la zone des *Ammonites latidorsatus*, *A. Mayori*, *A. Dupini*, *A. Beudanti*, *A. Camatteanus*, *A. versicostatus*, *A. Velledæ*, etc. Il y a là toute une faune éminemment caractéristique et sans aucun mélange. C'est donc une base sûre et commode. Dans l'épaisse série de couches qui se développent au-dessus de cette zone albienne fossilifère, nous avons reconnu sept zones bien distinctes, appartenant toutes à l'étage cénomanien. Les assises sont disposées en strates presque verticales. Elles forment, par les dépressions dues aux assises marneuses et par les saillies des couches calcaires, dont certains bancs dénudés s'élèvent parfois comme des murailles, une succession de compartiments où les fossiles ne peuvent se mélanger. Cette disposition éminemment favorable à la collecte des fossiles propres à chaque assise, nous a permis d'isoler avec soin les faunes de

(1) Notice sur la géologie des environs d'Aumale, *Bull. Soc. géol. de France*, t. XXIII, p. 686.

chaque zone. Nous pouvons donc, je crois, considérer comme bien exactes et réelles la succession et la répartition des fossiles que j'ai indiquées.

Presque toutes nos divisions, très nettement indiquées à Aumale, sont séparées par des massifs marneux ou calcaires non fossilifères; mais il est fort probable qu'il n'en est pas de même partout et que ces assises peuvent ailleurs renfermer beaucoup de fossiles. Cependant il me paraît avéré que ces mêmes divisions signalées à Aumale subsistent beaucoup plus loin dans l'ouest. A Berouaguiah même, d'après les coupes relevées par M. Thomas et les nombreux fossiles numérotés qu'il a bien voulu nous communiquer, nous avons reconnu très nettement notre succession.

En désignant chacune de nos zones par le nom d'un des fossiles dominants, nous avons admis la succession des zones suivantes de bas en haut :

Zone de l'*Ammonites Nicaisei*.
— de l'*Hemiaster Aumalensis*.
— du *Solarium Vatonnei*.
— du *Radiolites Nicaisei*.
— du *Discoïdea Forgemolli*.
— de l'*Epiaster Villei*.
— de l'*Epiaster Henrici*.

La première de ces divisions ne renferme pas d'oursins. Il résulte des études et comparaisons que nous avons pu faire depuis la publication de notre note, que cette zone nous paraît représenter assez exactement la zone à *Ammonites inflatus* du bassin parisien ou encore l'étage Vraconnien de M. Renevier. Si, en effet, nous comparons la situation et la faune de cette couche avec celles des couches correspondantes à la Vraconne, à Salazac, ou bien avec celles de la Gaize des Ardennes, de la Meule de Bracquegnies, etc., nous trouvons une assez grande analogie.

Tout d'abord il convient de faire remarquer que l'*Ammonites Nicaisei*, Coquand, qui caractérise cet horizon, ne présente, avec l'*Ammonites inflatus*, jeune, aucune différence spécifique suffisante pour l'en faire séparer. Cette identité, à la vérité, est contestable si l'on s'en tient à la description et à la figure que notre savant confrère a données de cette espèce, mais nous avons pu, depuis, recueillir d'assez nombreux échantillons au lieu même où M. Nicaise en a recueilli le type; nous avons pu examiner ceux de M. Nicaise lui-même et les comparer avec les nôtres, et nous sommes convaincu que l'échantillon figuré dans l'ouvrage de M. Coquand ne représente pas très exactement l'espèce ou qu'il doit en être considéré comme une variété rare. Ce qui en tout cas nous a frappé, c'est l'identité de nos échantillons et de ceux de M. Nicaise avec les *Ammonites inflatus* jeunes de Salazac ou de la perte du Rhône.

Avec ce fossile, nous avons recueilli, comme espèces déjà connues, les *Ammonites Velledæ, Turrilites Bergeri, Hamites simplex, H. alterno-tuberculatus*, un *Scaphytes* qui paraît être identique au *S. Hugardianus*, et enfin, une Ammonite qui joue dans cette zône et surtout dans la suivante, un rôle important et qui nous parait se retrouver aussi à Salazac. Cette Ammonite, que M. Coquand a décrite sous le nom de *Ammonites Martimpreyi*, nous paraît, malgré la différence apparente des figures, appartenir à la même espèce que l'*A. Gardonicus*, récemment décrite par MM. Hébert et Munier Chalmas (1).

Nous avons donc là, comme on le voit, une faune qui rappelle très bien celle du cénomanien le plus inférieur de la Provence et du bassin parisien.

La zone à *Hemiaster Aumalensis*, qui est superposée à la pré-

(1) Description du bassin d'Uchaux, p. 213, pl. 1. L'historique de cette espèce est assez curieux à suivre et il nous a fallu de laborieuses recherches pour débrouiller sa synonymie. Cette même espèce de Salazac, que MM. Hébert et Munier-Chalmas ont appelée *A. gardonicus*, est, d'après le témoignage de Pictet, qui en a examiné les échantillons dans la collection de M. Le Mesle, le vrai type de l'*Ammonites dispar*, d'Orbigny. D'Orbigny et Pictet s'étaient, à ce qu'il paraît, mis d'accord à ce sujet. Mais, antérieurement, d'Orbigny avait abandonné son *A. dispar* et l'avait fait passer dans le prodrôme (p. 146), en synonymie de l'*A. Catillus* Sow. Cette décision surprend beaucoup, quand on se reporte à la description et à la figure si peu semblables et si peu caractérisées que Sowerby a données de cette espèce. L'avis de Pictet qui maintient l'*A. dispar*, dont le type vient de Bedouin, nous semble devoir prévaloir,

cédente, est riche en oursins. Ces deux divisions sont reliées entre elles par plusieurs espèces communes, mais les échinides, qui caractérisent la deuxième, ne s'étaient pas encore montrés. Nous rappellerons seulement que, dans notre fascicule précédent, nous avons rapporté aussi à l'*Hemiaster Aumalensis* quelques petits oursins qui provenaient de l'étage du Gault, inférieur aux couches qui nous occupent actuellement.

Les espèces d'oursins recueillies dans cette zone sont :

Holaster Toucasi.
— *Barrandei.*
— *Algirus.*
Hemiaster Aumalensis.
— *Ameliæ.*
Discoïdea cylindrica.
Pseudodiadema tenue.

Avec ces oursins, on trouve, entre autres espèces caractéristiques, l'*Ammonites navicularis (A. Mantelli)*, l'*A. Rhotomagensis* et quelques autres fossiles des autres zones, *A. Martimpreyi*, *Radiolites Nicaisei*, etc.

Il est à remarquer que déjà, dans notre fascicule relatif à l'étage albien, nous avons signalé la présence, à la maison forestière du Bou-Thaleb, de deux des espèces que nous venons de mentionner, l'*Holaster Algirus*, que nous avions décrit sous le nom de *H. sylvaticus* et l'*Hemiaster Aumalensis.* Nous avons été naturellement porté à faire un rapprochement entre ces deux localités, et nous avons examiné s'il y avait lieu de les mettre sur le même horizon.

La réponse a été négative. Les couches de la maison forestière nous paraissent incontestablement inférieures. Outre l'*Ammonites inflatus* qu'elles renferment abondamment, on y trouve la plupart des espèces du gault le mieux caractérisé, comme *Ammonites varicosus*, *A. cristatus*, *A. Bouchardi*, etc., et nombreuses autres espèces pour la désignation desquelles nous nous référons à notre précédent fascicule. Les couches à *Hemiaster Aumalensis* d'Aumale ne contiennent plus, au contraire, aucune espèce spéciale au gault.

La plupart de celles qu'on y trouve se reproduisent jusque dans les couches élevées du cénomanien. Nous sommes donc fondés à croire que les quelques espèces en question se sont montrées déjà dans le Bou-Thaleb à une époque antérieure à celle où nous les trouvons ici.

La zone suivante est formée principalement par des marnes fissiles très argileuses. Elle renferme énormément de petits fossiles ferrugineux, mais très peu d'oursins. Les deux échantillons que j'y ai recueillis sont : le *Pseudodiadema tenue* et le *Glyphocyphus radiatus*, qui y sont très rares. Les Céphalopodes y dominent et quelques Gastéropodes, notamment le *Solarium Vatonnei*. y sont abondants. Entre autres espèces qu'il nous paraît utile de signaler, nous mentionnerons :

Ammonites Martimpreyi.
— *Velledæ.*
Scaphytes æqualis.
Baculites baculoïdes.
Turrilites Bergeri.
— *Gravesianus.*
— *costatus* (rare ici).
— *Aumalensis*, etc., etc.

Au-dessus de cette grande zone marneuse s'élève une série de calcaires rognoneux qui forment, au point de vue échinologique, une des assises les plus intéressantes de l'étage. C'est la zone que nous avons désignée par le nom du *Radiolites Nicaisei*, qui y est assez abondant, mais presque toujours en mauvais état. Les oursins de cette partie sont :

Holaster nodulosus.
— *Toucasi.*
Epiaster Vatonnei.
— *Crassior.*
Hemiaster Nicaisei.
— *Aumalensis,*
Discoïdea cylindrica.
Peltastes clathratus.

Peltastes Acanthoïdes.
Cidaris vesiculosa.
Goniophorus lunulatus.
Glyphocyphus radiatus.

Une autre zone marneuse succède à celle-ci, qui, comme celle à *Solarium Vatonnei*, renferme beaucoup de fossiles ferrugineux.

Un grand nombre d'espèces nouvelles apparaissent toutefois dans ces nouvelles marnes, notamment les *Ammonites Villei*, *A. Favrei*, *A. Pauli*, que M. Coquand a fait connaître.

Le *Turrilites costatus*, de petite dimension et à l'état ferrugineux, est extrêmement abondant dans cette zone. Les oursins y sont rares, sauf le *Discoïdea Forgemolli*, qui y est abondant, et caractérise bien cet horizon.

La zone à *Epiaster Villei*, qui vient au-dessus, est riche en gros oursins. Outre cette belle espèce, qui est commune, nous avons recueilli dans le grand massif calcaire qui constitue cette zone, les espèces suivantes :

Holaster subglobosus.
— *suborbicularis.*
— *nodulosus* (Var. *Trecensis*).
Hemiaster Nicaisei.
Epiaster Villei.
Discoïdea cylindrica.
— *Forgemolli* (rare).

Plus haut enfin, se trouve une dernière et puissante assise, caractérisée surtout par un autre *Epiaster* que nous avions d'abord rapporté à l'*E. Heberti* Coquand, mais que nous décrivons plus loin sous le nom d'*Epiaster Henrici*. Les oursins de cette zone sont les suivants :

Holaster nodulosus (Var. *marginalis*).
Hemiaster Nicaisei.
— *pseudofourneli.*
Epiaster Henrici,
Pseudodiadema variolare (Var. *Roissyi*).

Glyphocyphus radiatus.
Discoïdea Forgemolli (?).

Les espèces caractéristiques qui accompagnent ces oursins sont:

Ammonites Mantelli.
Turrilites Scheuchzerianus.
— *costatus.*
— *Desnoyersi*, etc.

Nous pensons que c'est aux calcaires supérieurs à cette zone qu'il convient d'arrêter l'étage cénomanien. Ces calcaires ne nous ont pas donné de fossiles, si ce n'est dans leurs couches élevées, quelques gros Radiolites que nous considérons comme devant être rapportés au *Biradiolites cornupastoris*. Au-dessus viennent des marnes puissantes avec *Micraster brevis*, qui marquent le commencement de la craie supérieure.

Telle est, en résumé, la succession de nos espèces d'oursins dans ce puissant étage cénomanien d'Aumale, qui nous paraît n'avoir pas moins de 500 à 600 mètres d'épaisseur. Nous avons dû borner nos indications à ce court résumé, sans entrer dans aucun détail sur les divers gisements les plus avantageux à explorer, sur l'extension géographique des zones, etc. Ces détails se trouvent dans notre mémoire précité, et les explorateurs qui pourraient avoir à étudier la région dont nous parlons pourront toujours s'y reporter. Ils retrouveront, grâce aux indications que nous y avons données, toutes nos zones avec facilité, et pourront éviter bien des études préliminaires et des recherches inutiles et pénibles.

Nous résumons, dans le tableau ci-dessous, la situation de haut en bas de toutes nos espèces d'échinides connues à Aumale et leur répartition dans les diverses zones.

Zone à *Epiaster Henrici*	Holaster nodulosus. Hemiaster Nicaisei. H. pseudofourneli (rare); Epiaster Henrici; Discoïdea Forgemolli (rare); Pseudodiadema variolare (var. Roissyi); Glyphocyphus radiatus (abondant).

Zone à *Epiaster Villei*	Holaster Barrandei (rare); Hol. subglobosus (a. commun); Hol. suborbicularis (r.); Hemiaster Nicaisei (c.); H. Ameliæ (a. r.); Epiaster Villei (c.); Discoïdea cylindrica (c.); Discoïdea Forgemolli (t. c.);
Zone à *Discoïdea Forgemolli.*	Holaster Toucasi (r.); Discoïdea Forgemolli (t. c.);
Zone à *Radiolitas Nicaisei*	Holaster Barrandei (r.); H. nodulosus (r.); H. Toucasi (c.); Hemiaster Nicaisei; H. Aumalensis; H. Ameliæ (a. c.); Epiaster Vatonnei (a. r.); E. crassior; Discoïdea cylindrica; Peltastes clathratus (r.); P. acanthoïdes (r.); Cidaris vesiculosa; Pseudodiadema tenue (r.); Goniophorus lunulatus (r.); Glyphocyphus radiatus (c.);
Zone à *Solarium Vatonnei.*	Pseudodiadema tenue (r.); Glyphocyphus radiatus (r.);
Zone à *Hemiaster Aumalensis*	Holaster algirus (r.); Holaster Toucasi (r.); Hemiaster Aumalensis (t. c.); H. Ameliæ (a. c.); Discoïdea cylindrica (a. c.); Pseudodiadema tenue (r.);
Zone à *Ammonites Nicaisei.*	Néant.

En dehors des espèces que nous venons d'énumérer, il en reste à classer un certain nombre, que M. Coquand a bien voulu nous communiquer et qui ont été recueillies dans les environs d'Aumale par M. Nicaise. N'ayant pas retrouvé nous-même ces espèces, et n'ayant pu avoir à leur sujet de renseignements suffisants, nous ne pouvons préciser leurs stations. Ce sont les espèces suivantes, que nous décrivons plus loin :

Cardiaster pustulifer.
Epiaster granosus.
E. verrucosus.
Hemiaster Pellati.

Cette bande de terrain cénomanien, qui s'étend au nord d'Aumale, se prolonge, comme nous l'avons dit, au loin dans l'ouest, en conservant sensiblement les mêmes caractères et la même allure. Nous l'avons suivie sur plus de 36 kilomètres, jusqu'au-delà des belles ruines romaines de Sour-Djouab, et nous n'avons remarqué aucune différence importante dans la succession des zones ni même dans la disposition des strates, qui restent toujours fortement inclinées au sud.

Plus loin encore, dans l'ouest, nous avons eu sur ces mêmes couches et sur les fossiles qu'elles renferment, de précieux renseignements qui nous ont été fournis par M. le vétérinaire militaire Thomas, naturaliste zélé, qui, pendant un assez long séjour à la Smalah des spahis de Berouaguiah, a pu étudier en détail tous les terrains environnants. M. Thomas, avec un zèle pour la science dont nous devons le féliciter, a bien voulu relever pour nous des coupes détaillées et nous envoyer de nombreux fossiles classés et numérotés avec un soin qui en a doublé la valeur.

La succession des couches cénomaniennes à Berouaguiah nous paraissant, à très peu près, analogue à celle d'Aumale, nous ne jugeons pas nécessaire de reproduire la coupe de cette localité. Au point de vue spécial qui nous occupe dans ce travail, elle ne nous apprend rien de particulier.

Cette série n'est pas aussi complète qu'à Aumale. Les deux extrémités, c'est-à-dire le gault inférieur et la craie supérieure sont masquées par le terrain tertiaire qui vient recouvrir en transgression les assises crétacées.

Les couches intermédiaires sont bien développées et très fossilifères. Un fait important à signaler au point de vue géologique, c'est que, d'après les observations et les coupes de M. Thomas, une partie de ces couches, surtout les plus élevées, seraient renversées et par suite superposées en sens contraire de l'ordre normal. Cette disposition n'a rien qui doive nous étonner. Nous avons vu qu'à Aumale et plus loin encore dans l'ouest, les couches crétacées étaient redressées jusqu'à la verticale. Cette situation continue dans les environs de Berouaguiah, mais auprès de la Smalah, le redressement s'accentue encore et, dans le Batem-Bou-Redim, l'inclinaison se prononce en sens inverse et le renversement devient complet. Cette disposition locale paraît due à l'action d'un filon de diorite porphyroïde tout à fait semblable à celui que nous avons remarqué au sud et à l'est d'Aumale. Il en a tous les caractères et en est évidemment la continuation. La roche éruptive dont les nombreux affleurements sont, comme à Aumale, alignés de l'est à l'ouest, se montre au sud du Kef-Lakdar, au pont d'Harmelas, où elle fournit une source chaude sulfureuse près de laquelle d'épaisses vapeurs sulfureuses s'échappent souvent du sein des rochers, puis au confluent de l'Oued-Seghouane et de l'Oued-el-Hakoun et enfin, bien au-delà, dans l'ouest, au marabout de Sidi Bouzid, où les marnes qui l'encaissent renferment du soufre exploité par les Arabes. Dans tous ces affleurements son action sur les couches voisines a été très énergique. Sur une bande de plus de 200 kilomètres elle a bouleversé et dénivelé les strates et changé la nature des roches. Partout elle est environnée de marnes lie de vin ou diversement colorées, de roches scoriacées, d'amas de gypse cristallin, etc.

Au point de vue particulier qui nous occupe, cette localité de Berouaguiah ne nous a donné que peu d'espèces que nous ne connaissions déjà. La plupart de celles que nous avons vues à Aumale s'y retrouvent, mais leur état de conservation n'y est en général que médiocre. Le *Discoïdea cylindrica* y domine. Il y atteint une taille considérable. et on peut en remarquer des variétés assez distinctes qui paraissent propres à différentes zones.

Comme types intéressants spéciaux à cette localité, nous mentionnerons un curieux petit oursin que notre collaborateur, M. Cotteau, a déjà décrit (1), en le plaçant avec doute dans le genre *Goniophorus*. C'est le *Goniophorus problematicus*. Les individus assez nombreux et pourvus de leur appareil apical, que M. Thomas nous a fait parvenir, nous ont permis de reconnaître que cet oursin ne pouvait être maintenu dans le genre *Goniophorus*, et, en raison de ses caractères tout particuliers, nous avons créé pour lui une coupe générique nouvelle. Nous citerons encore

(1) Echinides nouveaux ou peu connus, p. 121.

un *Echinoconus*, malheureusement incomplet, que nous mentionnons seulement sous le nom, peut-être provisoire, d'*Echinoconus Thomasi*.

Beaucoup d'autres fossiles intéressants ont été encore recueillis par M. Thomas avec ces oursins. Leur énumération nous entraînerait au-delà du but que nous nous proposons et elle ne pourrait trouver utilement sa place que dans une monographie locale. Il suffit de rappeler que les principales espèces de l'étage, comme *Ammonites Rhotomagensis*, *A. Mantelli*, *Turrilites Bergeri*, *Turrilites costatus*, etc., ont été également retrouvées sur ce point et ne laissent aucun doute sur l'âge des espèces nouvelles qui les accompagnent.

Nous arrêtons là nos renseignements en ce qui concerne la localité de Berouaguiah, mais nous aurons à y revenir dans nos prochains fascicules, et, quand nous traiterons de la craie supérieure, nous aurons encore à mentionner d'intéressantes découvertes faites par M. Thomas dans cette même région.

Avant de terminer, toutefois, le chapitre relatif aux gisements cénomaniens du nord, il convient encore de mentionner sommairement l'existence, dans le sud de Constantine et de Guelma, de quelques affleurements qui nous paraissent avoir les mêmes caractères. Les renseignements qu'en ont donnés MM. Coquand et Hardouin, et quelques fossiles que nous en avons vus, nous permettent de supposer que ces gisements appartiennent au même facies.

Nous avons à leur sujet demandé des renseignements qui nous font encore défaut, et nous ne sommes pas en mesure de donner aucun détail précis.

GISEMENTS CÉNOMANIENS DE LA ZONE INTERMÉDIAIRE.

Les terrains cénomaniens auxquels nous avons reconnu, au point de vue paléontologique, un caractère mixte entre ceux que nous venons de décrire et ceux du sud de l'Algérie, occupent aussi entre eux une position géographique intermédiaire. Ils forment, à la limite méridionale de la région du Tell, une série d'affleurements assez restreints, alignés à peu près à la même latitude et se montrant seulement dans les montagnes qui bordent au nord le bassin des Chotts.

Dans la province d'Oran, nous n'en connaissons pas encore, mais dans les deux autres, il en existe un certain nombre. Aux environs de Boghar, au sud de Berouaguiah, on en connait plusieurs, comme nous l'avons dit, puis dans le sud d'Aumale, au Djebel-Abdallah; au Kef-el-Acel, au Djebel-Mahdid, au Djebel-Zarouga, etc., dans le sud de Bordj-Bou-Areridj ; enfin sur de nombreux points des montagnes au sud de Sétif, à Aïn-Baïra, au Bordj-Messaoud, à Foum-Bou-Thaleb, etc.

Plusieurs de ces gisements nous paraissent intéressants au point de vue de la succession des couches, parce qu'ils servent de traits d'union entre les deux autres séries du nord et du midi, si disparates entre elles. Ils nous ont de plus fourni un grand nombre d'oursins, et nous jugeons, en conséquence, utile de donner des détails sur quelques-uns d'entre eux.

Sur le versant nord des montagnes du Bou-Thaleb, à peu de distance de cette maison forestière où, dans notre précédent fascicule, nous avons étudié les étages albien et aptien, le terrain cénomanien offre des affleurements assez nombreux. Presque toutes les collines qui s'étendent à côté et dans l'est du Bordj du Scheik Messaoud en sont formées. De même celles qui, à l'ouest et au nord-ouest, bordent la plaine des Righa-Dahra, depuis le petit lac salé d'Aïn-Baïra, jusque non loin de la maison de commandement du caïd Mohammed-Srir, présentent le terrain cénomanien concurremment avec les couches tertiaires inférieures.

Le gisement, qui se trouve à quelques centaines de mètres au sud-est du Bordj-Messaoud est très fossilifère. A cet endroit, un petit défilé existe dans la colline par lequel passe le sentier arabe. La partie haute de la crête est formée par des calcaires dont les couches inclinées à 35° plongent au nord-ouest. Ces calcaires forment aussi la partie étranglée du petit défilé et ils occupent tout le versant nord des collines, sans qu'on puisse distinguer les couches qui leur sont superposées, ces couches disparaissant sous le manteau des alluvions Sahariennes qui forment la plaine.

Ces calcaires supérieurs sont peu fossilifères, je n'y ai aperçu que quelques traces d'*Ostrea*.

Un peu au-dessous des assises les plus élevées, quelques bancs un peu moins durs renferment d'assez nombreux *Archiacia sandalina* en médocre état de conservation, l'*Ostrea africana* et plusieurs autres mauvais fossiles.

Plus bas, une petite zone de calcaires rognoneux blanchâtres, qui n'est visible que sur un petit espace dans le défilé et surtout sur le talus ouest, nous a offert une récolte abondante d'espèces précieuses dont plusieurs n'ont été rencontrées que sur ce point.

Nous pouvons y citer :

Holaster pyriformis.
Pyrina crucifera.
Cidaris.
Goniopygus Menardi.
Goniopygus Messaoud.
Codiopsis doma.
Cottaldia Benettiœ.

Le versant sud de la colline et la partie inférieure de la coupe sont formés par une masse assez puissante de marnes fissiles, qui, dans leur partie supérieure, se chargent de calcaires marneux, rognoneux, en petits lits irréguliers. Ces marnes, très argileuses par places, sont jaunâtres, vertes ou de teinte ardoisée et sont chargées de petits cristaux de gypse. Les calcaires rognoneux subordonnés sont riches en fossiles. J'y ai recueilli :

Ammonites Mantelli.
A. Rhotomagensis.
Turrilites costatus.
Rostellaria Dutrugei.
Pholadomya Molli.
Cardium Pauli.
Mytilus.

Spondylus hystrix?
Plicatula Auressensis.
Janira tricostata Coq. (*Janira Coquandi*, Per.)
J. Dutrugei.
J. phaseola. (Espèce abondante et bien identique aux échantillons de Chauffour et autres localités du sud-ouest).
Ostrea carinata (T. R.).
O. Olisoponensis.
O. vesiculosa. (Cette espèce, d'assez petite taille, est très abondante et identique à celle de la zone à *O. biauriculata* de la Sarthe.

Les oursins de cette zone sont les suivants :

Hemiaster Setifensis.
H. Batnensis.
H. Heberti.
H. proclivis.
H. Chauveneti.
Heterodiadema libycum.

La partie de l'étage cénomanien située au-dessous de cette grande assise marneuse n'est pas visible. Le terrain saharien vient, comme de l'autre côté, buter au pied de la colline et masquer les couches inférieures. Nous n'avons donc là qu'un lambeau de l'étage cénomanien très incomplet et tronqué par le haut et par le bas. Néanmoins cet affleurement est fort intéressant par l'association qu'il présente d'espèces bien connues en France avec des espèces propres à la région des hauts plateaux et sur l'âge desquelles régnait une assez grande incertitude.

Un autre gisement non moins intéressant et sans doute un peu différent par la place qu'il occupe dans la série cénomanienne, se trouve encore dans ces mêmes parages, à quelques kilomètres dans l'ouest du précédent. Quand, partant de la maison de commandement du Scheik Messaoud, on traverse le chemin du Hodna, on atteint un premier rideau de collines dont la crête saillante est formée par les calcaires tertiaires inférieurs dont les strates plongent vers l'est. La partie basse du petit col que l'on franchit sur ce point est formée par les calcaires marneux à silex qui, dans toute cette région, paraissent représenter l'étage nummulitique. Puis, en continuant vers l'ouest, on découvre subitement, au milieu de ces collines, un petit lac pittoresquement situé, encaissé de toutes parts et rempli d'une eau profonde et limpide qui, malheureusement, est très fortement salée. Les rives de ce petit lac sont en grande partie formées par les couches de l'étage éocène rutilant. On y voit des masses puissantes de gypse au milieu de marnes multicolores et principalement d'un rouge vif qui sont d'un effet très saisissant. Ces couches sont presque horizontales. A l'ouest du lac, on les voit reposer sur la tranche des assises cénomaniennes inclinées dont elles masquent toute la partie inférieure.

Un peu plus loin, on voit ces mêmes couches cénomaniennes surgissant au-dessus des argiles tertiaires, s'étendre en un mamelon aligné nord-sud ; puis, elles s'infléchissent vers l'ouest et viennent enceindre les sommets du Djebel Mentend, dont les parties hautes et centrales sont formées par les dolomies néocomiennes et les calcaires du jurassique supérieur.

C'est sur le bord même de ce petit lac désigné sous le nom de lac Baïra, du nom d'une source, Aïn-Baïra, qui se trouve dans le voisinage, que nous avons observé un autre affleurement intéressant de terrain cénomanien. Là, dans quelques couches d'une épaisseur de 5 à 6 mètres seulement, visibles presque au point où notre étage cesse d'être masqué par les argiles gypsifères, nous avons pu recueillir un grand nombre d'oursins non moins remarquables par la variété des types spécifiques que par la belle conservation des individus.

Les couches fossilifères sont des calcaires très marneux jaunâtres, dont les fossiles détachés gisent sur le petit talus qu'elles forment auprès du lac. Parmi les espèces recueillies sur ce point, nous avons distingué :

Hemiaster Batnensis.

Hemiaster Desvauxi.
— *Gabrielis.*
— *Pseudo-Fourneli.*
Phyllobrissus Baïrensis.
Pyrina crucifera.
Holectypus cenomanensis.
— *excisus.*
Archiacia sandalina.
Heterodiadema libycum.
Goniopygus Menardi.
Orthopsis miliaris.
Micropedina Cotteani.

Les fossiles autres que les oursins sont en cet endroit relativement peu abondants.

Nous y avons trouvé :

Cardium Pauli.
Janira tricostata, Coq.
Ostrea africana, etc.

Ces derniers fossiles ont été signalés déjà auprès du Bordj-Messaoud et établissent une certaine liaison avec ce gisement. On ne peut nier toutefois qu'il n'y ait une différence assez grande entre ces localités si voisines. Les espèces les plus abondantes sur ce point comme le *Phyllobrissus Baïrensis*, qu'on y trouve en grande quantité, l'*Holectypus excisus*, etc., etc., ne se présentent pas du tout dans les couches du Bordj-Messaoud, et *vice versa*, les espèces abondantes de cette dernière localité, comme l'*Hemiaster Heberti*, le *Codiopsis doma*, le *Goniopygus Messaoud*, etc., ne se trouvent pas au lac Baïra. Nous pensons, en conséquence, que les deux gisements ne représentent pas tout à fait la même zone. Le lac Baïra nous parait un peu supérieur.

Au-dessus de la petite zone très riche en échinides dont nous venons de parler, on observe une série de calcaires qui paraissent peu fossilifères, puis des assises de marnes verdâtres également peu riches en fossiles. Toutefois, à la partie supérieure de ces marnes, dans quelques bancs un peu rognoneux, on trouve en abondance un *Hemiaster* d'espèce non connue dans les autres couches, un *Holectypus*, un *Goniopygus*, des Plicatules, etc. Je ne suis pas fixé sur l'horizon auquel il convient de rapporter cette dernière zone. D'après quelques indices, j'ai été conduit à la placer dans l'étage turonien, mais c'est avec beaucoup de réserves que j'ai pris cette détermination.

Les autres calcaires et marnes jaunes supérieurs à ce niveau turonien, ne m'ont donné aucun fossile, si ce n'est quelques bivalves indéterminables. Ces calcaires blanchâtres, en couches minces et bien réglées, avec leurs intercalations de marnes d'un jaune très clair ou d'un vert grisâtre, donnent aux collines de cette région un aspect rubanné très particulier qui les fait distinguer facilement, même de loin, de celles formées par les autres terrains.

En résumé, en réunissant les deux séries locales que nous venons d'examiner, nous y voyons une quantité assez considérable de fossiles qui se retrouvent, en France, dans les grès du Maine.

Pour ne parler que des oursins, sept espèces parmi celles que nous avons citées ont été déjà signalées au Mans, principalement dans les zones à *Turrilites costatus* et à *Pygurus lampas*. Dans aucun des autres gisements que nous avons étudiés, nous n'avons remarqué une aussi grande analogie. Aussi, sans les considérer comme supérieurs aux terrains similaires du sud, nous les regardons comme présentant plus complétement le facies paléontologique de l'étage cénomanien du sud-ouest de la France. Il est difficile, vu l'état très incomplet de la série cénomanienne à Baïra et au Bordj-Messaoud, d'établir une comparaison plus rigoureuse avec le cénomanien classique de la Sarthe. Nous nous garderons donc bien de toute parallélisation avec telle ou telle des nombreuses zones reconnues dans cet étage. Il nous suffit d'insister ici sur la coexistence dans les mêmes couches des espèces les plus répandues dans les terrains du sud avec des espèces qui, comme le *Cottaldia Benettiæ*, le *Codiopsis doma*, etc., se trouvent non-seulement au Mans, mais dans la Provence, à la Bedoule, dans les couches inférieures du cénomanien.

Si nous remarquons qu'à ces oursins sont joints certains fossiles qui, comme le *Turrilites costatus*, l'*Ammonites Mantelli*, etc., se montrent dans la craie de Rouen et dans les terrains d'Aumale et de Berouaguiah, nous ne pouvons nous refuser à voir dans ces gisements un type mixte entre le facies rhotomagien et le facies méditerranéen.

Avant de quitter la région du nord du Hodna, nous mentionnerons encore quelques localités peu étudiées, qui ont fourni d'intéressantes espèces. Ce sont des localités situées principalement dans les grands groupes montagneux du Djebel-Bou-Thaleb, du Djebel-Mahdid, etc., où le terrain qui nous occupe forme une bande autour des hauts sommets.

Dans ces montagnes, sur divers points, on trouve associés les fossiles d'Aumale à ceux de Batna. Au Foum-Bou-Thaleb, ce sont les *Ostrea flabellata* et *Mermeti* qui dominent; au Teniet-el-Rike, avec les *Ammonites Rhotomagensis* et *A. Mantelli*, M. Brossard a recueilli le *Radiolites Nicaisei*; ces espèces se trouvent avec l'*Hemiaster Batnensis* (1).

Plusieurs des espèces nouvelles que nous décrivons dans ce fascicule proviennent de cette région. Ainsi, c'est à Aïn-Halmon, dans le Djebel-Mahdid, qu'a été trouvé l'*Hemiaster Zitteli*. Aïn-Gregra nous a fourni un bel échantillon d'*Echinoconus castanea;* Aïn-Kahla est riche en *Holaster* et on y a recueilli les *H. suborbicularis, H. Coquandi, H. Algirus.*

Dans le Djebel-Zarouga, avec l'*Heterodiadema Libycum*, M. Brossard a découvert une espèce intéressante, à laquelle M. Cotteau a donné le nom de *Goniopygus Coquandi* (2).

Au Kef-el-Acel, plus loin dans l'est, M. Brossard a signalé l'*Epiaster Vatonnei*, l'*Hemiaster Nicaisei*, avec une espèce propre aux couches du sud, le *Turrilites Tenouklensis*.

Nous mentionnerons rapidement encore le Djebel-Abdallah, dans le sud d'Aumale, qui nous a fourni une espèce nouvelle spéciale jusqu'ici à cette localité, l'*Hemiaster granosus*, et nous

(1) Brossard, subdivision de Sétif, p. 229.
(2) *Paléontologie française*, p. 746.

nous hâtons d'arriver à la localité plus intéressante et mieux connue du Djebel-Guessa, qui doit nous arrêter quelques instants.

Le Djebel-Guessa est une montagne allongée du nord-est au sud-ouest, qui s'étend à 7 ou 8 kilomètres dans le nord-ouest du fort de Boghar, dans la province d'Alger. Cette montagne est reliée vers le sud au Djebel-Taguensa, point culminant de la contrée, par une courtine crétacée de 2,000 mètres et, vers le sud-est, elle tient au Djebel-Ammoucha, au Djebel Annouti et au Djebel-Khrellala, chaîne à l'extrémité de laquelle est situé le poste de Boghar.

Ce gisement du Djebel-Guessa a été exploré par plusieurs géologues. Nous n'avons pu nous-même que le visiter, sans avoir le temps de l'étudier, mais M. le vétérinaire Thomas, qui a longtemps habité cette région, a bien voulu recueillir pour nous de nombreux fossiles et relever avec soin la succession des couches fossilifères. D'autre part, M. Le Mesle, qui a également visité cette localité, a confirmé l'exactitude des renseignements recueillis; nous pensons donc, d'après les croquis et les indications de ces géologues, pouvoir donner avec sécurité les renseignements suivants :

Si, en partant des bords de l'Oued-Chéliff, que domine le Djebel-Guessa, on se dirige vers le sommet de cette montagne, en suivant la ligne des crêtes, on s'élève très progressivement jusqu'à la hauteur de 1,200 mètres. Les couches dans cette région étant très peu inclinées (15° environ vers l'est), on recoupe en s'élevant la série des couches, depuis les plus anciennes jusqu'aux plus récentes. La base de la montagne sur les versants sud-est, est et nord, ainsi que les croupes mamelonnées qui, en s'abaissant graduellement, s'étendent jusqu'à l'Oued-Chéliff, sont formées par des assises peu étudiées jusqu'ici et attribuées par M. Thomas aux étages albien et aptien, en raison de leurs similitudes pétrographiques avec les couches de ces mêmes étages, aux environs de Berouaguiah.

Sur la rive gauche du Chéliff, au niveau même de la rivière, on peut voir assez nettement les assises les plus basses et les plus anciennes. Ce sont des calcaires grossièrement feuilletés, en bancs peu épais, alternant avec des marnes grises. Ils n'ont offert à M. Thomas aucun fossile, de sorte que quelque doute subsiste sur l'âge réel de ces dépôts.

Les couches immédiatement supérieures à cette base sont d'ailleurs dans les mêmes conditions. Elles sont très peu connues. C'est seulement à 200 mètres environ au-dessus du niveau du fleuve, que l'âge cénomanien des assises a pu être nettement constaté.

A cette altitude, on peut observer des bancs de calcaires riches en *Ostrea Syphax* Coq. et autres fossiles du même horizon.

Ces bancs sont visibles sur une étendue de plusieurs kilomètres. On peut les observer en plusieurs endroits, notamment au marabout de Sidi-Moussa, à 12 kilomètres nord-ouest de Boghar.

Au-dessus de cette zone à *Ostrea Syphax*, que nous désignons par la lettre B dans le diagramme de cette montagne, s'étend une succession assez puissante de couches calcaréo-marneuses pétries d'*Ostrea Olisoponensis*, *O. africana*, *O. Delettrei*, *O. Mermeti*, *Hemiaster* et nombreux autres fossiles. Certaines espèces, comme *Isocardia aquilina*, *Plicatula Auressensis*, *Janira tricostata*, *Ostrea flabellata* et autres types propres au facies saharien, que M. Nicaise a recueillis au Djebel-Guessa et qui existent dans la collection du service des mines, proviennent très probablement de cette zone à ostracés.

Au-dessus de ce niveau fossilifère important, le facies se mo difie peu à peu. Les calcaires gris jaunâtres, D, qui le surmontent, renferment des *Discoïdea cylindrica* nombreux, mais déformés. Puis, au-dessus, on voit des assises épaisses de marnes brunes, avec bancs de calcaires schisteux bruns subordonnés. Ces couches sont assez riches en *Terebratula Nicaisei*, espèce qui, à Berouaguiah et à Aumale, occupe les couches inférieures du cénomanien.

Avec ces térébratules on rencontre d'assez nombreuses ammonites, notamment l'*A. Mantelli*.

Au-dessus viennent des calcaires noduleux concrétionnés et des marnes jaunâtres, F, où l'on trouve en abondance les petites ammonites ferrugineuses d'Aumale, puis des oursins de cette même localité, *Holaster Barrandei, H. Algirus, H. Toucasi, H. carinatus, Epiaster Vatonnei, E. Henrici, Glyphocyphus radiatus, Pseudodiadema tenue, Hemiaster Nicaisei*, etc. On trouve également dans ces mêmes couches le *Radiolites Nicaisei*, de sorte que nous avons à ce niveau une faune complétement identique à celle d'Aumale.

Plus haut encore se développe un nouveau système de marnes brunes avec bancs irrégulièrement espacés de calcaires fissiles. Dans ce niveau abondent les *Discoïdea Forgemolli, Holaster Toucasi, Hemiaster*, etc.

Le sommet du Djebel-Guessa est couronné par des bancs assez puissants de calcaire, qui n'ont pu être examinés d'assez près par M. Thomas et dont il n'a pu nous envoyer aucun fossile. Il reste donc à étudier cette partie de la montagne et à examiner si, comme le pense M. Thomas, ces couches du sommet et celles qui, un peu plus loin, paraissent leur être supérieures et vont former les hauteurs du Djebel-Taguensa, n'appartiendraient pas à l'étage turonien ou même à la craie supérieure.

Nous résumons, dans le diagramme ci-contre, établi d'après les croquis de M. Thomas, la succession et la disposition des couches au Djebel-Guessa :

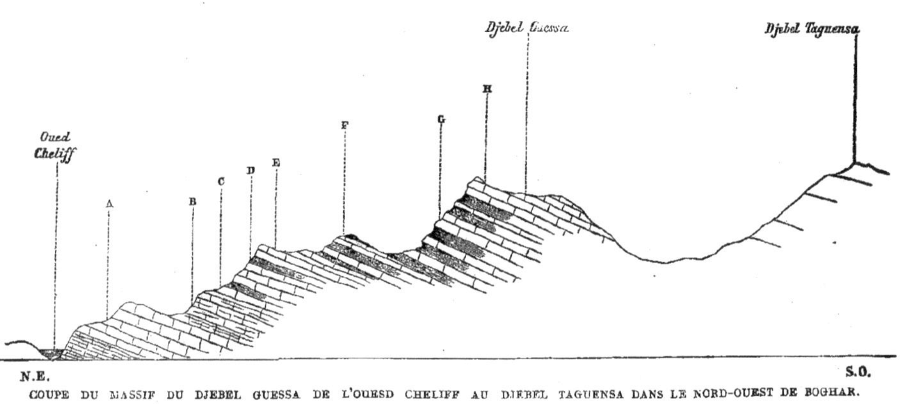

COUPE DU MASSIF DU DJEBEL GUESSA DE L'OUESD CHELIFF AU DJEBEL TAGUENSA DANS LE NORD-OUEST DE BOGHAR.

A. Couches albiennes et aptiennes (?) peu connues.
B. Zone à *Ostrea Syphax.*
C. Zone à *Ostrea africana, Mermeti, Olisoponensis,* etc.
D. Zone à *Discoidea cylindrica.*
E. Zone à *Terebratula Nicaisei.*
F. Marnes à Ammonites ferrugineuses et calcaires à *Holaster et Glyphocyphus radiatus.*
G. Zone à *Discoidea Forgemolli.*
H. Calcaires turoniens.

Si, maintenant, après avoir indiqué cette succession des couches au Djebel Guessa, nous la comparons avec celle des terrains cénomaniens du Tell et des hauts plateaux, nous voyons que la partie inférieure de cette coupe représente bien le cénomanien des haute plateaux, et la partie supérieure, au contraire, est identique au cénomanien d'Aumale.

Dans la zone inférieure, à la vérité, on n'a pas encore, à notre connaissance, recueilli l'*Hemiaster Batnensis*, l'*Heterodiadema Libycum*, ni plusieurs autres espèces si abondantes dans le sud et qui caractérisent si bien le cénomanien à facies méditerranéen; mais il y a lieu de remarquer que les nombreux *Ostrea* de cette zone, la *Janira tricostata* et autres fossiles que nous avons cités, sont partout et toujours les compagnons intimes de ces oursins et abondent dans les couches, même les plus supérieures, de Batna, de Bou-Saada, etc.

En ce qui concerne les zones supérieures du Djebel-Guessa, nous remarquons que non-seulement le facies est semblable à celui d'Aumale, mais que la plupart des espèces sont identiques et qu'un bon nombre se retrouvent, comme pour celles d'Aumale, dans la craie de Rouen.

Il en résulte donc ce fait remarquable et presque anormal, que le cénomanien à facies rhotomagien se trouve, au Guessa, superposé au cénomanien à facies méditerranéen ou même carentonien. Il y a dans ce fait, ce me semble, une preuve en faveur de notre opinion que nos terrains du nord et ceux des hauts plateaux ne forment que deux séries parallèles et synchroniques.

La superposition des deux facies qui, au Guessa, a lieu dans le sens que nous venons d'indiquer, peut, ailleurs, avoir lieu dans un autre sens. C'est là une condition qui tient sans doute à la nature des dépôts, aux mouvements oscillatoires des fonds, c'est-à-dire au milieu biologique. Dans le voisinage même du Guessa, on a constaté aussi la réunion, dans la même couche, d'espèces propres aux deux facies. Ainsi, sur la rive gauche de l'Oued-el-Kerem, M. Nicaise cite l'*Ammonites varians*, et le *Turrilites costatus*, avec l'*Ostrea Syphax*, la *Plicatula Auressensis*, l'*Isocardia aquilina*. Au Kef-Goulla, ce sont les *Holaster* et *Hemiaster* d'Aumale qui se rencontrent, avec le *Cardium Pauli*, le *Cardium Saportæ*, etc., espèces du cénomanien de Batna.

En résumé, au point de vue particulier qui nous occupe, le Djebel-Guessa présente peu d'espèces spéciales. Presque toutes celles que nous connaissons de cette localité se trouvent également à Aumale. Plusieurs, toutefois, qni sont rares dans ce dernier pays se trouvent ici bien plus abondantes et en meilleur état de conservation. Nous citerons notamment les *Holaster algirus*, *H. Barrandei*, *Epiaster Vatonnei*, qui paraissent être les espèces dominantes. Les *Hemiaster*, au contraire, si abondants à Aumale, sont rares au Guessa.

Nous récapitulons ci-dessous les espèces de ce gisement qui nous sont connues :

Holaster nodulosus,
— *algirus*,
— *Toucasi*,
— *Barrandei*,
Epiaster Villei,
— *Vatonnei*,
— *Henrici*,
Hemiaster Ameliæ,
— *Bourguignati*,
Discoïdea cylindrica,
— *Forgemolli*,
Pseudodiadema tenue,
Glyphocyphus radiatus.

GISEMENTS DES HAUTS PLATEAUX

Les affleurements du terrain cénomanien sont, comme nous l'avons dit, très nombreux dans les hauts plateaux des trois provinces.

Nous avons indiqué précédemment leur distribution géographique générale, et nous n'y reviendrons pas. Ils ont entre eux la plus grande analogie. Nous pouvons, en conséquence, nous contenter d'entrer dans quelques détails sur les gisements principaux et mentionner seulement ceux qui nous ont fourni quelques oursins particuliers.

Dans l'extrême sud-est de nos possessions, tous ces terrains ont été étudiés en détail par M. Coquand. Le savant professeur nous a donné, dans son Mémoire sur la province de Constantine, des diagrammes très intéressants et des profils de la plupart des montagnes qui entourent Tebessa.

Les points fossilifères les plus importants de cette région, comme le vallon de Tenoukla et les collines de Beccaria, nous ont, depuis l'époque où M. Coquand les a visités, fourni de nombreuses espèces que ce géologue n'y avait pas rencontrées. Ces découvertes et des observations assez importantes recueillies par d'autres explorateurs nous paraissent susceptibles d'apporter des modifications sérieuses à la classification des couches, telle que M. Coquand l'a établie dans ces montagnes. Toutefois, nous ne sommes pas en mesure de fournir à ce sujet des indications précises, et nous nous abstiendrons de reproduire aucune nouvelle coupe. Nous dirons seulement qu'en conservant dans son ensemble la coupe du Djebel-Osmor, donnée par M. Coquand (p. 50), depuis le vallon de Tenoukla jusqu'à Tebessa, nous considérons comme formant notre étage cénomanien les zones B, C, D, qui nous paraissent peu susceptibles d'être séparées. L'assise E et les grands calcaires F, qui forment les sommets de la montagne, sont notre étage turonien, et les marnes G, du four à chaux de Tebessa, sont pour nous la base de l'étage sénonien.

Parmi les oursins recueillis à Tebessa et Beccaria, nous avons à citer deux espèces spéciales, les *Pyrina Tunisiensis* et *Echinobrissus Gemellaroi*, cette dernière de provenance un peu douteuse; puis l'*Hemiaster Batnensis*, dont nous possédons un échantillon provenant de Tebessa, qui présente une monstruosité remarquable, le dédoublement d'un ambulacre. M. Cotteau, dans ses échinides nouveaux ou peu connus, a décrit et figuré cet individu. Nous avons encore *Hemiaster Heberti*, *H. pseudo-Fourneli*, *Holectypus excisus*, *Hemicidaris Batnensis*, etc.

Si, maintenant, de cette extrémité est de notre colonie, nou nous dirigeons vers l'ouest, nous rencontrons, au-delà du platea des Nemenchas, le village de Krenchela, situé au sud d'Aïn Beïda, qui nous offre un beau gisement du terrain qui nous occupe Krenchela est situé au pied des derniers contreforts des monta gnes de l'Aurès, dans une région que nous n'avons pu explore nous-mêmes. Toutefois, grâce aux recherches et aux commun cations de M. Jullien, officier au 3me régiment de tirailleurs alg riens, nous possédons de nombreux oursins provenant de cet localité. D'autre part, M. Coquand nous a donné, d'une maniè générale la succession des couches de cette région (1), et nous n pouvons qu'inviter nos lecteurs à se reporter à son importa mémoire. Dans notre pensée, les assises E, F, G, H de cette coup appartiennent toutes à notre étage cénomanien. Nous ajoutero que l'étage turonien et les marnes santoniennes nous y paraisse représentées d'une manière plus conforme à la réalité que dans coupe de Tebessa.

Une assez grande partie des oursins que nous aurons à citer Batna existent également à Krenchela; nous signalerons seu ment une forme nouvelle, l'*Hemiaster Jullieni,* qui paraît ju qu'ici spéciale à cette localité et qui s'y trouve assez abondar ment.

Les environs de la ville de Batna, située à 60 kilomètres env ron à l'ouest de Krenchela, sont particulièrement intéressants e ce qui concerne l'étude du terrain cénomanien. Tout autour la ville, ses couches forment des collines élevées, découpée ravinées, où les fossiles sont très abondants et d'une belle conse vation. C'est de toutes les localités d'Algérie celle dont les fossil sont le plus connus et le plus répandus dans toutes les colle tions. Située sur la voie de communication la plus facile et plus courte pour aller du littoral au Sahara, cette jolie petite vi a la bonne fortune d'être visitée par tous les voyageurs qui vo explorer l'Algérie. Elle a, d'ailleurs, dans ses environs, tout qu'il faut pour attirer et arrêter les touristes. Les magnifiqu

(1) Loc. cit., p. 50.

ruines romaines qu'on trouve à proximité, à Lambessa, à Aïn-Zana, à l'Oued-Chemora, etc., le Madracen ou tombeau des rois de Numidie, les belles montagnes du Djebel-Chellatah, qui, couronnées de superbes forêts de cèdres, offrent aux touristes les points de vue les plus grandioses, sont des attraits qui justifient amplement les prédilections des voyageurs.

Parmi ces explorateurs, beaucoup ont été guidés par l'intérêt de la science et n'ont pu passer devant ces gisements géologiques si intéressants, sans être frappés par leur richesse et leur facies tout spécial. C'est ainsi que, dès 1846, M. Henri Fournel donnait déjà des renseignements géologiques sur les environs de Batna. Plus tard, ce furent MM. Marès, Schlumberger, Ville, Coquand, Desor, Charles Martins, Tissot et beaucoup d'autres, qui, sans faire de cette science leur objectif principal, ont réuni néanmoins des collections intéressantes. Il est résulté de ces faits que la plupart des fossiles et en particulier les oursins, si abondants à Batna, sont depuis longtemps connus dans la science.

M. Coquand, dans son Mémoire précité, a décrit les espèces les plus abondantes et les plus caractéristiques, et, depuis, presque toutes celles qui étaient restées inconnues ont été décrites par M. Cotteau dans ses *Échinides nouveaux ou peu connus*, ou dans la *Paléontologie française*.

Malgré toutes ces explorations, faites, à la vérité, sans doute un peu rapidement, une grande incertitude a continué à régner sur la situation stratigraphique de ces espèces et sur la succession normale des couches. Les premiers explorateurs ont classé toutes ces assises dans ce cadre un peu large qu'on appelait la craie chloritée. Beaucoup de couches se trouvaient là, en effet, sur leur véritable horizon, mais on a placé à côté d'elles d'autres ensembles de strates qui appartiennent à des horizons plus élevés, notamment à la craie supérieure. Il est résulté de ce point de départ erroné une confusion que les explorateurs suivants ont acceptée et qui s'est en quelque sorte enracinée dans la science. Déjà, en 1870, à l'occasion du grand mémoire de M. Louis Lartet sur la géologie de la Palestine, je me suis élevé (1) contre la

(1) *Bull. Soc. géol. de France*, t. XXVII, p. 599.

réunion qu'on a faite jusqu'ici d'horizons très distincts, comme les couches à *Hemiaster Batnensis* et *Heterodiadema Libycum*, d'une part, avec celles à *Hemiaster Fourneli*, *Holectypus serialis* et *Cyphosoma Delamarrei*, de l'autre part.

D'après les listes des oursins recueillis par M. L. Lartet, au Waddy-Mojib, à Aïn-Musa, etc., et d'après les déterminations qu'en a données M. Cotteau, il y aurait sur ces points des mélanges semblables à ceux qu'on croyait exister en Algérie. J'ai fait remarquer que cette confusion, acceptée en Algérie, n'existait en réalité nulle part, et que, vraisemblablement, il devait en être de même en Palestine. J'ai pu, depuis cette époque, tant par les conversations que j'ai eues avec M. Lartet que par l'examen des fossiles qu'il a déposés au Muséum, acquérir la conviction que les choses se passaient, en effet, en Palestine exactement comme en Algérie. La similitude des deux pays sous le rapport du facies et de la succession des terrains et des faunes est très remarquable, et déjà, dans notre fascicule précédent, relatif à l'étage albien, j'ai appelé l'attention sur cette particularité.

Les couches qui, en Algérie, ont donné lieu à ces confusions dont je viens de parler ont d'ailleurs entre elles une analogie qui explique bien ces confusions. Dans les deux horizons, les caractères pétrologiques sont semblables; la faune est, dans son ensemble, tout-à-fait analogue, et partout les espèces dominantes sont les *Ostrea* et les *Hemiaster* dont certaines espèces assez voisines pouvaient être très facilement confondues. Nous pouvons ajouter, en outre, qu'un très petit nombre de ces espèces étaient connues en France, et que, par suite, les points de repère et de comparaison faisaient défaut. Il n'est donc pas très étonnant qu'il ait régné pendant longtemps une assez grande incertitude sur la classification de ces assises. Il fallait, pour les mettre à leurs véritables places, des études détaillées et étendues que pouvaient seuls faire des géologues à demeure dans le pays.

M. Coquand, avec sa grande pratique de la géologie paléontologique, a, dans son voyage, bien vite reconnu, en ce qui concerne certaines localités, et, notamment, le vallon d'Alfaouï, décrit par M. Fournel, l'inexactitude du classement adopté et les erreurs de détermination qui l'avaient occasionné. Il a restitué (1) à la craie blanche des couches placées à tort dans la craie chloritée, et a montré que ces *Ostrea*, que M. Fournel s'étonnait (2) de trouver associés à l'*O. vesicularis*, étaient des *Ostrea Matheroni* et non des *O. flabellata*, comme le pensait le savant ingénieur.

C'était déjà un grand pas de fait vers la réalité, mais, néanmoins, cette rectification est restée incomplète. En ce qui concerne ces mêmes localités, c'est-à-dire Batna, El-Kantara, Biskra, M. Coquand a établi à son tour une classification, où il a placé dans son étage mornasien tout un ensemble de couches, dont les unes appartiennent incontestablement à l'étage cénomanien et les autres à l'étage santonien. C'est en raison de cette réunion de couches hétérogènes que nous voyons dans tous les catalogues de fossiles algériens, aussi bien dans ceux de MM. Nicaise, Brossard, etc., que dans ceux de M. Coquand, les oursins du santonien que nous venons d'indiquer, *Hemiaster Fourneli, Holectypus serialis, Cyphosoma Delamarrei*, associés à ceux du cénomanien. Cette classification a été, du reste, depuis, abandonnée par M. Coquand. Je pense que maintenant nous sommes avec lui en parfait accord au sujet de la succession de toutes ces faunes. Déjà, en 1867, M. Brossard, dans son mémoire sur la subdivision de Sétif (3), avait indiqué les bases principales de la rectification que nous avons adoptée. S'il a ensuite admis lui-même, quelquefois, ce mélange d'espèces que nous rejetons, c'est par suite d'erreurs de détermination que le défaut de descriptions exactes et suffisantes rendait presque inévitables.

Nous avons vu de très nombreux exemples de ces confusions d'espèces d'oursins algériens, et, nous-mêmes, dans nos précédents travaux, nous en avons commis d'assez graves. Nous espérons que le travail que nous publions aujourd'hui, sera, sous ce rapport, d'une utilité sérieuse. Il éloignera, dans une certaine mesure, ces chances d'erreurs si nombreuses que comporte l'étude d'un pays aussi complétement inconnu.

(1) *Paléont. de la province de Constantine*, p. 100.

(2) *Richesse minérale de l'Algérie*, t. I, p. 303.

(3) *Mém. Soc. géol. de France*, 2me série, t. VIII. — Mémoire n° 2, p. 226, 233 et 236.

En ce qui concerne Batna, il est encore une autre modification que nous jugeons opportun d'introduire dans le classement des assises de cette localité. Si, en effet, nous faisons descendre de l'étage mornasien dans le cénomanien les couches à *Hemiaster Batnensis*, *H. Desvauxi*, *Heterodiadema Libycum*, etc., nous pensons qu'au contraire il est bon de faire remonter dans l'étage turonien les calcaires marneux du Moulin-à-Vent et de l'Abattoir, où ces fossiles ne se montrent plus et où l'on découvre une faune nouvelle caractérisée par l'*Hemiaster africanus*, le *Cyphosoma Schlumbergeri*, et un grand nombre d'autres espèces que nous ferons connaître en leur lieu. Nous expliquerons, quand nous aurons à traiter de l'étage turonien, les motifs qui nous ont fait adopter cette classification. Pour le moment, il nous suffira de dire que la position de ces strates marno-calcaires, immédiatement au-dessous des calcaires à rudistes, et la présence dans ce niveau d'un *Periaster*, qui nous paraît identique au *P. Verneuilli*, nous a rappelé d'une manière trop frappante la succession des couches à la Bedoule et aux environs de Toulon, pour que nous ne fussions pas tenté de paralléliser cet horizon à *Hemiaster africanus* avec les marnes turoniennes des Jeannots et du Revest.

M. Coquand a placé ces mêmes couches qui nous occupent dans son étage carentonien, mais il y a lieu de remarquer qu'à ce moment, notre confrère et ami n'avait pas encore créé son étage ligérien et qu'il comprenait encore dans son carentonien la zone à *Inoceramus problematicus*. Je pense donc que de ce côté encore nous nous trouverons maintenant en parfait accord avec ce géologue. Il était utile de mentionner ici cette modification pour expliquer par quelles raisons on ne trouvera pas dans nos fascicules de l'étage cénomanien, toute cette série d'espèces des couches supérieures de Batna. Nous les réservons pour nos descriptions de l'étage turonien.

Les environs de Batna sont, en réalité, peu favorables pour établir la succession bien complète et bien régulière des assises. Peut-être, en s'éloignant de la ville, dans la direction de l'est ou du nord-est, peut-on trouver une série plus continue et non disloquée ; mais dans tous les gisements que nous avons pu explorer aux environs immédiats de la ville, nous n'avons rencontré que des portions tronquées et discontinues. Des failles nombreuses accidentent la région, rapprochent souvent des couches d'âges différents et en rendent l'étude plus compliquée. Nous espérions que M. l'ingénieur Tissot, qui, pendant un assez long séjour dans cette localité, a fait une étude approfondie de toute la contrée, nous fournirait à ce sujet des renseignements précis, mais les recherches de ce géologue n'ayant pas encore été publiées, nous sommes réduit à nos propres observations.

Tout autour de Batna, comme nous l'avons dit, on trouve des gisements cénomaniens. A l'ouest et au nord-ouest, ce terrain forme une bande dont les strates redressées sont, par suite d'une faille, plaquées contre les calcaires jurassiques. En avançant vers le nord, le long de la route de Constantine, on découvre des couches de plus en plus basses. Peut-être serait-il possible de rencontrer de ce côté les assises les plus inférieures de l'étage? Nous le pensons parce que, à quelques kilomètres plus au nord, nous avons observé, dans les coteaux qui bordent la route et sur le chemin qui conduit au bivouac de Djerma, les grès de l'urgo-aptien et les calcaires à *Orbitolina lenticularis*. Quoiqu'il en soit, nous ne sommes pas en mesure de faire connaître, d'une façon bien sûre, comment débute l'étage de ce côté.

Un des points qui attire l'attention, dans cette région nord-ouest, est la coupe que forment les couches très redressées au près de la colonne commémorative, dite colonne d'Aumale, élevée en souvenir de la première expédition faite dans ces régions, sous le commandement du duc d'Aumale. A cet endroit, entre la colonne et le Djebel-Kasrou, au nord du ravin bleu, quelques bancs puissants de calcaires, redressés presque verticalement, forment une crète où la stratigraphie de l'étage est facile à observer. M. Coquand, qui a déjà donné un diagramme représentant la disposition des couches sur ce point (1), a considéré la masse des assises situées au-dessous de la crète saillante comme appartenant à l'étage rhotomagien, tandis que cette crète elle-

(1) Loc. cit. p. 63.

même et les marnes supérieures sont carentoniennes. Il est probable que ce savant n'a pu faire des recherches assez suivies dans ces couches, car, au-dessous des bancs calcaires saillants, il aurait remarqué des Ammonites nouvelles, de nombreux moules de Gastéropodes, qu'il a décrits, puis les *Cardita Beuquei, Plicatula Auressensis, Janira tricostata, Ostrea carinata, O. africana, O. Olisoponensis*, etc., etc., *Hemiaster Batnensis, H. Desvauxi, Heterodiadema Libycum*, etc.

Au-dessous de cette zone, on remarque une série de couches de 30 mètres environ d'épaisseur, qui m'ont donné peu de fossiles, mais, plus bas encore, des assises marneuses avec calcaires rognoneux subordonnés, renfermant abondamment les *Cardita Beuquei, Trigonia Auressensis, Ostrea africana, O. Delettrei*, et beaucoup d'autres fossiles, dont les uns ont été classés dans le rhotomagien, et d'autres dans le carentonien, ou même dans les étages supérieurs. Si j'insiste sur ces faits, ce n'est pas dans le but de faire une rectification, bien insignifiante d'ailleurs, c'est pour montrer que, dès le premier pas, on se heurte à de sérieux obstacles quand on veut opérer la distinction des deux étages rhotomagien et carentonien.

Au sud de Batna, entre Lambessa et le chemin de Biskra, les pentes nord du Djebel-Iche-Ali offrent de beaux gisements, où les fossiles sont abondants et surtout les oursins. Dans la partie occidentale de cette région, les strates plongent fortement vers le nord-ouest et se composent principalement de bancs assez puissants de calcaires. Dans les intervalles marneux qui les séparent, on trouve des *Hemiaster africanus* et autres espèces que nous rapportons au turonien. Tout cet ensemble est, un peu plus loin, au sud, vers le caravanserail du Ksour, recouvert par les assises marno-calcaires du santonien. Cette partie supérieure nous paraît donc devoir être placée, comme les coteaux du Moulin-à-Vent, dans l'étage turonien.

Au-dessous des grands calcaires dont nous venons de parler, des assises plus marneuses renferment des fossiles d'une admirable conservation. Quelques ravins, situés non loin de la mosquée de Batna, peuvent en offrir une ample moisson. Parmi les oursins recueillis sur ce point, nous pouvons citer :

Hemiaster Batnensis (très abondant),
H. Desvauxi (assez commun),
H. Meslei (a. c.),
H. Gabrielis (a. c.),
*H. Lorioli*s (t. r.),
H. pseudo-Fourneli (r.),
Holectypus Chauveneti (t. r.),
H. excisus (r.),
Salenia Batnensis (c.),
Cidaris.
Heterodiadema Libycum (t. c.),
Pedinopsis Desori (r.),
Orthopsis miliaris (r.).

Tous ces oursins que nous venons de citer ont été recueillis dans des talus peu élevés et doivent être considérés comme étant complétement de la même zone.

Avec eux, on trouve les *Janira tricostata* Coq. (*J. Coquandi* Peron), *J. Dutrugei, Ostrea Olisoponensis, O. africana,* etc.

Cette alliance de fossiles enlève toute possibilité de placer ce gisement dans l'étage mornasien, comme l'avait proposé M. Coquand (1), qui, d'ailleurs, annonce n'avoir pu, faute de temps, vérifier cette situation.

Les hautes collines qui bornent la plaine à l'est et au nord-est de Batna appartiennent également au terrain cénomanien. Elles ont été déjà signalées par M. Coquand comme très riches en fossiles, et, en effet, dans les nombreux ravins qui les sillonnent, les fossiles se présentent à profusion.

Celles du nord-est, qui forment les derniers contreforts du Djebel-Bou-Arif, dont les parties orientales sont formées par les assises urgo-aptiennes, s'étendent dans le pays des Haractas, jusque près de Batna. J'ai pu consacrer plusieurs journées à leur étude.

(1) Loc. cat. p. 66.

Il est assez difficile, quand on aborde ces collines par les sentiers venant de Batna et qu'on pénètre dans les ravins, de se reconnaître au milieu de ce dédale. Plusieurs failles ont brisé et dénivelé les strates qui y sont inclinées tantôt dans un sens, tantôt dans un autre. La similitude des roches, marnes et calcaires, qui sont toujours d'un gris foncé, et l'analogie des faunes ajoutent encore à ces difficultés. Il en résulte qu'on est d'abord assez embarrassé pour trouver les assises les plus inférieures du système. On rencontre, toutefois, après quelques recherches, certaines couches qui forment d'excellents repères. J'indiquerai notamment un banc pétri de Polypiers, *Trochosmilia Batnensis* et surtout *Aspidiscus cristatus,* que l'on aperçoit au bas du ravin principal, peu après l'entrée dans ce ravin. Cette couche est, sur ce point, au niveau de la plaine; au contraire, en quittant le ravin pour gravir la haute colline qui en forme le versant nord, on la retrouve à une altitude bien plus élevée.

En partant de ce banc à *Aspidiscus,* si on prend dans les ramifications qui s'étendent sur la droite, on peut observer les assises sous-jacentes qu'on voit plonger sous une inclinaison assez forte sous le banc à Polypiers. Au contraire, la gauche du ravin montre les couches supérieures à ce même banc.

C'est au fond de la gorge, en gravissant le versant nord, que nous avons observé la série la plus étendue.

A cet endroit, au-delà d'une faille bien visible, on observe de bas en haut la succession suivante :

Argiles schisteuses bleuâtres, avec petits lits de calcaires rognoneux, pauvres en fossiles (1 m. 50).

Argiles plus schisteuses encore, avec nombreux bivalves, *Venus Forgemolli, Cardita Beuquei, C. Delettrei, Trigonia,* etc., *Ostrea Olisoponensis.*

Banc calcaire lumachelleux.

Nouvelles marnes fissiles, avec nombreuses *Cardita Beuquei, Ostrea Delettrei, O. africana.*

Calcaires rognoneux bleuâtres avec *Ammonites gardonicus* (?). *Isocardia aquilina, Arca Delettrei, Crassatella Baudeti, Janira tricostata, Ostrea Delettrei,* etc., *Hemiaster.*

Petits bancs calcaires, pétris de moules de Gastéropodes, d'Huîtres et de débris; au-dessus, les bancs plus argileux (6 à 8 m.), contiennent : *Ostrea africana, O. Mermeti, O. Delettrei.*

Grande assise de calcaire dur, de deux mètres d'épaisseur, formant corniche. Immédiatement au-dessous on trouve *Ostrea Olisoponensis, O. flabellata, Janira tricostata* Coq. (*J. Coquandi* Per.) ; puis, au-dessus les mêmes fossiles se remontrent dans des argiles verdâtres.

Bancs calcaires marneux, avec marnes intercalées, petits, bien réglés, gris cendré ; *Turrilites costatus, Janira Dutrugei, Ostrea Syphax, O. Olisoponensis, Hemiaster Batnensis, H. Desvauxi, Heterodiadema Libycum,* etc.

Banc de calcaire très marneux de 0 m. 40 d'épaisseur avec très nombreux *Aspidiscus cristatus* et autres Polypiers. C'est le banc dont nous avons signalé la présence au fond du ravin. Avec les Polypiers se trouvent quelques Huîtres, notamment *Ostrea africana,* et de nombreux moules de Bivalves.

Assise marneuse, verdâtre par places, avec bancs calcaires subordonnés ; 8 à 10 mètres d'épaisseur ; fossiles très abondants ; *Ammonites Mantelli, A. Rhotomagensis, A. gardonicus, Turrilites costatus*; nombreux Bivalves et Gastéropodes, notamment *Janira Coquandi* Per. (*J. tricostata*), *J, Dutrugei, Ostrea Syphax; O. flabellata, O. Mermeti, O. africana, Hemiaster Batnensis* (très abondant), *H. Desvauxi, Heterodiadema Libycum,* etc., etc.

Les *Cardita Beuquei, Crassatella Baudeti,* etc., semblent ne plus exister à ce niveau.

Assise calcaire de 1 m. 50, en saillie, terminant la zône. On y voit de nombreuses Huîtres des espèces déjà citées et des Plicatules abondantes.

Couches marneuses grises avec calcaires blanchâtres, *Cardium Pauli, C. Auressensis, Inoceramus, Avicula, Janira Coquandi,* etc.; *Hemiaster Batnensis, H. Meslei, H. Gabrielis*; *Micropedina Cotteaui*; *Holectypus excisus,* etc. ; puis, un peu plus haut, *Turrilites costatus, Ammonites, Ostrea Olisoponensis, O. flabellata,* etc.

Argiles jaunâtres avec *Hemiaster Batnensis, Heterodiadema Libycum* (abondant).

Banc de calcaire dur de 1 mètre dessinant une nouvelle corniche bien visible dans toute l'étendue de la gorge. Pas de fossiles dans ce banc jaunâtre, mais au-dessus le calcaire devient plus marneux, blanchâtre, et on y trouve des *Cardium, Astarte, Venus*, et des *Hemiaster* en mauvais état.

Calcaires jaunâtres et rougeâtres avec argiles; *Ammonites*, nombreux *Ostrea, O. flabellata, O. vesiculosa, O. Mermeti, Janira, Plicatula, Hemiaster Gabrielis, Hemicidaris Batnensis, Heterodiadema Libycum*, etc.

Alternances de marnes et de calcaires gris, jaunâtres, de 12 à 15 mètres de puissance, peu riches en fossiles; *Hemiaster Batnensis, H. Meslei.*

Grande assise de calcaire dur de 6 à 8 m., sans fossiles (?)

Calcaires rognoneux blanchâtres, puissants, assez durs; Gasteropodes, *Janira, Hemiaster Heberti, H. Meslei.*

Les bancs durs sont séparés par de petits lits rognoneux plus marneux.

Ces assises couronnent le grand mamelon à gauche de la gorge. J'ai pensé que ces couches supérieures pouvaient déjà appartenir à la zone turonienne du Moulin-à-Vent et de l'Abattoir, et, je crois bien y avoir en effet rencontré l'*H. africanus*; mais je ne puis le certifier, par suite d'un oubli dans mes notes.

J'ai remarqué, cependant, que ces bancs paraissaient encore surmontés, sur le versant nord-est, par d'autres couches assez puissantes où se trouvaient *Ostrea flabellata* et *Heterodiadema Libycum*. Tout cet ensemble plonge vers la plaine, de manière à aller passer sous les assises marneuses qui forment cette plaine, et par conséquent, au-dessous des calcaires à rudistes du Moulin-à-Vent et des marnes à *Hemiaster africanus.*

Toutefois, les relations entre ces deux grands groupes ne nous sont pas encore bien connues. Les couches de la plaine, bien visibles dans la partie nord, sont assez disloquées, et nous n'avons pu en suivre la succession d'une manière continue.

Nous éprouvons donc quelques difficultés à délimiter sur ces points les étages cénomanien et turonien. Il pourra se faire que quelques-unes des espèces que nous placerons dans l'un ou l'autre terrain n'y soient pas à leur place la plus convenable. Cette question fera l'objet, s'il y a lieu, de rectifications ultérieures, quand nous serons parfaitement fixés sur le point ou doit être placée la ligne de séparation des deux étages.

Dans la nomenclature statigraphique que nous venons de donner ci-dessus, nous n'avons pu, comme on le conçoit, reproduire les longues listes des fossiles recueillis à chaque niveau. Une grande partie de ces fossiles sont d'ailleurs spéciaux à la localité et par suite d'un intérêt plus restreint. Nous nous sommes attaché à indiquer les fossiles principaux, les plus abondants et ceux qui, par leur présence à plusieurs niveaux, impriment à cette série un caractère d'unité qu'il importe de faire ressortir.

Nous avons eu soin surtout d'indiquer la place de nos espèces d'oursins, si abondants dans ces couches. Pour toutes les espèces que nous avons pu recueillir nous-même, la station se trouve indiquée, mais il en reste un certain nombre qui nous ont été communiquées et pour lesquelles nous manquons de renseignements précis. Ces espèces sont : *Archiacia sandalina*, que M. Coquand avait déjà rencontrée et qu'il avait décrite sous le nom d'*A. Tissoti*, son échantillon un peu déformé lui ayant paru différer de l'espèce de d'Orbigny. M. Jullien nous a communiqué de cette espèce un bon fragment recueilli à Batna ;

Un *Goniopygus* en mauvais état, mais qui semble néanmoins pouvoir être rapporté au *G. Menardi* ;

Un *Phyllobrissus* (?), sans doute le *P. Baïrensis ;*

Un individu, malheureusement très incomplet, qui parait appartenir à l'*Anorthopygus orbicularis;*

Un gros fragment de *Rhabdocidaris*, peut-être le *R. Pouyannei ;*

Enfin un joli oursin d'espèce nouvelle, dont nous avons fait le *Discoïdea Julieni*.

Indépendamment de ces espèces qui sont bien toutes cénomaniennes, on a signalé encore à Batna un certain nombre d'oursins, et en particulier des *Cyphosoma*, dont la station ne paraît pas bien établie. Ces espèces, décrites par M. Cotteau dans la *Paléontologie française*, sont les suivantes :

Cyphosoma Baylei.

C. Coquandi.
C. Schlumbergeri.
C. Batnense.

Nous possédons la plupart de ces espèces, et, d'après les niveaux ou elles ont été recueillies, nous croyons devoir les classer dans l'étage turonien. Deux d'entre elles, les *Cyphosoma Schlumbergeri* et *C. Baylei* appartiennent aux couches à *Hemiaster africanus,* dont nous avons parlé ; les autres nous paraissent habiter un niveau encore plus élevé. C'est donc en traitant des étages suivants que nous décrirons ces oursins.

La région des hauts plateaux, qui s'étend au sud de Batna et se prolonge, en s'abaissant constamment, jusqu'au Sahara, est encore une région fort intéressante pour les géologues.

Le terrain qui nous occupe en ce moment ne se montre pas cependant sur le parcours de la route qui passe par les caravansérails du Ksour, du Tamarin, d'El-Kantara et d'El-Outaya. La craie supérieure seule affleure dans cette partie. C'est seulement en arrivant sur le seuil même du Sahara que l'on retrouve l'étage cénomanien.

Ce nouvel affleurement se présente à quelques kilomètres au nord de l'oasis de Biskra, sur le versant sud de ce dernier rideau montagneux qu'on appelle le Srah-M'ta-Chechar et le djebel Bourzel. Le chemin de Batna traverse ces collines en un point nommé le col de Sfa et la coupe relevée sur ce point présente, dans la partie sud, les assises les plus élevées du cénomanien, et dans la partie nord, les calcaires puissants de l'étage turonien.

Toutes ces couches sont très inclinées vers le nord et plongent sous les alluvions sahariennes de la plaine d'El-Outaya. Elles sont en général assez pauvres en fossiles. Toutefois, dans la partie haute de la montagne, on trouve un beau gisement de Rudistes et d'autres fossiles sur lesquels nous aurons à revenir en traitant de l'étage turonien.

Ces collines, comme nous venons de le dire, présentent le passage du cénomanien au turonien. Dans la partie qui appartient au premier de ces étages, on trouve des bivalves assez nombreux, connus à Batna, puis des oursins, l'*Hemiaster Batnensis* et l'*Heterodiadema Libycum*. Il n'y a donc aucun doute sur le parallélisme de ces couches avec celles de Batna.

Nous avons en outre à mentionner au djebel Bourzel un caractère spécial que commence à prendre dans ces parages la partie supérieure du cénomanien.

Ce caractère important, sur lequel nous aurons à revenir avec plus de détails en parlant des terrains du sud de la province d'Alger, consiste dans l'intercalation, au milieu des couches fossilifères de notre étage, de bancs puissants et continus de gypse stratifié compacte. Le versant sud du djebel Bourzel offre déjà un exemple de cette intercalation, et M. Coquand l'a depuis longtemps signalée (1).

Au nord-est de l'oasis de Biskra, dans cette vaste région occupée par les montagnes de l'Aurès, le terrain cénomanien semble affleurer très fréquemment. Ces montagnes, malheureusement, n'ont été que très peu explorées, et elles renferment sans doute bien des richesses paléontologiques inconnues.

Tous ces gisements cénomaniens ont en général un grand nombre d'espèces propres. Chacun de ceux que nous avons visités a enrichi nos collections de quelques types nouveaux.

Ces terrains de l'Aurès, dont Batna et Krenchela sont les types les mieux connus, renferment une faune presque entièrement inconnue en France. Sur les quelques centaines d'espèces que nous avons pu y recueillir, il en est seulement quelques-unes dont l'identité avec des espèces de nos terrains cénomaniens français ne puisse pas être contestée. Ainsi, pour ne parler que des oursins, sur 23 espèces que nous possédons de ces localités, aucune ne se retrouve dans le bassin parisien et 4 seulemen existent dans la Sarthe ou dans la Provence.

Nous avons rencontré là des types génériques très rares ou inconnus dans la science avant l'exploration de ces régions, comme les *Heterodiadema*, *Pedinopsis*, *Micropedina* ; d'autres genres, propres jusqu'ici à des étages plus anciens, n'avaient pas

(1) Soc. cit. p. 69.

encore été signalés dans la craie moyenne, comme les *Hemicidaris*, *Phyllobrissus*, etc. En résumé, c'est à Batna et aussi à Bou Saada, que nous avons le facies cénomanien s'éloignant le plus des types classiques connus de tous les géologues.

La région montagneuse située entre Batna et la grande plaine du Hodna, ne renferme pas, du moins à notre connaissance, de couches de l'étage cénomanien. Les grandes masses du djebel Chellatah et du djebel Tougourt sont, comme nous l'avons montré dans nos précédents fascicules, formées par les terrains jurassiques et les assises inférieures des terrains crétacés.

Pour retrouver dans l'ouest le terrain qui nous occupe, il faut franchir tout ce massif et se transporter à l'extrémité occidentale du bassin du Hodna. Dans cette nouvelle région, plusieurs points intéressants s'offrent aux investigations des géologues. Les environs d'Aïn-Kermam, d'Eddis, et surtout de Bou-Saada présentent un beau développement de l'étage et une série stratigraphique plus continue et plus complète qu'à Batna.

Les fossiles n'y ont pas en général une aussi belle conservation que dans cette dernière localité, mais ils y sont aussi abondants. La variété des types y est moindre aussi. Ainsi, les Céphalopodes, qui ne sont pas rares à Batna, montrent à peine quelques traces à Bou-Saada. Les Polypiers, dont nous avons vu de nombreux individus dans l'Aurès, font ici, au contraire, complétement défaut. Par contre, les Échinides y sont au moins aussi abondants et variés, et certains genres, comme les *Echinobrissus* et autres, que nous n'avions pas encore rencontrés, se montrent à Bou-Saada avec une profusion remarquable.

Un long séjour dans cette localité nous a permis de multiplier nos recherches, et nous sommes parvenu, malgré l'état de conservation, en général médiocre, de ces fossiles, à en réunir une collection très belle et très choisie. Nous avons pu aussi recueillir les renseignements les plus précis et les plus détaillés sur la succession des couches et des faunes, et nous croyons en conséquence utile de résumer ici les résultats de nos investigations et de reproduire la coupe de cette intéressante localité.

L'oasis de Bou-Saada, dont nous avons déjà plusieurs fois

parlé dans nos précédents fascicules, est située au sud-sud-est d'Aumale, à environ 110 kilomètres. Elle occupe, à l'extrémité de la plaine du Hodna, l'entrée d'un défilé étroit, par lequel passe le chemin qui conduit au pays des Ouled Feradj, des Ouled Aïssa et autres tribus des régions méridionales. Ce défilé est enclavé entre des collines parallèles, dont l'une est formée par les roches du néocomien et peut-être du jurassique supérieur, et l'autre, par les grès albiens et les calcaires cénomaniens.

Dans nos livraisons précédentes, relatives aux étages néocomien et aptien, nous avons figuré déjà la disposition de ces collines et la succession des divers étages à Bou-Saada. Pour avoir maintenant la situation des assises cénomaniennes, nous n'avons qu'à reprendre notre coupe précédente au point précis où nous l'avons arrêtée et à la continuer jusqu'aux couches les plus supérieures.

Nous aurons ainsi, sur ce point, une masse sédimentaire continue de plus de 1,000 mètres d'épaisseur, représentant toute la partie inférieure et la partie moyenne du terrain crétacé algérien.

Cette dernière coupe dont nous parlons s'étendait jusqu'à la crète de cette longue colline qu'on appelle le Dolat-Azedin, et qui forme le côté ouest du défilé de Bou-Saada. Nous allons maintenant poursuivre notre diagramme, depuis cette crète jusqu'au Djebel Maïten, dont le Dolat-Azedin n'est qu'une ramification.

Au sommet du Dolat-Azedin, au-dessus des grès et argiles verdâtres de l'étage albien, nous avions signalé une zone contenant quelques fossiles, qui nous semblait devoir être considérée comme le dernier terme de cet étage. Ces fossiles, en assez mauvais état, nous ont paru nouveaux, et, d'autre part, M. Brossard ayant recueilli à ce niveau des Ammonites qu'il avait rapportées à des espèces du gault, nous nous étions conformés à son opinion. Toutefois, nous pensons aujourd'hui, après une comparaison plus minutieuse avec les fossiles des zones supérieures, qu'il est préférable de limiter l'étage albien aux grands bancs dolomitiques qui surmontent les marnes à *Heteraster Tissoti* et *Ostrea falco*, et d'englober les calcaires superposés dans notre étage cénomanien.

Aucun des fossiles de ces calcaires, en effet, ne se retrouvent dans les assises purement albiennes, et, au contraire, plusieurs d'entre eux persistent dans l'étage cénomanien et se montrent même à un niveau assez élevé dans cet étage.

Cette petite zone du sommet du Dolat-Azedin, que nous considérerons donc comme la base du terrain cénomanien, est composée de calcaires lumachelles durs, de calcaires un peu plus marneux, concrétionnés, riches en moules de Gastéropodes et d'Acéphales en mauvais état, et d'une petite assise marneuse blanchâtre dans laquelle nous avons recueilli l'*Echinobrissus angustior*, le *Pseudodiadema variolare*, et des radioles très-voisins de ceux du *Goniopygus Menardi*.

Avec ces oursins, qui se retrouvent plus abondamment et en meilleur état dans les zones superposées, se montrent quelques huîtres spéciales à ce niveau, notamment l'*Ostrea Saadensis*, Coquand ; puis l'*Ostrea Delettrei*, qui fait là sa première apparition, la *Janira quinquecostata*, etc. Ce petit niveau fossilifère, n'est pas toujours facile à observer. Cependant il est visible en plusieurs endroits de la crête, sur le sommet, et particulièrement à son extrémité nord, sur le talus voisin du cimetière arabe.

Si maintenant, prenant la crête comme point de départ, nous descendons sur le versant ouest de la colline en suivant l'inclinaison des couches qui plongent dans cette direction sous un angle de 35° environ, nous rencontrons d'abord des calcaires rognoneux, durs, sans fossiles, puis des bancs jaunâtres et blancs, disposés en gradins, qui renferment l'*Ostrea conica*, la *Janira tricostata* Coq (*J. Coquandi*, Per.), et des moules assez nombreux de bivalves inconnus. La partie supérieure de cette petite zone présente des bancs de ce même calcaire, très-riches en petits Gastéropodes qui, par exception, ont conservé leur test. Ce sont des *Turritella*, *Trochus*, *Turbo*, *Natica*, *Fusus*, etc., puis des bivalves également bien conservés, mais tous aussi d'espèces nouvelles. Il y a dans ces bancs toute une faunule à étudier, et que nous aurions voulu faire connaître, mais, enraison de l'objet spécial du présent travail, nous sommes obligés de la négliger.

Au point de vue stratigraphique, elle n'a d'ailleurs qu'un

intérêt assez restreint. En raison de la présence dans ces couches d'un *Ostrea*, très-abondant, que les géologues ont rapporté à l'*Ostrea conica*, nous étions disposé à les considérer comme l'équivalent de l'étage rhotomagien; mais, en réalité, cette preuve ne paraît pas suffisante pour justifier cette assimilation. L'*Ostrea conica* est, à notre connaissance, le seul fossile de la zône qui soit commun avec la craie de Rouen, et encore, malgré la grande autorité de M. Coquand, qui a déterminé nos échantillons, nous ne sommes pas complétement convaincus de l'identité de ces échantillons avec l'espèce de d'Orbigny. Il convient d'ailleurs de faire remarquer que cette zone a des liens assez nombreux avec les couches supérieures. On y trouve notamment plusieurs Plicatules qui appartiennent plus spécialement aux autres niveaux. Quoiqu'il en soit, si l'on admet que l'étage rhotomagien doive nécessairement exister dans cette série, considérée par nous comme bien complète, c'est par ces calcaires inférieurs qu'il pourrait être représenté.

Ces couches à *Ostrea conica*, dont nous venons de parler, nous conduisent jusqu'au pied du versant ouest du Dolat-Azedin. A ce point, les strates perdent de plus en plus de leur déclivité et tendent à se rapprocher de la position horizontale. Nous nous trouvons, dans le vallon qui s'étend jusqu'aux crêtes du Djebel-Maïten, en présence d'un fond de bateau très-nettement dessiné.

Les bancs de calcaire, dont la tranche redressée forme, comme nous l'avons vu, la crête du Dolat-Azedin, plongent vers l'ouest, puis s'infléchissent, se redressent en sens contraire et vont former, à deux kilomètres plus loin, l'arête saillante du Djebel-Maïten. Au milieu de la cuvette, un haut mamelon s'élève comme un témoin de la formation, en partie disparue, qui remplissait le bassin.

Grâce à ce témoin, dont les couches, étagées en gradins successifs, présentent une disposition très favorable à l'observation, on peut suivre admirablement la progression des faunes et la succession des assises.

Le diagramme que nous reproduisons ci-dessous montrera cette disposition du terrain, et nous en facilitera la description.

COUPE DU DOLAT AZEDIN AU DJEBEL MAÏTEN DANS L'OUEST DE BOU-SAADA.

X. Marnes albiennes à *Heteraster Tissoti* et *Ostrea falco*.
A. Couche à *Pseudodiadema variolare*.
B. Zone à *Ostrea conica*.
C. Calcaire à *Ostrea africana* et *O. Syphax*.
D. Zone à *Strombus saadensis*.
E. Couches à *Pseudodiadema parvulum* et petits échinides.
E. Couches à petits bivalves.
G. Calcaires et marnes à ostracées (*O. Mermeti, O. Delettrei, O. Flabellata*).
H. Zone à *Echinobrissus rotundus*.
I. Zone à *Ostrea cameleo*.
J. Marnes à *Ostrea rediviva*.
K. Zone à *Pedinopsis Desori*.
L. Calcaires à bivalves.
M. Calcaires durs s. fos.
N. Oued-Maïten.

A partir du niveau à *Ostrea conica,* nous avons pu relever la nomenclature des couches sur trois côtés différents du grand mamelon qui occupe le milieu de la vallée. Quelques différences partielles se présentent naturellement entre ces relevés très détaillés, et ces différences s'accentuent selon que la distance est plus grande entre les deux points relevés. Toutefois l'ensemble de ces diverses coupes est en parfaite concordance, et, dans le simple résumé que nous en voulons donner, les petites différences de détail disparaissent et doivent être négligées.

Les couches supérieures aux calcaires à petits Gastéropodes sont visibles et faciles à étudier tout autour du mamelon. Un ruisseau, habituellement à sec, mais qui, dans la saison des pluies, prend les allures d'un torrent, a raviné profondément ces couches et, au bas du grand mamelon, il a taillé de petites falaises précieuses pour l'observateur. C'est surtout au sud du mamelon que cette partie de l'étage peut être explorée fructueusement. Les gradins successifs formés par les bancs plus résistants y sont largement en retrait les uns des autres, de sorte que chaque assise est mise à nu sur une large surface. On peut, grâce à cette disposition, examiner à l'aise la nature et la faune de chacun de ces gradins, et obtenir ainsi une division très minutieuse et très détaillée. Leur longue nomenclature est toutefois assez monotone et nous nous garderons de la reproduire. Il y a, à cet endroit, au-dessus des couches déjà parcourues, encore plus de 200 mètres de sédiments très peu variés, alternances de calcaires et de marnes, qui tous appartiennent encore à l'étage cénomanien. Plus de 30 niveaux fossilifères existent dans cette masse, et il serait facile d'isoler la faune de chacun de ces niveaux. Ces détails, intéressants au point de vue de la géologie locale, perdent toute importance dans le travail qui nous occupe. Nous résumerons donc, ainsi qu'il suit, la série des zones fossilifères à partir des calcaires à *Ostrea conica* et petits Gastéropodes et en remontant cette série de bas en haut.

Zone a Ostrea Syphax. — Ensemble assez épais de calcaires marneux lumachelles, remplis de débris d'Huîtres, avec quelques lits riches en *Ostrea* d'espèces particulières. On y trouve une variété de l'*Ostrea Mermeti* Coquand, à côtes prononcées sur le crochet, qu'il paraît difficile de distinguer de l'*Ostrea columba minor*. Nous signalerons encore ce type particulier d'*Ostrea africana*, que M. Coquand a figuré (pl. IV, fig. 10, 11, 12), dans sa *Monographie des Ostrea*, puis l'*Ostrea Delettrei* Coq, etc. Les bancs supérieurs de cette lumachelle renferment assez abondamment de grands individus de l'*Ostrea Syphax*, en parfait état. C'est un fait assez important à constater, car déjà fréquemment nous avons signalé la présence de cette espèce dans les couches inférieures du cénomanien. Il convient d'ailleurs d'ajouter qu'au point de vue de la distinction des horizons, il n'y a pas de conclusions à tirer de cette particularité, car nous verrons plus loin cette même espèce, l'*Ostrea Syphax*, se représenter sous une forme absolument identique, à des niveaux bien supérieurs.

Avec les espèces principales que nous venons de citer, on peut recueillir dans cette même zone beaucoup d'autres fossiles, notamment des moules de Bivalves, des *Echinobrissus* en assez mauvais état, et même l'*Heterodiadema Libycum*, qui parait faire ici son apparition.

Zone a Strombus Saadensis. — Série de bancs calcaires, plus ou moins noduleux, généralement riches en moules de Gastéropodes, parmi lesquels un gros *Strombus*, voisin du *S. incertus*, que nous avons désigné sous le nom provisoire de *S. Saadensis*. Ce fossile, à l'état bien complet, présente cinq digitations nettement indiquées. Les échantillons tronqués sont sans ornement et se rapprochent alors du *S. incertus*. Nous insistons sur ce fossile parce que, par sa taille et son abondance, il attire forcément l'attention, et parce que, étant spécial à cette zône, il la caractérise bien.

Les Nérinées, les Acteonelles, etc., abondent dans cette zône. On y trouve enfin de nombreux Ostracés, parmi lesquels nous avons remarqué l'*Ostrea flabellata* de grande taille, l'*Ostrea olisoponensis*, un *Pecten* très voisin du *P. asper*, la *Janira quinquecostata*, un petit Spongiaire rond très abondant ; puis quelques oursins rares et en médiocre état, l'*Echinobrissus rotundus*, l'*Holectypus cenomanensis*, le *Pseudodiadema parvulum*, l'*Hemias-*

ter pseudo-Fourneli, et l'*Heterodiadema Libycum*, représenté par une variété à sinus apical très court.

Cette zone est terminée par une assise puissante formant abrupte, qui dessine un premier plan bien marqué sur le grand mamelon et forme au sud une série de coteaux secondaires.

ZONE A PSEUDODIADEMA PARVULUM. — Cette zone est peu épaisse, mais riche en fossiles intéressants et particulièrement en Échinides. Elle comprend principalement une petite couche marneuse blanchâtre, qui n'est bien visible qu'au sud du grand mamelon, et qui renferme beaucoup de petits oursins. Nous citerons à ce niveau :

Echinobrissus angustior, t. a.
Goniopygus Menardi, test et radioles.
Cidaris angulata, a. c.
Pseudodiadema parvulum, t. c.
— *variolare*, a. c.
Codiopsis Aïssa, r.

Avec ces oursins, on trouve quelques huîtres *Ostrea flabellata*, *O. Olisoponensis* ; puis des *Turritella*, *Natica*, *Mytilus*, etc.

ZONE A PETITS BIVALVES. — Après quelques bancs peu riches en fossiles, on remarque une petite zone qui attire l'attention par le nombre de fossiles de petite taille qu'elle renferme. Elle ne contient que très peu d'oursins.

La roche se compose d'un calcaire très marneux, blanchâtre, qui repose sur un banc de calcaire gréseux, dur, rempli de fins débris de fossiles. Dans le calcaire blanc on remarque d'innombrables moules de *Cardium*, *Nucula*, *Arca*, *Tellina*, *Mytilus*, etc., etc., puis un petit *Ostrea* très abondant, voisin de l'*Ostrea rediviva*, mais formant une variété plus courte et à sommet très adhérent.

Nous y avons recueilli aussi quelques rares fragments de *Belemnites*. Ce sont les seuls représentants de ce genre connus dans nos terrains cénomaniens du sud. Nous signalerons enfin l'*Ostrea Cameleo*, qui est rare dans cette couche, des pinces de *Callianassa* abondantes, des radioles de *Goniopygus*, etc.

De même que la précédente, cette assise n'est visible qu'au sud du mamelon. Dans les parties nord et est, plus escarpées, elle disparaît en raison de son peu d'épaisseur.

Zone a Ostracées. — Aux assises précédentes sont superposés quelques bancs lumachelliques ou rognoneux, pétris de débris d'huîtres. Quelques-uns, plus marneux, contiennent *Ostrea flabellata, O. Syphax, O. Mermeti, O. Delettrei*, etc., et quelques oursins, peut-être descendus des couches supérieures où se trouve leur vraie station.

Ces calcaires à *Ostrea* servent de base à une puissante assise d'argiles vertes, chargées de cristaux de gypse et de fossiles. Ces argiles sont exploitées par les Arabes pour la fabrication de leurs grossières poteries, et les excavations qu'ils ont creusées permettent de bien connaître la nature et la faune de cette assise. Les *Ostrea* remplissent exclusivement cette zone. Ce sont les *Ostrea Mermeti* (très abondant), *O. Delettrei, O. flabellata.* etc.; on y trouve cependant aussi de nombreuses Plicatules.

Zone a Echinobrissus rotundus. — Au-dessus de quelques bancs de calcaire dur dessinant de petites corniches, nous rencontrons un niveau fossilifère des plus intéressants au point de vue échinologique. Les Oursins y abondent. Quoique la plupart soient médiocrement conservés, on peut, dans la quantité, en trouver beaucoup en bon état. La couche fossilifère est un calcaire marneux jaunâtre, assez épais. Les espèces recueillies dans cette couche sont :

Hemiaster Saadensis, a.
— *hippocastanum*, r.
— *pseudofourneli*, c.
— *Batnensis*, r.
Echinobrissus rotundus, t. c.
— *conicus*, c.
— *angustior*, t. c.
Archiacia Saadensis, a. r.
— *sandalina*, t. r.
Phyllobrissus Baïrensis, a. c.

Holectypus cenomanensis, c.
Pseudodiadema variolare, a. c.
Heterodiadema Libycum, r.
Goniopygus Menardi, a. c.
Orthopsis ovata, r.

Avec ces oursins on rencontre encore de nombreux autres fossiles, parmi lesquels il convient de mentionner certaines espèces connues qui peuvent aider à la comparaison. Nous citerons notamment quelques Céphalopodes, dont les restes, rares et incomplets, ont cependant permis de reconnaître les trois espèces suivantes :

Turrilites costatus.
— *Bergeri.*
Hamites simplex.

Les Gastéropodes et les Lamellibranches sont beaucoup plus abondants, et on y voit plusieurs espèces communes avec Batna et autres localités du sud. Les Ostracés seuls ont conservé le test, et nous avons pu, en raison de cette circonstance, déterminer sûrement quelques espèces connues ; ce sont :

Lima abrupta.
Pecten virgatus.
Janira quinquecostata.
Ostrea flabellata, etc.

Zone a Ostrea cameleo. — Les bancs superposés à ce niveau à Échinides sont des calcaires grumeleux, grossiers, très riches en *Ostrea* et en débris. Les *Ostrea cameleo* et *O. Delettrei* y forment de véritables bancs, où l'on peut recueillir des individus de toutes tailles et de toutes variétés. On y trouve aussi l'*Ostrea Mermeti* et l'*O. columba minor*.

Les bancs supérieurs, plus grossiers et plus friables, renferment de nombreux fossiles, mais surtout des moules intérieurs de Gastéropodes et d'Acéphales. Nous mentionnerons seulement les quelques espèces ci-dessous, pour montrer les relations avec les couches des autres localités :

Strombus Mermeti.
Pterocera Fourneli.
Cardium Desvauxi.
— *Pauli.*
Isocardia aquilina.
Venus Desvauxi.
Crassatella Baudeti.
Ostrea flabellata.
O. Syphax.
O. Mermeti.
Echinobrissus angustior.
Pseudodiadema.

ZONE A OSTREA REDIVIVA. — Cette zone comprend, d'abord à la base, des argiles verdâtres très analogues à celles que nous avons déjà signalées à un niveau inférieur.

On y trouve très abondamment l'*Ostrea Mermeti*, quelques *Ostrea cameleo*, des Plicatules, etc.; puis, après une petite intercalation de bancs calcaires, une deuxième série de marnes vertes, semblables aux précédentes, mais renfermant, en quantité prodigieuse, un petit *Ostrea* linguiforme, allongé, mince, très variable dans sa forme et dans ses dimensions, dont les différentes variétés ont été, par suite d'indications de gisement inexactes ou incomplètes, attribuées par M. Coquand à des espèces distinctes.

L'une de ces variétés a servi de type à l'*Ostrea Rouvillei* Coq., indiquée à tort comme se trouvant dans l'*étage campanien* de Bou-Saada. Depuis, parmi les nombreux échantillons que nous avons adressés à ce savant, il en est qui ont été rapportés à l'*Ostrea rediviva*, à l'*Ostrea curvirostris* et à l'*Ostrea Biskarensis*. Nous pensons qu'il n'y a en réalité dans tous ces échantillons qu'un seul type spécifique.

La partie supérieure des marnes à *Ostrea rediviva* admet quelques autres espèces, notamment les *Ostrea Mermeti*, *O. Syphax*, *O. Delettrei*, et de nombreuses Plicatules.

ZONE A PEDINOPSIS DESORI. — Les calcaires grossiers, marneux, jaunâtres qui surmontent les marnes à *Ostrea rediviva*, forment le niveau fossilifère le plus intéressant de tout l'étage cénomanien de Bou-Saada.

A leur base, les *Ostrea* dominent ; ce sont les *O. Delettrei*, *O. africana*, *O. Mermeti*, etc. Un peu plus haut les échinides abondent ainsi que les autres fossiles. Nous y avons trouvé :

Hemiaster Saadensis, (r.)
— *Batnensis*, (r.)
— *pseudo-Fourneli*, (a.)
Echinobrissus angustior, (t. c.)
Phyllobrissus Baïrensis, (a. c.)
Holectypus cenomanensis, (a. c.)
— *excisus*, (c.)
Archiacia Saadensis, (r.)
Salenia scutigera, (t. r.)
Pseudodiadema variolare, (c.)
Heterodiadema Libycum, (a. r.)
Goniopygus Menardi, (a. c.)
— *impressus*, (a. c.)
Orthopsis miliaris, (a. c.)
Pedinopsis Desori, (a. c.)

Dans la même couche que ces oursins, on peut recueillir encore bien d'autres fossiles, notamment le *Turrilites costatus* (t. r.), *Ostrea flabellata*, *O. rediviva*, *O. Mermeti*, mais c'est surtout un peu au-dessus de l'assise à échinides, que les calcaires marneux jaunâtres sont riches en moules de Bivalves et de Gastéropodes.

Parmi les espèces connues, déjà signalées sur d'autres points, nous pouvons citer :

Rostellaria Dutrugei.
Cardium Pauli.
— *angulare.*
Cypricardia thersites.
Cyprina africana.
— *trapezoïdalis.*

Venus Forgemolli.
— *Desvauxi.*
Cardita Beuquei.
Pholadomya Molli.
Crassatella Baudeti.
Etc.

Avec ces espèces, nous avons recueilli dans cette zone, et d'ailleurs aussi dans toutes les autres, un très grand nombre de fossiles inédits ou incertains, parmi lesquels nous comptons plus de 70 espèces.

Il nous paraît inutile de les citer, même comme genres, mais il convenait de mentionner ce fait pour montrer la richesse de ces couches en corps organisés.

Au-dessus de la zone à *Pedinopsis Desori*, nous n'avons plus à signaler à Bou-Saada que quelques bancs durs qui couronnent le grand mamelon dont nous avons parlé et le protègent contre la dénudation. A ces bancs se termine par conséquent la coupe que nous avons figurée plus haut du terrain cénomanien dans cette localité.

Il convient de faire remarquer, toutefois, que ce terrain n'existe pas à cet endroit dans tout son développement. Des assises intéressantes manquent sur ce point, et on ne les trouve qu'en s'avançant au sud de Bou-Saada.

Déjà, à quelques kilomètres au sud du mamelon que nous avons figuré, en remontant la petite vallée qui passe au pied de ce mamelon, on peut observer une masse assez puissante de calcaires superposés à notre zone à *Pedinopsis Desori*. A cet endroit, les couches sont très disloquées et discontinues; un phénomène assez remarquable s'y est produit. Le fond de bateau que nous avons observé va se rétrécissant constamment du nord au sud ; le bord ouest de la cuvette se redresse de plus en plus, et, au point que nous signalons, la poussée venant de l'ouest a été assez énergique pour briser et refouler les couches supérieures. Les assises calcaires ont glissé sur les argiles, qui se sont ainsi trouvées débordées et masquées, et nos zones à *Ostrea rediviva* et *O. Mermeti* semblent ne plus exister.

Pour retrouver une série plus intacte et observer les couches les plus élevées du cénomanien, il faut se transporter à 22 kilomètres environ au sud de Bou-Saada, sur le chemin d'Aïn-Rich. A cette distance, après avoir dépassé la petite plaine d'El-Hamel, on pénètre dans une vallée de plus en plus resserrée qui se prolonge jusqu'auprès du bivouac d'Aïn-Smarra. A l'entrée dans cette vallée, on remarque, à droite et à gauche, deux massifs montagneux, boisés, assez escarpés. Celui de l'est, le djebel Sagna, est formé par les couches redressées du cénomanien inférieur; celui de l'ouest, le djebel Ousagna, est formé par le cénomanien supérieur et la grande masse des calcaires turoniens. Le sous-sol de la petite vallée est occupé par les assises moyennes de notre étage.

Si, au lieu de suivre le chemin tracé sur les alluvions, qui s'engage dans le bois de genévriers, on remonte la vallée, en suivant sur la droite le thalweg du petit ruisseau habituellement à sec, appelé par les Arabes l'Oued Oulguimen (?), on peut, en plusieurs endroits, observer de petites falaises intéressantes qui montrent la composition du sous-sol de la vallée.

L'une de ces petites falaises nous paraît pouvoir servir de point de départ pour compléter l'étage cénomanien de Bou-Saada. Elle paraît, en effet, correspondre sensiblement aux zones supérieures de cette dernière localité. Les fossiles très abondants que l'on peut recueillir sur ces talus sont, avec de nombreux bivalves déjà mentionnés, les

Ostrea flabellata (t. c.)
O. Olisoponensis (c.)
Hemiaster pseudo-Fourneli (a. c.)
H. Chauveneti (a. c.)
Holectypus excisus (r.)
Heterodiadema Libycum (c.)

A partir de ce niveau dont la situation est facile à retrouver, nous constatons l'existence d'un caractère remarquable déjà signalé à Biskra et propre au terrain cénomanien supérieur de ces régions. C'est l'intercalation au milieu des assises marneuses et calcaires, de nombreux bancs de gypse compacte blanc, ou albâtre gypseux, qui s'étendent d'une façon continue sur de longs espaces.

Les premiers bancs de ce gypse peuvent être immédiatement observés dans le ravin de l'Oued Oulguimen, au-dessus de l'assise fossilifère dont nous venons de parler; puis, en gravissant à l'ouest les pentes du djebel Amran ou du djebel Ousagna, on peut recouper quatre ou cinq niveaux plus ou moins puissants de ces gypses. Toute cette série appartient encore au cénomanien. En effet, indépendamment des fossiles assez nombreux de cet étage que l'on peut recueillir dans les intervalles des bancs de gypse, nous avons pu observer à la partie supérieure, presque au pied des escarpements calcaires turoniens, une assise très fossilifère dont la plupart des espèces appartiennent au cénomanien de Bou-Saada.

Les *Janira quinquecostata, Arca parallela, Venus Forgemolli, Ostrea rediviva, O. Mermeti*, etc., y sont abondantes.

Quoique ces fossiles existent tous dans les zones supérieures de Bou-Saada, nous croyons devoir placer cette assise, qui nous occupe, à un niveau plus élevé que notre zone à *Pedinopsis Desori*. Il est à remarquer, en effet, qu'aucun des oursins si nombreux dans cette dernière zone ne se retrouve ici. En outre, nous avons pu recueillir dans l'assise en question un grand nombre de petits fossiles, gastéropodes et acéphales, que nous n'avions pas encore remarqués dans les autres couches.

En fait d'échinides, nous n'avons recueilli dans cette partie qu'un *Pseudodiadema*, voisin du *P. variolare*, mais cependant distinct. Cet échantillon, que nous faisons figurer et que nous décrivons dans la deuxième partie de ce travail, est remarquable par la conservation de son appareil masticatoire et des nombreux radioles qui entourent le péristome.

Ce niveau fossilifère est le plus élevé que nous connaissions dans le terrain cénomanien du sud. Au-dessus s'élève une masse imposante de calcaires durs et de calcaires en plaquettes qui forment un abrupte tout le long de la vallée. Ces calcaires appartiennent à l'étage turonien et nous aurons à en parler dans notre fascicule relatif à ce terrain.

Il convient de mentionner ici un oursin que M. Brossard a recueilli dans la région même dont nous nous occupons et que nous n'avons pu retrouver. C'est le *Cyphosoma Baylei*, Cotteau. Les beaux échantillons que possède M. Coquand proviennent du djebel Amran, au-dessus du village arabe d'El-Hamel. Nous avons nous-même parcouru cette montagne, mais ce fossile nous a échappé. Nous pensons que son niveau doit être encore supérieur aux dernières assises fossilifères dont nous venons de parler. Aucun individu du genre *Cyphosoma* ne se montre dans les couches cénomaniennes proprement dites de ces localités et, par analogie avec la situation des oursins de ce genre à Batna, nous pensons que la station du *Cyphosoma Baylei* doit être immédiatement au-dessous des calcaires turoniens, dans les couches que nous attribuons déjà à cet étage. La vérification du niveau de cette espèce eût été importante, mais sa détermination présise ne l'est pas moins, car, ainsi que l'a fait remarquer M. Cotteau (1), ce *Cyphosoma* a été confondu jusqu'ici, tant à Batna qu'à Bou-Saada, avec le *C. Delamarrei*, et c'est grâce à cette confusion que ce dernier oursin a été fréquemment indiqué à tort comme se trouvant dans l'étage cénomanien.

Nous reproduisons dans le diagramme suivant la disposition des couches à l'Oued Oulguimen, pour montrer le type de l'étage cénomanien de l'extrême sud.

(1) *Paléont. fra. terr. crét.*, t. VII, p. 585.

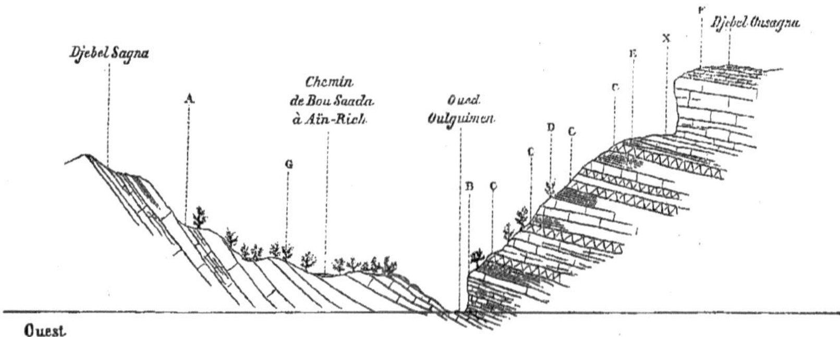

COUPE PRISE AU NORD DE LA PLAINE D'EL HAMEL DANS LE SUD DE BOU-SAADA.

A. Calcaires marneux à ***strombus saadensis***.
B. Marnes avec ***Ostrea flabellata***, ***Heterodiadema Libycum***, etc.
C. Bancs d'albâtre gypseux intercalés dans les calcaires cénomaniens.
D. Couches avec ***Ostrea africana*** et ***O. Mermeti***.
E. Marnes avec nombreux Gastéropodes, ***Ostrea rediviva***, ***Pseudodiadema***, etc.
F. Calcaires turoniens, avec traces de rudistes ; calcaires supérieurs en plaquettes sonores.
G. Couches cénomaniennes moyennes, masquées par le terrain superficiel et les bois de genévriers.

Avant d'abandonner les environs de Bou-Saada pour descendre dans l'extrême sud, il convient d'indiquer sommairement quelques autres gisements de cette région qui nous ont paru susceptibles de fournir de précieux matériaux. Au nord de l'oasis, d'abord, l'étage cénomanien est assez bien développé à l'ouest du caravancérail d'Aïn Kermam, vers le ksour de Benzau, où il se montre en couches inclinées vers la plaine des Ouled-Sidi-Brahim.

Dans l'ouest de Bou-Saada, entre la plaine et le Chott Zahrez, on peut remarquer de nombreux affleurements du même étage. Chez les Ouled-Ameur, au djebel Zemera, au djebel Batten, sur les rives de l'Oued Medjeddel, on trouve des assises fossilifères semblables à celles de Bou-Saada. Dans la dernière de ces localités notamment, nous pouvons signaler beaucoup d'espèces connues, les *Hemiaster Batnensis* et *H. hippocastanum*; puis les *Crassatella Baudeti, Isocardia aquilina, Janira Coquandi, Plicatula Auressensis, Ostrea africana, O. conica, O. Delettrei. O. Olisiponensis*, etc.

Il y a là, nous pensons, un gisement assez riche à exploiter. Nous jugeons utile de le mentionner, car il est d'un abord relativement facile. Un chemin bien tracé peut y conduire, en partant de Bou-Saada, par la vallée de l'Oued Mitter, et, d'autre part, la maison de commandement du Caïd des Ouled Ferradj, qui est située au point ou l'Oued Medjeddel sort des montagnes pour entrer dans la plaine des Zahrez, peut offrir un asile sûr et commode.

Passant maintenant sous silence beaucoup d'autres gisements, qui se trouvent encore dans l'est et le sud de Bou-Saada, nous nous transporterons dans les régions sahariennes. Nous signalerons, chemin faisant, un important affleurement du cénomanien sur le versant nord du Djebel-Seba-Liamoun où, dans nos premiers fascicules, nous avons étudié les terrains jurassique et crétacé inférieur, puis, franchissant la plaine d'Aïn-Rich, nous atteindrons le dernier rideau montagneux qui sépare les hauts plateaux du Sahara proprement dit. Ce grand rideau montagneux, qui prend successivement les noms de Djebel Mimouna et Djebel

Akroah, dans la région de l'Oued Chair, et de Dj. Bou-Khaïl, au sud d'Aïn-Rich, comprend la série presque entière des couches crétacées. Le terrain qui nous occupe aujourd'hui y forme une large bande et y joue un rôle important.

Ces montagnes, et surtout le Djebel Bou-Khaïl, ont été visitées par plusieurs explorateurs, notamment par MM. Marès, Brossard, Le Mesle, Durand, etc. Nous en possédons de nombreux fossiles et grâce à ces fossiles et à tous les renseignements recueillis, il nous a été facile de voir que l'étage cénomanien avait sur ce point la même composition que dans le sud de Bou-Saada.

Ce sont, à la base, des alternances de calcaires et d'argiles en bancs réguliers avec *Strombus* (Sp. ind.), *Ostrea Syphax*, etc., puis des argiles vertes et des calcaires jaunâtres avec cristaux de gypse ; puis enfin des alternances de calcaires, d'argiles et de bancs de gypse stratifié compacte. Dans ces couches on trouve abondamment l'*Hemiaster Batnensis*. l'*H. Pseudo-Fourneli* (la variété propre à Bou-Saada), etc. Les marnes jaunes supérieures sont, d'après M. Brossard, les plus fossilifères. Ce géologue y a recueilli de nombreuses espèces, parmi lesquelles nous citerons : *Ostrea africana, O. flabellata, O. conica, Turrilites costata, Heterodiadema Libycum*, etc. Au-dessus, enfin, des dernières couches de gypse, M. Brossard a encore recueilli de petits *Ostrea Mermeti*. C'est, comme on le voit, une complète analogie avec la coupe du Djebel Ousagna.

Cet ensemble de l'étage gypsifère n'a pas paru à M. Brossard avoir moins de 50 mètres d'épaisseur, et il pense qu'il doit être en entier attribué au terrain cénomanien (1).

Parmi les fossiles recueillis encore au Djebel Bou-Khaïl par divers explorateurs, nous signalerons l'*Holectypus excisus*, l'*Archiacia sandalina*, l'*Echinobrissus angustior* ; mais le type le plus intéressant que nous connaissions de cette localité est le *Pygurus lampas*, seul représentant de cette espèce connu jusqu'ici en Algérie. La découverte de ce fossile, dont la détermination ne laisse aucun doute, grâce à la belle conservation de

(1) Essai sur la subdivision de Sétif, *Mém. Soc. géol.* t. VIII, p. 231.

l'échantillon, ajoute un trait de plus à la ressemblance de nos terrains du sud Algérien avec ceux du sud-ouest de la France.

Le Djebel Bou-Khaïl s'étend dans l'ouest jusqu'aux environs de Laghouat, et le terrain cénomanien s'y prolonge avec tous ses caractères. Les collines mêmes, qui entourent cet oasis, sont une reproduction partielle de la série des couches du Bou-Khaïl. Depuis longtemps déjà, M. l'ingénieur Ville a signalé (1), dans ces collines des environs de Laghouat, l'existence de bancs de gypse étendus et régulièrement stratifiés. M. Marès (2) a fait connaître depuis qu'il avait reconnu la craie chloritée dans le Djebel Milok, le Zebech et autres montagnes qui dessinent comme un hémicycle autour du village. Plus tard encore M. Ville, dans son exploration géologique du Sahara et du pays des Beni-Mzab, a donné quelques nouveaux détails sur ces terrains. Enfin, nous-même, dans nos précédents fascicules, nous avons reproduit des coupes du Djebel Milok et autres collines voisines prises d'après les croquis de MM. Durand et Le Mesle. Nous avons reçu en outre depuis ce moment, de précieux renseignements paléontologiques et des échantillons des fossiles de ces montagnes ; il n'est donc plus douteux pour nous que l'étage cénomanien supérieur, c'est-à-dire la partie gypsifère, occupe la base du Djebel Milok, du Djebel Tezrarine, du Ras-el-Aïoun, etc., et que le terrain turonien en couronne les sommets.

En traitant de ce dernier terrain nous aurons l'occasion de revenir sur la description de ces montagnes. Pour le moment il nous suffit d'indiquer ici la présence de notre étage.

Nous pensons également que le terrain cénomanien se prolonge au loin dans le Sahara. D'après les coupes et les indications données par M. Ville (3), et surtout d'après des fossiles nombreux, mais de conservation très médiocre, que M. le vétérinaire Thomas nous a rapportés d'un voyage à Ouargla, nous pourrions affirmer qu'une bonne partie des collines qui forment le pays des Moza-

(1) *Bull. Soc. géol. de Fr.*, t. XIII, p. 336.
(2) *Compt. rend. de l'Acad.*, 1865, t. LX, p. 1041.
(3) Exploration géologique du Beni Mzab.

bites sont formées par le terrain cénomanien et les calcaires dolomitiques du turonien.

Ce même terrain enfin se prolonge dans le sud-sud-ouest de nos possessions à travers le Djebel-Amour. Il montre quelques affleurements, à ce qu'il paraît, entre Laghouat et Géryville. Toutefois les fossiles que nous connaissons de cette région se rapportent plutôt à l'étage turonien, et d'autre part, la succession des couches auprès de Géryville, que M. le capitaine Durand a bien voulu nous envoyer, n'indique pas sur ce point la présence du cénomanien.

Nous avons cependant à mentionner dans cette direction un gisement important dont l'âge est bien établi. C'est celui de l'oasis de Moghar-Tatania, petit poste situé dans les montagnes des Ouled-Sidi-Cheik, au milieu d'un défilé qui débouche dans les plaines sahariennes. Auprès de cet oasis, sur la rive orientale de l'Oued Namous et sur les pentes du Djebel Touinza, M. Dastugue a recueilli des fossiles parmi lesquels, avec des espèces bien connues, comme l'*Heterodiadema libycum*, se trouvaient des types nouveaux et jusqu'ici spéciaux à cette localité. Ce sont les *Rhabdocidaris Pouyannei* et *Pseudodiadema Maresi*, que M. Cotteau a déjà décrits dans la *Paléontologie française*. Nous espérons que bientôt les officiers auxquels nous avons signalé cette région si peu connue, nous mettront à même de compléter ces renseignements trop sommaires.

DESCRIPTION DES ESPECES

Cardiaster pustulifer (Coquand, *sp. in coll.*), Peron et Gauthier, 1878.

Pl. I, fig. 1-5.

Holaster pustulifer. — Coquand, sp. in coll.

Longueur.	30 millim.
Largeur	25
Hauteur	18

Espèce de taille moyenne, subcordiforme, allongée. Dessus arrondi, formant une courbe dont le point culminant est au sommet apical, fortement déclive en avant; partie postérieure coupée très obliquement, rostrée à la base, et présentant un sinus entre deux saillies assez prononcées; dessous plan, sauf le renflement du plastron interambulacraire.

Sillon antérieur étroit et peu sensible près du sommet, puis plus large et très creusé, un peu rétréci à l'ambitus, d'où il se prolonge jusqu'au péristome.

Appareil apical allongé, mais non disjoint : il est malheureusement trop peu visible sur notre unique exemplaire pour que nous puissions le décrire en détail.

Ambulacre impair invisible. Ambulacres pairs bien marqués, complétement ouverts à l'extrémité, les antérieurs légèrement infléchis en avant. Zones porifères inégales, la zone postérieure plus large que l'autre. Dans l'antérieure, les deux rangées de pores sont égales, les pores sont petits, rapprochés, arrondis. Dans la zone postérieure, la deuxième rangée est un peu plus éloignée de la première et les pores sont allongés.

Ambulacres postérieurs semblables aux antérieurs, mais plus courts. Zones porifères presqu'égales. Une rangée de granules sépare partout les paires de pores.

Péristome assez éloigné du bord antérieur. Périprocte assez bas. L'un et l'autre sont peu visibles.

Test fortement granulé et chagriné à peu près également partout, sauf à la face inférieure médiane. Tubercules rares, disséminés inégalement sur toute la surface. Dans la partie périambulacraire, ils sont remarquablement gros, entourés d'un cercle de granules, perforés et marqués de crénelures à peine visibles. Au bord inférieur, dans quelques endroits où le test est bien conservé, on aperçoit des traces bien distinctes du fasciole marginal caractéristique des *Cardiaster*.

Rapports et différences. — Par sa partie postérieure subrostrée, par son sillon ambulacraire large, profond, un peu rétréci à l'ambitus, le *Cardiaster pustulifer* rappelle quelques formes du genre *Infulaster;* mais il s'écarte trop de ce type générique par ses autres détails pour pouvoir y être placé.

L'espèce dont il se rapproche le plus est le *Card. ligeriensis*, d'Orbigny. Il s'en distingue par sa forme moins horizontale à la partie supérieure, par son sillon ambulacraire plus profond, par son périprocte placé plus haut. On peut aussi le comparer au *Card. ananchytis* de la craie blanche, qui porte comme lui de gros tubercules, mais moins accentués et placés tout différemment. Il s'en éloigne par sa partie postérieure rostrée et par son sillon antérieur bien plus profond.

Nous ne possédons qu'un seul exemplaire de cette espèce. Il a été comprimé latéralement, et le test est enlevé en plusieurs endroits. En le plaçant dans le genre *Cardiaster*, nous lui avons conservé le nom spécifique qu'il porte dans la collection de notre savant collègue, M. Coquand, qui l'a nommé *Holaster pustulifer*.

Localité. — Aumale.

Étage cénomanien.

Collection Coquand.

Explication des Figures. — Pl. I, fig. 1, *Cardiaster pustulifer*, vu de côté; fig. 2, face sup.; fig. 3, face inf.; fig. 4, portion sup. de l'aire ambulacraire postérieure grossie; fig. 5, plaque interambulacraire.

Holaster Coquandi, Peron et Gauthier, 1878.

P. I, fig. 6 et 7.

Holaster sulcatus. — Coquand, sp. in coll.

Longueur.	29 millim.
Largeur	29
Hauteur	21

M. Coquand a désigné, sous le nom d'*Holaster sulcatus*, un exemplaire de sa collection, de conservation très médiocre, et dont nous croyons cependant devoir donner la description, tout en changeant le nom de *sulcatus*, déjà attribué par l'un de nous à un *Holaster*, en celui de *Coquandi* (1).

Taille moyenne ; forme subcirculaire à la base, élevée et arrondie à la face supérieure, abrupte en avant, en pente déclive en arrière. Pourtour arrondi, non tranchant ; dessous pulviné.

(1) Cotteau, *Echinides nouveaux ou peu connus*, p. 170, pl. XXIII, fig. 5 et 6, 1873.

Sommet central. Appareil apical invisible. Sillon antérieur presque vertical, profond, caréné sur les bords, échancrant fortement l'ambitus.

Ambulacre impair formé de pores petits, par paires obliques et espacées. Ambulacres pairs superficiels, inégaux, les antérieurs un peu plus longs que les postérieurs. Les premiers sont assez larges, ouverts à l'extrémité, à pores allongés et égaux dans chaque zone, la zone antérieure étant plus étroite que l'autre. Les ambulacres postérieurs ne sont pas suffisamment visibles pour être décrits.

Périprocte au sommet de la troncature postérieure, ovale et acuminé. Péristome invisible.

Tubercules petits, dispersés au milieu d'une granulation uniforme.

Rapports et différences. — Nous n'avons pu apercevoir aucune trace de fasciole latéral; nous inscrivons, par conséquent, cette espèce parmi les *Holaster;* mais l'état de notre exemplaire laissant à désirer, il ne serait pas impossible que ce fût un *Cardiaster,* car la profondeur du sillon antérieur rappelle volontiers la forme la plus habituelle de ce genre. Quoi qu'il en soit, notre espèce se distingue nettement du *Cardiaster pustulifer* par l'absence de gros tubercules, par sa partie postérieure non rostrée, par sa base subcirculaire. Sa forme élevée, son sillon antérieur, profond et presque vertical, sa partie supérieure arrondie, son pourtour non tranchant, sa face inférieure pulvinée ne permettent pas de le confondre avec les espèces suivantes et lui donnent une physionomie à part parmi les *Holaster*.

Localité. — Aïn-Khala, dans le Djebel-Mahdid, à 100 kilomètres dans le sud-ouest de Sétif.

Étage cénomanien (rhotomagien de M. Coquand). Exemplaire unique.

Collection Coquand.

Explication des Figures. — Pl. I, fig. 6, *Holaster Coquandi,* vu de côté; fig. 7, face sup.

Holaster subglobosus, Agassiz, 1836.

Forme renflée, large, un peu rétrécie en arrière, offrant à la partie supérieure une courbe assez régulière, convexe à la partie inférieure. Sommet excentrique en avant.

Appareil apical fortement allongé et étroit. Les plaques ocellaires, de grande dimension, s'intercalent entre les plaques génitales et sur la même ligne. La plaque antérieure de droite, qui porte le corps madréporiforme, paraît à peine plus grande que les autres.

Ambulacre impair, composé de pores petits, obliquement disposés par paires espacées. Il est logé dans un sillon qui commence à quelque distance du sommet, large, mais peu creusé au pourtour, qu'il échancre légèrement.

Ambulacres pairs superficiels, très ouverts, les antérieurs légèrement infléchis. Pores petits et inégaux, les extérieurs plus allongés que les autres.

Péristome ovale avec bord postérieur plus relevé que les autres côtés. Périprocte à peu près au milieu de la face postérieure.

Rapports et différences. — La hauteur de cette espèce est si variable en Europe, qu'il n'est pas difficile de trouver des types complétement semblables à ceux que nous décrivons. L'*Hol. subglobosus* paraît être assez rare en Algérie, car il n'a été recueilli jusqu'à présent, à notre connaissance du moins, que par l'un de nous et dans une seule localité. Des six exemplaires que nous possédons, deux n'ont pas atteint tout leur développement. Les quatre autres, de grande taille, sont d'une hauteur moyenne et n'ont pas ces proportions exagérées qu'on rencontre dans quelques individus de Neuvy-Sautour et d'autres localités. Les pores ambulacraires sont un peu plus allongés que dans les exemplaires européens, sans être cependant bien développés ; l'*Hol. subglobosus* semble avoir suivi cette règle à peu près générale pour tous les spatangoïdes algériens, d'avoir les pores plus allongés et plus développés que leurs congénères européens.

Localité. — Aumale.
Étage cénomanien. — Zone à *Epiaster Villei*. — Assez rare.
Collection Peron.

Holaster suborbicularis, Agassiz, 1836.

L'exemplaire que nous rapportons à cette espèce diffère sensiblement du type figuré par d'Orbigny, qui, d'après MM. Hébert et Munier-Chalmas (1), serait cependant bien le type de l'espèce. Il se rapproche beaucoup plus du type figuré par l'un de nous dans les Échinides de la Sarthe (2), et de ceux de M. Loriol (3), qui, d'après les auteurs précités, formeraient une espèce différente. Bien que des transitions conduisent assez facilement d'un type à l'autre, il y a peut-être, en effet, une nouvelle étude à faire de ce groupe d'*Holaster;* mais ce ne peut être ici le lieu d'approfondir cette question, et nous continuons à admettre la dénomination adoptée, en faisant cette remarque que notre échantillon devra suivre le sort de ceux de la Sarthe, si ceux-ci forment plus tard une espèce distincte. La ressemblance n'est cependant pas absolue, et nous pouvons signaler quelques divergences dans notre exemplaire d'Aumale. Ainsi, la partie antérieure est un peu moins gibbeuse, le sommet un peu plus en avant, le péristome un peu plus arrondi. Nous pensons qu'il n'y a là que des différences individuelles sans grande valeur. Les pores sont en outre plus allongés; et ce caractère aurait une importance assez grande, si nous n'avions déjà remarqué plusieurs fois qu'il se reproduit dans presque toutes les espèces des spatangoïdes algériens.

A part ces divergences, la forme générale est bien la même, ainsi que les carènes antérieures, la profondeur du sillon ambulacraire, la position du péristome et du périprocte.

(1) *Annales des Sc. géolog.*, t. VI, p. 125, et *Bibliothèque des hautes Études*, t. XII, p. 125, 1875.

(2) Cotteau, *Echin. de la Sarthe*, pl. XXXIII, fig. 1-6.

(3) *Echinologie helvétique.* — Terrains crét., pl. XXVII, fig 9-10.

M. Coquand possède et a catalogué, sous le nom de *Hol. Nicaisei*, deux jeunes individus qui, malgré quelques différences, nous paraissent devoir être rattachés au même type spécifique que notre exemplaire d'Aumale. Ils ont la partie postérieure tronquée un peu plus obliquement et les pores encore plus allongés. Nous pensons, en raison des variations que nous avons constatées dans ce dernier caractère, qu'il n'y a pas lieu de le considérer comme suffisant pour séparer ces échantillons; et, jusqu'à ce que d'autres découvertes aient fourni des renseignements plus complets, nous inscrivons ces *Holaster* sous le nom spécifique de *suborbicularis*.

Localité. — Aumale. — Les exemplaires de M. Coquand proviennent d'Aïn-Khala, dans le Djebel-Mahdid, entre Sétif et Msilah.

Étage cénomanien. — Très rare.

Collections Peron, Coquand.

Holaster Barrandei, Coquand, 1862.

Holaster Barrandei, Coquand, *Mém. de la Soc. d'émul. de la Provence*, t. II, p. 325, pl. XXXV, fig. 18-19, 1862.
— — Peron, *Not. sur la Géolog. des environs d'Aumale. — Bull. de la Soc. géolog.*, t. XXIII, p. 695, 1866.
— — Brossard, *Essai sur la Const. géolog. des régions mérid. de la subdiv. de Sétif*, p. 227, 1867.
— — Nicaise, *Catal. des anim. foss. de la prov. d'Alger*, p. 64, 1870.

Longueur.	53 millim.
Largeur	50
Hauteur	35

Espèce d'assez grande taille, renflée, large à la base, formant à la partie supérieure une courbe régulière dont le point culminant est au sommet apical, échancrée en avant par le sillon ambulacraire, plate en dessous.

Sommet subcentral, plutôt en avant. Appareil apical allongé, comme dans tous les congénères, ovale, la plaque génitale antérieure de droite portant le corps madréporiforme.

Ambulacre impair logé dans un sillon peu sensible, près du sommet, se creusant plus bas sans être bien profond, et bordé de deux carènes plus ou moins accentuées. Pores petits, arrondis, disposés par paires obliques et très espacées. L'intervalle qui sépare les paires de pores est assez large.

Ambulacres pairs égaux, larges, longs, très ouverts à l'extrémité. Les zones de pores descendent presque jusqu'au bord dans les grands exemplaires; elles sont inégales, l'antérieure étant un peu plus étroite. Les pores sont égaux, tous allongés et horizontaux.

Péristome grand, ovale, le bord postérieur étant assez fortement relevé. Il est assez éloigné du bord, et les pores ambulacraires qui l'entourent sont bien marqués et logés par paires dans une dépression scrobiculaire.

Périprocte à une certaine distance au-dessus du bord, dans une area étroite et peu accusée.

Tubercules toujours petits, nombreux, au milieu d'une granulation très fine.

Rapports et différences. — L'*Holaster Barrandei* a une grande analogie de formes avec le groupe des *Hol. Trecensis, Toucasi, nodulosus*, qui ne sont probablement que des variétés d'un même type spécifique. Le type algérien dont il se rapproche le plus est l'*Holaster Toucasi*, Coquand. La forme de l'*Hol. Barrandei* est plus haute; le sillon ambulacraire est plus creusé, les zones de pores plus écartées dans l'ambulacre impair, les paires moins nombreuses; le périprocte est placé très sensiblement plus haut, et les tubercules sont bien plus nombreux et plus petits. Ce dernier caractère est même si marqué, qu'il suffit pour distinguer les deux espèces à première vue (1). Cette petitesse et l'uniformité des tubercules, le sillon antérieur plus accusé distinguent aussi l'*Hol. Barrandei* de l'*Hol. Trecensis*, qui en a la forme haute et large.

Localité. — Djebel-Guessa, près de Boghar, Aumale, marabout de Sidi-Ali.

Étage cénomanien. — Assez commun, mais rarement bien conservé.

(1) Le dessinateur n'a pas su faire ressortir ce caractère différentiel dans les figures données par M. Coquand.

Collections Coquand, Gauthier, Peron, Thomas. L'exemplaire dessiné par M. Coquand n'a pas atteint tout son développement, comme on peut le voir en comparant les dimensions données plus haut.

HOLASTER NODULOSUS (Goldfuss sp.).
(*Holaster carinatus*, d'Orbigny)

HOLASTER CARINATUS, Coquand, *Mém. de la Soc. d'émul. de la Prov.*, p. 294.
HOLASTER TRECENSIS, Peron, *Bull. de la Soc. géol.*, t. XXIII, p. 697 et 703, 1870.
— — Nicaise, *Catal. des animaux foss. de la prov. d'Alger*, p. 64, 1870.

Les divers exemplaires, peu nombreux d'ailleurs, que nous rapportons à cette dénomination offrent, comme ceux d'Europe, une forme très inconstante. Quelques-uns sont très plats, d'autres assez élevés ; tous ont un ensemble cordiforme, le pourtour caréné, le sillon antérieur médiocrement creusé près du bord, le périprocte en général situé assez bas, des tubercules relativement assez gros, disséminés sur la face supérieure et peu nombreux. La forme élevée, à base large et subcirculaire, qu'on a désignée sous le nom d'*Holaster Trecensis*, se trouve à côté d'une variété bien plus déprimée, à carène tranchante, qui paraît rappeler l'*Hol. marginalis*, sans être cependant identique aux exemplaires que l'on recueille au pied du Ventoux. Les ambulacres sont toujours plus développés que dans les exemplaires européens, bien que la différence ne soit pas très considérable. Il est difficile, pour ne pas dire impossible, de séparer ces différents types, et nous nous contentons de les désigner sous la dénomination la plus généralement admise.

LOCALITÉ. — Aumale, Boghar, Berouaguiah.

Étage cénomanien. — Assez rare.

Collections Peron, Coquand, Thomas, service des mines à Alger.

HOLASTER TOUCASI, Coquand, 1862.

HOLASTER TOUCASI, Coquand, *Mém. de la Soc. d'émul. de la Provence*, t. II, p. 326, pl. XXXV, fig. 16-17, 1862.
— — Peron, *Bull. de la Soc. géol.*, t. XXIII, p. 701, 1866.

Holaster Toucasi, Nicaise, *Cat. des animaux foss. de la prov. d'Alger*, p. 64, 1870.

Longueur. . .	70 millim.	Taille moyenne. . .	58 millim.
Largeur . . .	62	— — . . .	49
Hauteur . . .	40	— — . . .	29

Espèce de grande taille, renflée uniformément à la partie supérieure, presque horizontale en dessus, allongée, rétrécie en arrière, sans troncature bien distincte, plate en dessous.

Sommet subcentral. Appareil apical long et étroit, les plaques ocellaires étant à peu près égales aux plaques génitales, et se rangeant par paires sur la même ligne que celles-ci.

Ambulacre impair très étroit. Zones porifères composées de pores très petits et arrondis, disposés par paires obliques assez rapprochées près du sommet, plus distantes ensuite. Le sillon n'est pas sensible à la partie supérieure; il ne commence à se dessiner que près du pourtour et échancre à peine le bord.

Ambulacres pairs très longs et égaux, les antérieurs fortement infléchis. Les pores sont allongés, égaux entre eux; mais la largeur des zones diffère un peu.

Péristome grand, ovale, dans une légère dépression du test, médiocrement éloigné du bord. Périprocte grand, pyriforme, placé très bas, presque marginal. Il ne reste au-dessous qu'une bande de test très étroite et formant sur le bord une sinuosité peu profonde.

Tubercures rares et relativement assez gros, comme dans l'*Hol. nodulosus;* d'autres plus petits se perdent au milieu d'une granulation très fine.

Rapports et différences. — L'*Hol. Toucasi* est encore un membre du groupe si embarrassant et si controversé des *Hol. lævis* et *nodulosus.* Cette espèce a été établie par M. Coquand, et nous croyons devoir la maintenir parce que nous lui trouvons un certain nombre de caractères distinctifs très constants. Par ses tubercules assez gros, rares et disséminés sans ordre, par son dessous plat et son pourtour caréné, elle ressemble aux espèces que nous venons de citer. Mais elle s'en distingue par sa forme plus allongée, beaucoup moins large que dans la variété *Trecensis*, par sa face supérieure élevée, mais à méplat presque horizontal en dessus, par son sillon ambulacraire nul près du sommet et ne se dessinant que légèrement à l'ambitus, par son ambulacre impair plus étroit que dans tous les similaires, bien que l'oursin soit de grande taille, par ses ambulacres pairs antérieurs, qui s'étendent presque jusqu'au bord et s'infléchissent en avant par une courbe harmonieuse; enfin par son périprocte constamment placé plus bas et presque marginal.

Sans doute on pourra trouver, malgré ces caractères distinctifs, que l'*Hol. Toucasi* a une étroite parenté avec les variétés de l'*Hol. Trecensis* et autres du même groupe; mais, pour nous, l'espèce a une physionomie particulière et facile à reconnaître. Nous possédons, de Saint-Fargeau (Yonne), un exemplaire de l'*Hol. nodulosus* qui a la même taille, la même forme allongée, la même hauteur proportionnelle que l'*Hol. Toucasi;* le dessus est moins horizontal, le sillon ambulacraire est plus creusé et remonte plus haut, le périprocte est moins bas, et les ambulacres pairs antérieurs, presque aussi longs que ceux des exemplaires africains, ne présentent pas cette courbe harmonieuse dont nous parlions : ils sont à peu près droits, et, s'ils s'infléchissent au pourtour, c'est plutôt en arrière qu'en avant. Cette comparaison nous semble concluante. Les pores aussi sont moins allongés et les zones plus inégales; mais nous ne tenons pas compte de ce caractère, puisque la dimension plus grande des pores ambulacraires est le cachet d'origine des spatangoïdes algériens.

Localité. — Aumale, zone à *Discoidea Forgemolli*, Berouaguiah, Djebel-Guessa, près Boghar, marabout de Sidi-Moussa.

Étage cénomanien. — Assez commun, mais généralement en mauvais état.

L'un de nous a recueilli cette espèce à Cassis (Bouches-du-Rhône).

Collections Coquand, Peron, Gauthier, Thomas, service des mines à Alger.

Holaster Algirus, (Coquand, sp.) Peron, 1866.

Ananchytes Algira, Coquand, *Mém. de la Soc. d'émul. de la Prov*, t. II, p. 240, pl. XXXVI, fig. 1-2, 1862.

HOLASTER ALGIRUS, Peron, *Bull. de la Soc. géol.*, t. XXIII, p. 697, 1866.
HOLASTER SYLVATICUS, Gauthier, *Echin. de l'Algérie*, 3e fascicule, p. 66, pl. V, fig. 1-2, 1876.

Longueur	61 millim.	Autre exemplaire. . . .	70 millim.
Largeur.	51	—	68
Hauteur.	40	—	45

Espèce de grande taille, ovale, globuleuse, haute et renflée, régulièrement convexe à la partie supérieure et subconique au sommet. Pourtour coupé à angle droit sans être tranchant, au contraire un peu arrondi. Dessous plat, légèrement concave, principalement autour du péristome dans les avenues ambulacraires.

Sommet à peu près central. Appareil apical allongé, mais médiocrement développé. Il est composé de quatre plaques génitales dont les deux postérieures sont complétement séparées des antérieures par les plaques ocellaires. La plaque antérieure droite, bien plus développée que la gauche, porte le corps madréporiforme. Les plaques ocellaires qui occupent le milieu de l'appareil atteignent la taille des plaques oviducales.

Ambulacre impair semblable aux autres, à peine plus étroit. Pores allongés et presque égaux, les internes étant un peu moins longs. L'espace qui sépare les zones porifères, beaucoup plus large que chaque zone, porte de rares tubercules, très petits et disséminés sans ordre. Sillon ambulacraire nul à la face supérieure jusqu'à l'ambitus; au bord inférieur commence une légère dépression qui se continue jusqu'au péristome.

Ambulacres pairs droits, s'élargissant beaucoup, très longs. Pores semblables à ceux de l'ambulacre impair, comme eux un peu inégaux, horizontalement disposés, et quelquefois légèrement obliques.

Péristome éloigné du bord, excentrique en avant. Il est de forme ovale avec un relèvement à la partie postérieure, terminale du plastron, et qui forme comme une espèce de lèvre.

Périprocte ovale longitudinalement, très bas placé et atteignant le bord, sans area ni troncature.

Tubercules petits, égaux, crénelés et perforés, répandus assez régulièrement sur toute la surface du test, mais espacés. Les intervalles sont couverts d'une granulation fine, homogène, médiocrement serrée.

Remarque. — La hauteur de cette espèce est variable, et dans les exemplaires où la face supérieure est plus élevée et plus conique, la base semble se raccourcir et s'élargir un peu. M. Coquand avait désigné dans sa collection, sous le nom de *Hol. Bourguignati*, un échantillon où ces caractères sont plus particulièrement accusés. Mais nous avons trouvé des types intermédiaires, provenant, comme l'exemplaire en question, du Djebel-Guessa, et il ne nous semble pas possible de séparer spécifiquement cette variété.

Rapports et différences. — L'*Hol. Algirus* se distingue facilement de toutes les espèces connues par son ambulacre impair semblable aux autres, par l'absence à peu près complète de sillon antérieur, par son sommet central, par la position marginale de son périprocte. L'un de nous a déja décrit cette espèce dans le fascicule précédent (1) sous le nom de *Hol. sylvaticus*. Des matériaux insuffisants, des exemplaires mal conservés l'avaient amené, après bien des hésitations, à séparer spécifiquement les individus recueillis dans l'albien supérieur du Bou-Thaleb. Depuis, des communications importantes nous ont permis de mieux approfondir cette question, et ne nous laissent plus aucun doute : l'*Hol. sylvaticus* doit disparaître de la nomenclature.

Le premier exemplaire, décrit par M. Coquand sous le nom d'*Ananchytes Algira*, était incomplet et déformé, mais très suffisamment caractérisé pour justifier la création de l'espèce. L'absence de sillon antérieur avait conduit le savant professeur à ranger son exemplaire parmi les *Echinocorys*. L'*Hol. Algirus* a, en effet, une grande ressemblance de forme avec certaines variété de l'*Echinocorys vulgaris*; mais, comme nous l'avons déjà remarqué, son périprocte supramarginal, bien qu'atteignant le bord, le peu de développement de son appareil apical, l'allongement des pores, la sinuosité qui, du bord antérieur au péristome, indique les traces d'un sillon ambulacraire, rigoureusement

(1) Page 66.

absent chez les *Echinocorys*, ne permettent pas de séparer cette espèce des *Holaster*.

Localité. — L'exemplaire décrit en premier lieu par M. Coquand provient d'une crête rocheuse située au nord d'Aumale et connue sous le nom de Kef-Rakma. Cette crête appartient aux couches inférieures du cénomanien, et repose immédiatement sur la couche à *Ammonites Nicaisei* Coquand, qui est la première zone cénomanienne de M. Peron. M. Coquand a sans doute été trompé par des renseignements erronés quand il a placé le Kef-Rakma, et par suite l'*Hol. Algirus*, dans son étage campanien de la craie supérieure. L'exemplaire qu'il a désigné sous le nom de *Hol. Bourguignati* provient du Djebel-Guessa, où, depuis, M. le Mesle en a recueilli d'autres associés à l'*Epiaster Vatonnei*. Ceux que nous a communiqués le regretté M. Ville viennent du marabout de Sidi-Mohamed-Brahim, dans l'ouest de Boghar; d'autres, plus récents, du Djebel-Zarouga, d'Aïn-Kalah, dans le sud de Sétif.

L'*Hol. Algirus* a donc été recueilli, à la maison forestière de Bou-Thaleb, dans l'albien supérieur, et, pour les autres localités que nous venons de citer, dans le cénomanien inférieur et moyen. — Partout assez rare.

Collections Coquand, Peron, Gauthier, service des mines à Alger.

Holaster pyriformis, Peron et Gauthier, 1878.

Pl. I, fig 8-11.

Longueur.	20 millim.
Largeur	15
Hauteur	13

Petite espèce, allongée, élargie à l'avant en forme de poire et arrondie, haute, retrécie à l'arrière et tronquée verticalement. Dessus presque horizontal, finissant assez brusquement à l'avant et à l'arrière. Dessous un peu convexe, à peine déprimé autour du péristome. Pourtour très épais, largement arrondi.

Sommet subcentral. Appareil apical allongé, mais peu visible dans nos exemplaires.

Ambulacre impair sans aucune trace de sillon à la face supérieure, et montrant seulement une très légère dépression à la face inférieure, en avant du péristome. Les pores sont petits, surtout les internes, et affectent la disposition en chevrons. Ils descendent très bas.

Ambulacres pairs superficiels et droits, composés de pores petits et obliques. Les zones sont inégales, la plus étroite en avant, dans les ambulacres antérieurs. Les postérieurs ne montrent que des pores très petits, uniformes et subarrondis.

Péristome excentrique en avant, au quart antérieur de la coquille. Périprocte ovale, situé assez haut au-dessus du bord, sans sinus inférieur et dans une area peu prononcée.

Des tubercules relativement gros, crénelés et perforés accompagnent de chaque côté l'ambulacre impair. Ils conservent à peu près la même taille, mais sont plus clair-semés sur les autres parties du test.

Rapports et différences. — Cette espèce est, dans le genre *Holaster*, la seule que nous connaissions en Algérie avec des pores petits et ronds. Sa forme allongée, l'absence de sillon antérieur, l'aspect des ambulacres la distinguent de toutes les autres. Nous avons comparé nos exemplaires avec des individus jeunes et de même taille de l'*Hol. subglobosus ;* ils s'en éloignent très sensiblement : l'espèce algérienne est plus allongée, plus rétrécie en arrière, moins épaisse; le périprocte est plus bas, et le sillon ambulacraire antérieur, bien qu'à peine sensible dans les jeunes de l'*Hol. subglobosus*, y est cependant plus nettement dessiné.

Localité. — Nous avons recueilli deux exemplaires de cette espèce auprès du bordj du Scheik Messaoud, à cinquante kilomètresau sud de Sétif.

Étage cénomanien. — Très rare.

Collection Peron.

Explication des Figures. — Pl. I, fig. 8, *Holaster pyriformis*, vu de côté; fig. 9, face sup.; fig. 10, face inf.; fig. 11, sommet ambulacraire grossi.

RÉSUMÉ SUR LES HOLASTER.

Les échinides appartenant au genre *Holaster* sont, comme nous venons de le voir, assez abondants et variés dans les terrains cénomaniens de l'Algérie. Toutefois, c'est seulement dans les gisements du Tell que nous en avons rencontré, à Aumale, à Berouaguiah, à Boghar et dans le Bou-Thaleb. Dans les autres gisements, pourtant si riches, situés au-delà de la région des Chotts, ce genre ne se montre pas : ce n'est que dans les couches turoniennes que nous rencontrons à Batna, à Kenchela, quelques individus d'ailleurs très rares d'un *Holaster* nouveau, que nous ferons connaître ultérieurement.

Nous avons mentionné, dans le cénomanien du nord algérien, huit espèces du genre *Holaster*. Parmi elles, trois sont connues et abondent en France dans l'étage cénomanien et surtout dans la partie inférieure de ce groupe. Ce sont les *Hol. subglobosus*, *H. nodulosus*, *H. suborbicularis*. Trois autres, les *H. Barrandei*, *H. Toucasi*, *H. Algirus*, avaient été déjà décrites par M Coquand. Elles paraissaient spéciales à l'Algérie; mais, depuis, comme nous l'avons dit, une de ces espèces a été rencontrée dans le midi de la France. Nous n'avons ajouté aux espèces connues et acceptées par nous que deux types nouveaux, *Hol. Coquandi* et *H. pyriformis*. Tous deux sont très rares, et l'un même n'est représenté que par un exemplaire unique. Ils proviennent l'un et l'autre des montagnes du Djebel-bou-Thaleb, région d'un accès difficile, peu explorée jusqu'ici, et qui, vraisemblablement, renferme encore bien des richesses inconnues.

EPIASTER VILLEI, Coquand, 1862.

EPIASTER VILLEI, Coquand, *Mém. de la Soc. d'émul. de la Prov.*, t. II, p. 241, pl. XXIV, fig. 10-12, 1862.

— — Peron, *Not. sur la géol. des environs d'Aumale*, *Bull. de la Soc. géol.*, t. XXIII, p. 701, 1866.

— — Nicaise, *Cat. des anim. foss. de la prov. d'Alger*, p. 65, 1870.

Dimensions de notre plus grand exemplaire :

Longueur.	85 millim.
Largeur	79
Hauteur	57

Espèce de grande taille, cordiforme, renflée, rétrécie et tronquée verticalement en arrière. Dessus légèrement convexe, parfois presque plat, incliné vers l'avant, la partie la plus élevée étant en arrière du sommet. Interambulacre postérieur caréné en forme de toit. Dessous convexe, arrondi régulièrement et à peine creusé autour du péristome.

Sommet un peu excentrique en avant. Appareil apical assez petit, étroit, trapézoïde ; les pores oviducaux antérieurs sont plus rapprochés que les postérieurs, et le corps madréporiforme occupe le milieu de l'appareil.

Ambulacre impair situé dans un sillon médiocrement creusé et de la même profondeur que les autres, s'élargissant d'une manière peu sensible, mais régulière, du sommet à l'ambitus, où il forme un sinus assez grand. Pores serrés, nombreux, très obliques dans chaque paire, le pore extérieur légèrement acuminé et plus grand que l'autre. Ils sont séparés entre eux par un renflement granuliforme. Les paires vont s'espaçant de plus en plus à partir du sommet.

Ambulacres pairs assez allongés, d'une largeur médiocre, peu profonds relativement à la taille de l'oursin, assez ouverts à l'extrémité, peu divergents par rapport à la ligne médiane. Les quatre lignes de pores sont sensiblement égales entre elles. Les pores sont allongés, non acuminés, et les paires sont séparées par un bourrelet qui porte une rangée de petits granules. L'intervalle des zones est nu et un peu moins large qu'une des zones porifères.

Péristome ovale, assez grand, presque à fleur du test, rapproché du bord antérieur.

Périprocte régulièrement ovale, non acuminé aux extrémités, situé aux deux tiers de la hauteur d'une area assez étroite. Tubercules très petits et assez rares, même en dessous, où ils augmentent cependant un peu en nombre et en volume. Granules extrêmement fins et peu visibles, abondants partout.

Rapports et différences. — La grande taille de cette espèce la fait distinguer facilement de toutes les autres. Elle est voisine, par sa forme générale, de l'*Epiaster Kœchlinanus*, d'Orbigny; mais elle paraît s'éloigner de cette espèce, d'ailleurs peu connue, par des caractères importants, tels que la longueur et la largeur des ambulacres, la forme des pores, la position du péristome. Elle rappelle aussi l'*Epiaster distinctus*, sauf la différence de taille; elle est bien plus déprimée à la partie supérieure, moins déclive en avant, et le sommet apical est moins en arrière.

Localité. — L'*Epiaster Villei* est abondant à Aumale, dans une couche assez élevée de l'étage cénomanien, que nous désignons sous le nom de couche à *Epiaster Villei*. M. Nicaise a rencontré cette espèce au Djebel-Guessa, et M. Thomas aux environs de Berouaguiah.

En France on a trouvé l'*Ep. Villei* dans les grès cénomaniens de Cassis (Bouches-du-Rhône).

Collections Coquand, Peron, Cotteau, Gauthier, Thomas, service des mines à Alger.

Epiaster maximus, Coquand, 1862.

Epiaster maximus, Coquand, *Mém. de la Soc. d'émul. de la Provence*, t, II, p. 242, pl. XXV, fig. 1-3, 1862.

— — Nicaise, *Catal. des anim. foss. de la prov. d'Alger*, p. 65, 1870.

M. Coquand a créé cette espèce d'après un exemplaire unique et assez mal conservé. Il est très remarquable par sa forme épaisse et renflée, moins allongée et moins rétrécie en arrière que l'*Epiaster Villei*. Les ambulacres sont médiocrement creusés, et le sommet apical légèrement en arrière. Nous ne saurions dire si, malgré des différences assez frappantes, l'*Epiaster maximus* ne doit pas être réuni à l'*Ep. Villei*, comme l'un de nous l'a déjà supposé (1). L'exemplaire décrit a certainement une physionomie

(1) Peron, *Bull. de la Soc. géol.*, t. XXIII, p. 701, 1866.

toute particulière; mais plusieurs détails le rattachent à la forme normale de l'espèce à laquelle nous le comparons. Plusieurs des échantillons de l'*Ep. Villei* ont une tendance à s'élargir, et se rapprochent ainsi de l'*Ep. maximus*. Nous croyons prudent d'attendre, pour nous prononcer, que la distinction spécifique établie par M. Coquand, et qui semble vraie pour l'individu qu'il a dans sa collection, ait été confirmée par la découverte de nouveaux exemplaires.

Localité. — Aumale.

Étage cénomanien.

Collection Coquand.

Epiaster Vatonnei, Coquand, 1862.

Pl. I, fig. 12,

Epiaster Vattoni, Coquand, *Mém. de la Soc. d'émul. de la Provence*, t. II, p. 243, pl. XXX, fig. 4-6, 1862.
— — Peron, *Bull. de la Soc. géol.*, t. XXIII, p. 697, 1866.
— — Brossard, *Essai sur la const. géol. de la subdiv. de Sétif*, p. 227 et 229, 1867.
— — Nicaise, *Cat. des Anim. foss. de la prov. d'Alger*, p. 65, 1870.

Exemplaire de Berouaguiah.	Longueur,	65 mill.	Largeur,	65 mill.	Hauteur,	48 mill.
— du Djebel Guessa.	—	72	—	72	—	34
Autre exemplaire.	—	55	—	60	—	38
—	—	58	—	58	—	34
—	—	55	—	57	—	31

Espèce de grande taille, cordiforme, plus ou moins rétrécie à l'arrière, très-élargie un peu en avant du sommet, la largeur égalant ou dépassant la longueur. Pourtour arrondi et assez épais, ordinairement polygonal; forme relativement basse et déprimée dans tous nos exemplaires. Dessus relativement convexe, mais présentant une courbe à grand rayon, très-peu incliné vers l'avant. Aire interambulacraire postérieure non carénée en forme de toit, mais présentant au contraire un méplat qui semble le prolongement de l'aréa anale. Dessous plat ou légèrement convexe dans les individus un peu plus épais.

Sommet subcentral ou parfois excentrique en avant. Appareil

apical granuleux, court, élargi ; pores oviducaux largement ouverts et entourés d'un léger bourrelet.

Ambulacre impair logé dans un sillon un peu moins large et moins profond que ceux des ambulacres pairs. Ce sillon forme une sinuosité prononcée au pourtour, et se prolonge jusqu'au péristome. Pores allongés, horizontaux, semblables à ceux des ambulacres pairs; seulement les rangées sont un peu plus étroites et les zones un peu plus rapprochées.

Ambulacres pairs larges, peu profonds, extrêmement prolongés et allant jusqu'au pourtour où ils forment une légère sinuosité qui donne à la coquille son aspect polygonal. La profondeur des sillons varie un peu, mais en général ils sont médiocrement creusés. Pores très-allongés, droits, et placés dans chaque paire sur une même ligne, non conjugués, presque égaux, les extérieurs un peu plus longs. Zones porifères larges, portant entre chaque paire de pores une rangée parallèle de granules inégaux et petits. L'intervalle entre les zones est nu, un peu plus large que l'une d'elles. Auprès du sommet, les pores sont petits, séparés par un granule et vont en augmentant progressivement. Ils sont nombreux et serrés.

Péristome de taille médiocre, peu enfoncé, peu éloigné du bord.

Périprocte presque rond ou très-légèrement ovale, non acuminé aux extrémités. Il est situé au sommet de la face postérieure, dans une area bien circonscrite par deux lignes courbes qui partent de la face inférieure et se prolongent très-loin sur la face supérieure, dans l'interambulacre impair. On distingue de chaque côté de l'area une rangée de nodosités plus ou moins prononcées.

Tubercules très-petits, nombreux, régulièrement disséminés sur toute la surface, à peine plus gros à la face inférieure. Granules peu abondants, clair-semés, irrégulièrement disposés sur tout le test, sauf dans la région péripétale où ils prennent une disposition sériée linéaire, que nous remarquerons à un degré plus accentué encore dans d'autres espèces.

Rapports et différences. L'*Epiaster Vatonnei,* voisin par sa taille de l'*Ep. Villei* s'en distingue très-facilement par ses ambulacres bien plus longs, son interambulacre postérieur non caréné, son aréa anale prolongée, sa forme plus basse, et surtout par les pores de son ambulacre impair qui sont allongés, droits et presque semblables aux autres, tandis que dans l'*Ep. Villei* ils sont ronds et très-obliques. Ces caractères, outre sa taille, le distinguent également de l'*Ep. Henrici* qu'on trouve dans la même localité, et que nous décrirons plus loin. L'espèce dont il est le plus voisin et l'*Ep. variosulcatus* que nous avons décrit et figuré précédemment. Il en diffère par sa forme constamment moins élevée, moins arrondie, et dès lors par sa face supérieure toujours moins déclive de tous côtés. La sinuosité produite au pourtour par le prolongement des ambulacres postérieurs n'existe pas dans l'espèce albienne, où cette partie du pourtour est généralement plus unie et plus effilée. L'interambulacre impair est en forme de toit dans l'*Ep. variosulcatus*, et l'aréa anale ne remonte pas d'une manière aussi caractéristique à la face supérieure. La médiocre profondeur des ambulacres pairs reste assez constante dans l'*Ep. Vatonnei*, tandis que dans l'espèce de la maison forestière du Bou Thaleb cette profondeur offre des variations extrêmes. L'ambulacre antérieur est un peu plus large dans l'espèce cénomanienne, les pores sont plus allongés, le périprocte est placé un peu plus haut, quoique les individus soient toujours plus déprimés. Il nous semble impossible de réunir ces deux espèces, quoiqu'elles aient un air de parenté incontestable et bien des caractères communs.

Remarque. L'*Epiaster Vatonnei* a été décrit et figuré par M. Coquand. La possession de nouveaux et nombreux échantillons nous a engagés à remanier la description. Nous avons cru aussi devoir rectifier l'orthographe du nom spécifique. C'est par erreur que le texte de M. Coquand porte *E. Vattoni :* l'orthographe vraie est celle que donne la planche XXV de son ouvrage, l'espèce étant dédiée à M. l'ingénieur Vatonne.

Localité. Cette espèce a été recueillie par M. Nicaise et par nous à Aumale, où elle est assez rare et souvent en mauvais état; à Berouaguiah, à six kilomètres est de la Smalah, par M. Thomas. Elle est plus abondante et mieux conservée au Djebel Guessa, d'où M. le Mesle en a rapporté plusieurs exemplaires. M. Brossard l'a mentionnée au Kef-el-Acel, entre Bordj-Bou Aréridj et Msilah.

Etage cénomanien.

La collection Coquand renferme un exemplaire beaucoup plus épais que les autres, mais de taille moyenne à peine, qui y porte le nom d'*Ep. Seguenzæ*. Nous croyons que cet exemplaire est un individu exceptionnel appartenant à l'espèce qui nous occupe. Toutefois nous devrons attendre, pour nous prononcer, des matériaux plus complets et plus nombreux.

Collections Coquand, Gauthier, Cotteau, le Mesle, Peron, Thomas, Ecole des Mines, service des Mines à Alger.

Explication des Figures. — Pl. I, fig. 12, *Epiaster Vatonnei*, vu sur la face supérieure.

Epiaster Henrici, Peron et Gauthier 1878.

Pl. II, fig. 1-4.

Epiaster Heberti, Peron (non Coquand), *Bull. de la Soc. géol.*, t. XXIII, p. 702, 1866.

Dimensions ordinaires . .	Long., 38 mill.	Larg., 37 mill.	Haut., 25 mill.
Le plus grand exempl. connu	— 42	— 41	— 28

Coquille cordiforme, presque aussi large que longue, habituellement polygonale, très-rétrécie à la partie postérieure, qui est tronquée verticalement. Dessus arrondi et régulièrement déclive vers l'avant. Aire interambulacraire postérieure en forme de toit, mais non carénée. La plus grande largeur est un peu en avant du sommet. Dessous presque plat ou légèrement convexe, sans saillie bien prononcée du plastron.

Sommet central. Appareil apical petit, presque carré ; plaque madréporiforme très-apparente et occupant presque tout le milieu de l'appareil.

Ambulacre impair situé dans un sillon étroit, médiocrement creusé, échancrant le bord antérieur et se prolongeant vers le péristome. Zones porifères étroites, composées de pores petits, légèrement ovales, un peu obliques dans chaque paire, et séparés par un renflement granuliforme. L'intervalle des zones est garni de granules très-fins, avec quelques autres plus gros, irrégulièrement répartis.

Ambulacres pairs assez allongés, pétaloïdes, les postérieurs presque aussi longs que les autres, situés dans des sillons assez profonds et assez larges. Zones porifères larges, l'intervalle qui les sépare étant plus étroit que l'une d'elles. Pores très-allongés, conjugués par un léger sillon, le pore intérieur étant un peu moins long que l'autre dans chaque zone. On distingue une rangée de petits granules entre les pores. Les ambulacres postérieurs sont légèrement sinueux et infléchis vers l'arrière.

Péristome remarquablement petit, bien pentagonal, à fleur du test, sans dépression, à peu près dépourvu de lèvres saillantes. Il est assez rapproché du bord.

Périprocte petit, ovale, très-peu acuminé aux extrémités, situé très-haut dans une aréa étroite, légèrement convexe, pourvue de nodosités à son pourtour inférieur.

Tubercules clair-semés à la partie supérieure, beaucoup plus abondants autour du périprocte et à la partie médiane inférieure, inégaux, les plus gros distinctement crénelés et perforés. Granules fins, bien visibles, assez abondants, irrégulièrement disséminés partout, sauf dans la zone péripétale, ou ils prennent une remarquable disposition en petits cordons ou séries linéaires. Les directions de ces petites lignes de granules ne sont pas toutes parallèles, et elles forment entre elles des angles qui embrassent les tubercules ; mais la direction générale est toujours celle qu'aurait le fasciole péripétale qu'elles paraissent représenter. Ce n'est point encore cette petite zone de granules unie, régulière et continue qui constitue le fasciole des *Hemiaster* et autres genres voisins; néanmoins cette disposition des granules à l'extrémité des ambulacres est un acheminement évident à ce fasciole.

Ce caractère assez curieux ne manque dans aucun des exemplaires que nous avons recueillis. Il n'est d'ailleurs pas particulier à cette espèce, et nous avons remarqué qu'il se reproduit dans quelques autres *Epiaster* des mêmes localités, notamment dans avons reconnu que ce rapprochement n'était pas exact, et que l'*Ep. Vatonnei* et dans l'*Ep. pedicellatus*. Il y a encore là un indice de parenté évident. Nous voyons dans ce groupe d'espèces un type transitoire entre les *Hemiaster* et les *Epiaster* complétement dépourvus de fasciole.

Quelques-uns de nos exemplaires de l'*Ep. Henrici* sont encore porteurs de nombreux radioles. Ces radioles sont fins, très-allongés, striés délicatement dans le sens de la longueur ; le bouton est crénelé et la facette articulaire légèrement concave.

Rapports et différences. L'*Epiaster Henrici*, par la petitesse de son péristome, par sa forme très élargie en avant et acuminée en arrière, la structure de son ambulacre impair et la disposition de ses granules, se distingue facilement de toutes les espèces connues. Malgré la différence considérable de la taille, c'est avec l'*Ep. Villei* qu'il a le plus d'analogie. Mais dans cette dernière espèce le péristome est plus grand, les pores sont relativement moins allongés, et les granules beaucoup plus fins et autrement disposés. On pourrait peut-être, malgré ces différences, supposer que l'*Ep. Henrici* est le jeune de l'*Ep. Villei* ; mais cette hypothèse nous paraît devoir être complétement repoussée. Ces deux espèces habitent des zones bien différentes et éloignées stratigraphiquement. Dans la zone à *Ep. Villei*, qui est la plus inférieure, nous n'avons vu aucun individu comparable à l'*Ep. Henrici* ; et dans la zone occupée par ce dernier, et où on le trouve en grande abondance, non-seulement nous n'avons recueilli aucun *Epiaster* qui pût être rapporté à l'*Ep. Villei*, mais nous n'avons vu même aucun *Ep. Henrici* atteignant à la moitié de la taille habituelle de l'autre espèce.

Dans un mémoire sur la géologie d'Aumale, l'un de nous (1) avait rapporté cette espèce à l'*Ep. Heberti* de M. Coquand. Elle a, en effet, avec cette espèce une grande analogie de formes ; et en se basant seulement sur la figure et la description données par M. Coquand, il était difficile de ne pas réunir ces deux oursins. Nous avons eu, depuis, communication du type dessiné, et nous

(1) Peron, *Loc. cit.*, p. 702.

notre espèce est bien différente de l'*Ep. Heberti*, qui d'ailleurs, comme nous le verrons plus loin, est un *Hemiaster*.

Nous pensons que l'*Ep. minimus*, Coquand (1), doit être un jeune de notre *Ep. Henrici*. Le type de cette espèce, que l'auteur a bien voulu nous communiquer, est malheureusement en trop mauvais état pour qu'on puisse être sûr de l'identité ; mais cette identité nous paraît probable.

Notre espèce est dédiée à M. Henri Coquand, dont les travaux sur l'Algérie et la riche collection sont pour nous une source précieuse de renseignements.

Localité. — Aumale, Berouaguiah, Boghar (Djebel Guessa, Takouka, ouest de Boghar).

Etage cénomanien. — Abondant, surtout à Aumale.

Collections Peron, Cotteau, Gauthier, Coquand, Le Mesle, Thomas, de Loriol.

Explication des Figures. — Pl. II, fig. 1, *Epiaster Henrici*, vu de côté ; fig. 2, face sup. ; fig. 3, face inf.; fig. 4, sommet ambulacraire grossi.

Epiaster verrucosus, Coquand (in coll.).

Hemiaster verrucosus, Coquand, *Mém. de la Soc. d'émul. de la Provence*, p. 327, pl. XXXV, fig. 20-21, 1862.
— — Nicaise, *Cat. des Animaux foss. de la Prov. d'Alger*, p. 60, 1870.

	Longueur	Largeur	Hauteur
	24 mill.	23 mill.	18 mill.
Exempl. de M. Coquand	22	— 21	— 17

Coquille arrondie, globuleuse, rétrécie et subrostrée à la partie postérieure, dont le plus grand diamètre transversal est au tiers antérieur. Dessus convexe, fortement déclive et arrondi en avant, très élevé en arrière du sommet où se trouve la partie la plus haute. De ce point part une courbe large qui descend jusqu'à la partie postéro-inférieure, sans méplat ni sinus à l'area anale.

(1) *Mém. de la Soc. d'émul. de la Provence*, t. II, p. 244, pl. XXVI, fig. 17-19.

Pourtour arrondi, terminé à l'arrière par une sorte de protubérance unique. Dessous excavé assez profondément près du péristome.

Sommet excentrique en avant. Appareil apical mal conservé dans les exemplaires que nous avons pu étudier.

Ambulacre impair logé dans un sillon profond qui disparaît avant d'arriver à l'ambitus. Nous n'avons pas pu constater la forme des pores.

Ambulacres pairs courts, pétaloïdes, creusés profondément; ils sont inégaux, les postérieurs d'un tiers moins longs que les autres. Ces derniers sont fortement infléchis, et forment deux arcs qui vont à la rencontre l'un de l'autre. L'interambulacre impair, qui empêche leur réunion, est extrêmement étroit en cet endroit et a la forme d'un bourrelet. Les pores sont allongés, arrondis extérieurement, acuminés à l'extrémité interne.

Péristome assez grand, fortement labié, au tiers antérieur. Périprocte petit, presque rond, situé assez haut sur l'aire anale, qui est à peine indiquée.

Plaques interambulacraires larges, hexagonales, convexes, avec sutures très apparentes et déprimées. Les plaques, qui forment la continuation des ambulacres en dehors de la partie pétaloïde, sont à peu près égales dans les ambulacres pairs antérieurs, mais inégales dans les postérieurs, la rangée qui confine à l'aire interambulacraire impaire étant bien plus étroite, du moins en dessus. En dessous l'égalité se rétablit.

Test complétement couvert de gros tubercules mamelonnés, perforés, très serrés, car on n'en compte pas moins de 25 à 26 par plaque interambulacraire. Ils contribuent à donner au test un aspect verruqueux très prononcé.

Remarque. — M. Coquand, qui le premier a décrit ces curieux échinides, les a placés d'abord dans le genre *Hemiaster*. Plus tard, dans ses notes et dans sa collection, il les a reportés dans le genre *Epiaster*. On ne peut, en effet, distinguer sur les exemplaires que nous avons entre les mains aucune trace de fasciole péripétale; mais nous ferons remarquer que la conservation du test autour des ambulacres ne permet aucunement d'affirmer que le fasciole n'ait pas existé. Nous trouvons même que cette espèce, dans son ensemble, rappelle beaucoup plus la taille et la forme des *Hemiaster* et notamment des *Hem. bufo, nasutulus*, etc. Néanmoins, jusqu'à ce que nous possédions des matériaux meilleurs, nous maintenons la désignation générique adoptée par M. Coquand. Peut-être serons-nous amenés quelque jour à faire de l'*Ep. verrucosus* le type d'une nouvelle coupe générique ; car nous ne connaissons aucune espèce dans les deux genres précités qui puisse lui être comparée. La multiplicité et la disposition des gros tubercules qui couvrent tout le test, l'inflexion si prononcée des ambulacres postérieurs, la convexité des plaques donnent à cet oursin un aspect étrange et tout-à-fait anormal.

Localité. — M. Nicaise a recueilli cette espèce sur le chemin d'Aumale à l'Oued Okris. L'indication de gisement donnée par cet auteur est un peu vague, car ce chemin, qui a 25 kilomètres de longueur, traverse différents terrains. Nous avons recherché le gisement de ces oursins curieux sans pouvoir le trouver. Peut-être ne faut-il les placer qu'avec réserve dans l'étage cénomanien. On en connaît un certain nombre d'individus.

Collection Coquand, service des Mines à Alger.

Epiaster crassior, Peron et Gauthier, 1878.

Epiaster crassissimus, Coquand. *Mém. de la Soc. d'émul. de la Provence*, t. II, p. 274, 1862.

— — Nicaise, *Cat. des anim. foss. de la prov. d'Alger*. p. 64, 1870.

M. Coquand a rapporté à l'*Epiaster crassissimus* deux exemplaires de sa collection, tous deux malheureusement très mal conservés, mais qui nous paraissent différer sensiblement de l'espèce de d'Orbigny. Nous allons en donner une description succincte, que nous espérons pouvoir compléter plus tard.

La forme est plus épaisse, plus large, moins allongée que dans l'*Ep. crassissimus*. La partie postérieure est aussi très oblique, mais le rostre est moins étroit, et finit en quelque sorte d'une manière carrée. Dans l'un des exemplaires, cette face postérieure oblique est fortement déprimée au milieu dans toute sa longueur. Le sommet est très excentrique en arrière, vu d'en haut ; mais si l'on tient compte du rostre inférieur, il se trouve réellement au centre de la coquille. Les sillons ambulacraires sont larges et médiocrement creusés, les antérieurs beaucoup plus longs que les postérieurs ; les pores sont fortement allongés et les zones assez distantes. Les pores de l'ambulacre impair sont moins longs que les autres et obliques.

Péristome assez grand, sans dépression bien sensible ; il est au quart antérieur. Périprocte au sommet de l'area postérieure.

Les tubercules sont assez semblables à ceux de l'*Ep. crassissimus* ; ils sont plus nettement entourés d'un scrobicule.

Quelque mal conservés que soient ces deux exemplaires, l'un d'eux porte encore quelques-uns de ses radioles. Ils sont longs, très effilés, striés longitudinalement, à bouton très saillant.

Il y a certainement une différence très sensible entre la forme de ces oursins et celle de l'*Ep. crassissimus*. Le dessous est encore bien plus dissemblable que la face supérieure. Nous n'avons pas cru devoir négliger ces matériaux, et ne pouvant les rapporter d'une manière certaine à une espèce connue, nous les avons désignés sous un nom spécifique nouveau. Le genre même auquel nous les rattachons pourrait être contesté, bien que nous ne connaissions pas d'*Hemiaster* à rostre aussi accentué. Nous faisons donc toutes nos réserves, jusqu'à plus ample informé.

Localité. — Oued Kristian, à l'ouest d'Aumale.

Etage cénomanien. — Très-rare.

Collection Coquand.

RÉSUMÉ SUR LES EPIASTER.

Les six espèces que nous venons de mentionner étaient inconnues avant les travaux de M. Coquand et les nôtres. Toutes sont spéciales aux terrains cénomaniens du Tell, et aucune espèce du genre *Epiaster* ne se retrouve dans les nombreux et riches gisements des hauts plateaux. C'est encore un de ces exemples de localisation de faune comme nous venons d'en citer un à propos des *Holaster*, et comme nous en aurons encore plus d'une fois à signaler, notamment pour les *Discoidea*, les *Echinobrissus*, etc. Il importe en outre de faire remarquer que la plupart des *Epiaster* de cette zone, sauf toutefois l'*Ep. verrucosus*, quoique présentant entre eux des distinctions spécifiques bien nettes, ont certains caractères communs, qui leur donnent un air de famille assez prononcé. Tous sont particuliers à l'Afrique, à l'exception de l'*Epiaster Villei*, dont quelques exemplaires ont été trouvés à Cassis : nous verrons plus loin que ce n'est pas le seul cas d'espèces éminemment algériennes recueillies sur la côte méridionale de la Provence ; le fait s'est déjà présenté pour l'*Holaster Toucasi*.

Hemiaster Meslei, Peron et Gauthier, 1878.

Pl. II, fig. 5-8.

	Long.	Larg.	Haut.
Dimensions du plus grand exempl. connu :	32 mill.	32 mill.	22 mill.
Autres exemplaires :	28	27	16
—	24	23	13

Espèce cordiforme, de taille généralement assez petite, légèrement polygonale au pourtour, à peu près aussi large que longue, déprimée, dont la plus grande largeur se trouve un peu en arrière du sommet. Dessus presque plat, légèrement incliné vers l'avant. Aire interambulacraire postérieure en forme de toit à angle très ouvert, s'abaissant vers l'area anale. Dessous quelquefois assez plat, le plus souvent bombé, le plastron interambulacraire faisant une forte saillie longitudinale jusqu'au péristome.

Sommet central. Appareil apical presque carré, un peu élargi cependant dans la ligne postérieure. Plaque madréporiforme grande et s'étendant au milieu de l'appareil ; plaques ocellaires petites et subpentagonales. Chaque pore oviducal est entouré d'un cercle régulier de granules qu'on ne distingue nettement que dans les exemplaires bien conservés.

Ambulacre impair logé dans un sillon assez large, peu profond et très évasé, échancrant fortement le pourtour, n'augmentant pas brusquement de largeur en avant du sommet, et se rétrécissant légèrement vers l'ambitus. Zones porifères étroites, composées de paires de pores assez espacées. Pores très petits, un peu obliques, séparés par un renflement granuliforme et assez rapprochés. Intervalle des zones garni de petits tubercules et de nombreux granules souvent sériés.

Ambulacres pairs peu profonds, très longs, assez étroits, les postérieurs à très peu près égaux aux antérieurs. On remarque quelques variations dans le degré d'excavation des sillons; mais, même dans les exemplaires les plus excavés, la profondeur est encore faible. Sur quelques gros individus on peut constater une certaine flexion des ambulacres antérieurs. Pores allongés, inégaux, les intérieurs très sensiblement plus petits que les extérieurs. On aperçoit à peine quelques rares granules entre les paires de pores. Intervalle des zones porifères d'apparence lisse, assez étroit.

Péristome assez enfoncé, petit, ovalaire, avec un fort sinus à la partie postérieure, parfois subpentagonal, toujours muni d'une lèvre postérieure acuminée très saillante. Les dépressions ambulacraires sont en général bien marquées autour du péristome.

Périprocte ovale, légèrement acuminé aux extrémités, situé assez haut sur une aire anale large, mais peu élevée, habituellement un peu concave, tronquée à peu près verticalement, et ornée de nodosités à son pourtour inférieur.

Tubercules fins et assez rares, un peu plus gros dans les interambulacres antérieurs ainsi qu'en dessous. Granules extrêmement fins, et formant, à la partie antérieure, des cercles autour des tubercules.

Fasciole péripétale bien distinct, sans aucune sinuosité audessus de l'aire anale.

Rapports et différences. — L'*Hem. Meslei*, par sa forme déprimée, son sommet central, ses ambulacres presque égaux, a un aspect régulier qui permet de le distinguer tout de suite des espèces voisines. Il se sépare de l'*Hem. Batnensis* par ses ambulacres beaucoup moins profonds, moins inégaux, son sommet central, la sinuosité bien plus prononcée que forme au pourtour le sillon antérieur. Il n'a, d'ailleurs, ni la forme épaisse, ni l'aspect rectangulaire de cette espèce.

Comme forme générale, il se rapproche davantage de l'*Hem. Heberti*; mais il n'atteint jamais à beaucoup près la taille de ce dernier, qui, en outre, a toujours les ambulacres plus longs et plus profonds, une physionomie bien plus polygonale, les pores de l'ambulacre impair plus allongés, une épaisseur plus considérable, un dessous moins convexe avec plastron non renflé.

Quelques individus de l'*Hem. Fourneli* se rapprochent aussi un peu de l'*Hem Meslei*. Ils s'en distinguent facilement par leurs ambulacres plus pétaloïdes, plus excavés, plus inégaux, par leur appareil apical plus large, par leur péristome à fleur de test et plus petit, par leur granulation différente.

LOCALITÉ. — L'*Hem. Meslei* est assez commun à Batna dans les couches cénomaniennes moyennes et supérieures. Nous l'avons rencontré aussi, mais bien plus rarement, au Bordj-Messaoud.

Collections Peron, Jullien, Cotteau, Gauthier, Le Mesle.

EXPLICATION DES FIGURES. — Pl. II, fig. 5, *Hemiaster Meslei*, vu de côté; fig. 6, face sup.; fig. 7, face inf.; fig. 8, sommet ambulacraire grossi.

HEMIASTER AUMALENSIS, Coquand, 1862.

Pl. VII, fig. 8-10.

HEMIASTER AUMALENSIS, Coquand, *Mém. de la Soc. d'émul. de la Provence*, t. II, p. 249, pl. XXVI, fig. 9-11.

— — Peron, *Bull. de la Soc. géol.*, t. XXIII, p. 694, 1866.

— — Nicaise, *Catal. des Anim. foss. de la prov. d'Alger*, p. 65, 1870

Dimensions habituelles. . .	Longueur, 25 mill.	Largeur, 26 mill.	Hauteur, 19 mill.
Le pl. gr. exemplaire connu..	— 36	— 36	— 26

Coquille de taille généralement assez petite, arrondie, au moins aussi large que longue, polygonale au pourtour. Dessus légèrement convexe et habituellement très-incliné vers l'avant. Partie postérieure assez élevée, saillante, en forme de toit, peu déclive dans l'interambulacre impair, où se trouve le point culminant. Dessous convexe, avec plastron très-renflé. Appareil apical petit, de forme carrée; plaque madréporiforme très-restreinte. Pores oviducaux entourés d'une saillie circulaire du test.

Ambulacre impair long, très étroit, placé dans un sillon assez prononcé près du sommet, mais peu accusé au pourtour où il dessine seulement une légère sinuosité. Zones porifères composées de paires très espacées de pores petits, arrondis, disposés obliquement et séparés par un fort granule.

Ambulacres pairs larges, pétaloïdes, peu profonds, bien circonscrits, arrondis aux extrémités des pétales. Ils sont inégaux, les postérieurs n'excédant pas les deux-tiers des antérieurs. On remarque d'assez grandes différences dans certains individus pour la largeur des aires ambulacraires. Zones porifères larges, l'intervalle qui les sépare étant plus étroit que l'une d'elles et d'apparence à peu près lisse. Pores assez allongés, acuminés intérieurement, presque égaux dans chaque zone, conjugués par un léger sillon, un peu obliques par rapport à la direction de la zone.

Péristome grand, semi-lunaire, situé aux 2/7 de la longueur, presque à fleur du test, dans une médiocre dépression de la face inférieure, fortement labié.

Périprocte ovale, non acuminé aux extrémités, situé en haut d'une area large, élevée, plane et légèrement oblique, dont le pourtour inférieur est muni de nodosités parfois très accentuées.

Tubercules abondants, plus gros et plus nombreux près du sommet, et à cet endroit sensiblement mamelonnés.

Fasciole péripétale étroit, peu apparent, légèrement sinueux, et touchant les ambulacres à leurs extrémités.

Remarque. — Nous avons déjà décrit cette espèce parmi les Echinides de l'étage albien. Comme nous l'avons remarqué alors (1), les exemplaires de la maison forestière du Bou Thaleb ne nous ont pas présenté les variations excessives dans la largeur des ambulacres postérieurs qu'on remarque dans les échantillons

(1) Page 78.

d'Aumale. Parmi ces derniers, quoique le type soit bien caractérisé et facilement reconnaissable, nous avons constaté de sensibles différences dans la taille, la forme et la hauteur de l'animal, aussi bien que dans la largeur des ambulacres pairs. Quelques individus pris isolément auraient pu donner lieu à la création d'espèces nouvelles, si nous n'avions eu des formes intermédiaires qui les relient au type principal. Nous signalons notamment un exemplaire dont la longueur est de 33 millimètres et la largeur de 35, et dont les pétales sont d'une largeur extraordinaire. Quelques autres, provenant d'un niveau un peu supérieur, sont moins arrondis, plus hauts, plus cordiformes, et coupés plus carrément à l'extrémité postérieure. Ces variations n'ont rien d'étonnant, car elles sont la règle toutes les fois qu'on se trouve en présence d'un grand nombre d'individus. Nous aurons plus d'une fois encore à en signaler de semblables.

Rapports et différences. — L'*Hemiaster Aumalensis* nous paraît constituer un type bien défini et bien caractérisé. Voisin par sa forme et sa taille de l'*Hem. Bufo*, il est moins renflé ; ses ambulacres sont bien plus larges et moins profonds, ses pores plus allongés. Il se rapproche beaucoup aussi de l'*Hem. minimus* de l'albien dont il a la forme polygonale et l'aspect général ; il en diffère cependant par la plus grande largeur de ses ambulacres pairs, par l'étroitesse de son sillon antérieur. Nous indiquerons plus loin les différences avec les autres espèces de la même localité.

Localité. — Aumale.

Etage cénomanien inférieur. Berouaguiah. — Abondant.

Collections Coquand, Peron, Cotteau, Gauthier, Thomas, de Loriol, Le Mesle, école des Mines de Paris, service des Mines à Alger.

Explication des figures. — Pl. VII, fig. 8, *Hemiaster Aumalensis*, vu de côté ; fig. 9, face inf. ; fig. 10, aire ambulacraire grossie.

Hemiaster Nicaisei, Coquand, 1862.

Pl. III, pl. 1-6.

Hemiaster Nicaisei, Coquand, *Mém. de la Soc. d'émul. de la Provence*, t. II, p. 326, pl. XXV, fig. 22-23, 1862.

HEMIASTER NICAISEI, Peron, *Bull. de la Soc. géol.*, t. XXIII, p. 694, 1866.
— — Brossard, *Essai sur la const. géolog. de la subd. de Sétif*, p. 227, 1867.
— — Nicaise, *Cat. des anim. foss. de la prov. d'Alger*, p. 65, 1870.

Dimensions du plus grand exempl. :	Long., 41 mill.	Larg., 41 mill.	Haut. 30 mill.
Type de M. Coquand :	— 35	— 35	— 23

Coquille aussi large que longue, polygonale au pourtour, médiocrement haute. Dessus plat et régulièrement incliné vers l'avant en pente douce. La plus grande hauteur est en arrière du sommet apical. Interambulacre impair non caréné, mais au contraire déprimé et aplati. Pourtour épais, un peu sinueux en avant au passage de l'ambulacre impair. Dessous plat, avec un léger renflement du plastron.

Sommet central. Appareil apical peu développé, de forme à peu près carrée. Les plaques génitales sont petites, et le corps madréporiforme peu étendu.

Ambulacre impair médiocrement large, dans un sillon peu profond, échancrant cependant assez sensiblement l'ambitus. Les paires de pores sont espacées, les pores petits, arrondis, obliques, séparés par un granule.

Ambulacres pairs larges, longs et pétaloïdes, droits, peu profonds, inégaux, les postérieurs n'excédant pas les 5/6 des antérieurs. Zones porifères larges, l'intervalle qui les sépare étant lisse et plus étroit que l'une d'elles. Pores égaux, très allongés, à peine acuminés à l'extrémité interne, disposés sur une même ligne, non obliques dans chaque paire. Un léger bourrelet, visible seulement dans les exemplaires bien conservés, les relie entre eux, et chaque ligne de pores est séparée des autres par une rangée de granules.

Péristome grand, semi-lunaire, légèrement labié, situé au quart antérieur de la face inférieure.

Périprocte petit, arrondi ou un peu ovale, situé en haut de l'aire anale, qui est tronquée presque verticalement.

Tubercules fins et régulièrement répartis, plus gros près du sommet, se multipliant en dessous, assez clair-semés en dessus. Granulation fine et peu serrée.

Fasciole péripétale assez étroit, peu apparent, anguleux sur les côtés, arrondi en avant et en arrière.

Radioles minces, longs, fortement striés dans toute leur longueur, acuminés à l'extrémité. Bouton saillant et crénelé; collerette nulle. Un grand nombre de ces radioles, quelle que soit leur taille, sont sensiblement recourbés; mais beaucoup d'autres restent parfaitement droits.

Cette espèce, dont nous possédons beaucoup d'exemplaires, nous a présenté, de même que la précédente, de nombreuses variations. Quelques individus, notamment le type de M. Coquand, ont les ambulacres larges et très pétaloïdes; mais, dans le plus grand nombre, ce caractère est moins accentué. Une autre variété, dont les ambulacres sont longs, assez étroits et peu profonds, a, en même temps, les pores plus petits. Nous ne voyons néanmoins qu'un seul type spécifique dans ces divers échantillons.

Rapports et différences. — Voisin de l'*Hem. Aumalensis*, l'*Hem. Nicaisei* s'en distingue par un ensemble de caractères qui permet facilement de le reconnaître. Dans ce dernier, les ambulacres sont plus longs et moins larges que dans le premier; les ambulacres postérieurs sont, relativement aux antérieurs, moins inégaux; les pores sont plus allongés, non conjugués; le sillon de l'ambulacre impair est moins étroit, plus élargi et entame davantage le pourtour; le sommet est médian, tandis que dans l'*Hem. Aumalensis* il est un peu excentrique en arrière.

La collection Coquand renferme, sous le nom d'*Hemiaster Floweri*, un exemplaire très remarquable, qui se rattache à l'*Hem. Nicaisei* par beaucoup de caractères, et notamment par la forme toute particulière des pores des ambulacres pairs. Il en diffère par une physionomie un peu gibbeuse, par ses ambulacres postérieurs un peu plus courts. Nous hésitons beaucoup à séparer cet individu de l'espèce que nous décrivons ou à l'y réunir. Il provient de Boghar. Il est bien fâcheux que ce type soit représenté par un exemplaire unique. En attendant d'autres matériaux, nous nous contentons de le signaler ici, sans rien décider à cet égard.

Localité. — L'*Hem. Nicaisei* est assez commun aux environs d'Aumale, dans la zone à *Epiaster Henrici*. MM. Thomas et Le Mesle l'ont aussi recueilli à Berouaguiah.

Étage cénomanien.

Collections Coquand, Peron, Cotteau, Gauthier, Thomas, Le Mesle, de Loriol, école des Mines de Paris.

Explication des Figures. — Pl. III, fig. 1, *Hemiaster Nicaisei*, vu de côté ; fig. 2, face sup.; fig. 3, face inf. ; fig. 4, aire ambulacraire grossie ; fig. 5, radioles ; fig. 6, les mêmes grossis.

Hemiaster Ameliæ, Peron et Gauthier, 1878.

Pl. III, fig. 7-11.

Dimensions du plus grand exempl. :	Long., 45 mill.	Larg., 43 mill.	Haut., 30 mill.
Exemplaire moyen :	— 36	— 36	— 26

Espèce de taille variable, en général assez grande, parfois presque arrondie et légèrement polygonale, parfois subcordiforme, médiocrement élevée ou même déprimée. Dessus convexe s'inclinant un peu vers l'avant. Aire interambulacraire postérieure ordinairement carénée et saillante entre le sommet et l'aire anale, sans méplat ni dépression : de rares exemplaires font cependant exception à ce sujet. La plus grande hauteur est en arrière du sommet apical. Face postérieure tronquée presque verticalement. Dessous très plat, à peine un peu renflé dans la région médiane postérieure.

Sommet central. Appareil apical trapézoïde, granuleux, petit. Plaque madréporiforme peu développée; pores oviducaux s'ouvrant au milieu d'une légère saillie conique.

Ambulacre impair situé dans un sillon assez profond, continu, échancrant assez fortement l'ambitus, s'élargissant du sommet au pourtour. Il est composé de deux lignes de pores disposés par paires assez serrées, petits, arrondis, très peu obliques, et séparés par un granule assez fort.

Ambulacres pairs allongés, un peu sinueux, les postérieurs médiocrement divergents, toujours assez larges et profonds, quoique avec des variations très sensibles sous ce rapport; pétaloïdes, bien circonscrits, les postérieurs égaux aux 7/9 des antérieurs. Zones porifères larges et séparées par un intervalle tantôt plus étroit, tantôt un peu plus étendu que l'une d'elles, d'apparence lisse et régulier. Pores petits, très distants l'un de l'autre, inégaux dans la même paire, le pore externe moins grand que l'autre et ovale; le pore interne un peu allongé et acuminé. Ils sont reliés dans chaque paire par un long et grêle bourrelet qui passe au milieu de la plaquette ambulacraire, très apparent, un peu oblique par rapport à la direction de l'ambulacre. Ce caractère très accentué, et conservé même dans les exemplaires usés, donne aux pétales ambulacraires une physionomie toute particulière, qui fait reconnaître l'espèce à première vue (1).

Péristome assez grand, assez fortement labié, à fleur du test, situé à un peu moins du quart antérieur de la longueur. Il est de forme ovale, avec sinus rentrant à la partie postérieure.

Périprocte ovale ou arrondi, non acuminé aux extrémités, situé assez haut dans l'aire anale.

Tubercules inégaux, petits, clair-semés, un peu plus gros auprès du sommet, augmentant très peu de volume à l'ambitus et même à la face inférieure. Granules assez rares, très petits, peu visibles, irrégulièrement disséminés.

Fasciole péripétale étroit, peu apparent, légèrement sinueux sur les côtés, passant très haut à la partie antérieure.

Nous ferons encore pour cette espèce la même observation que pour les deux précédentes, c'est-à-dire que les nombreux individus que nous avons entre les mains nous ont présenté des variations assez accentuées relativement à la forme générale, à la profondeur et à la largeur des ambulacres. Elle a cependant un ensemble de caractères bien constants qui permettent de ne jamais la confondre avec aucune autre.

Rapports et différences. — L'espèce la plus voisine de l'*Hem.*

(1) Le dessinateur n'a pas fait ressortir assez nettement ce caractère dans la figure 10 de la pl. III.

Ameliæ est l'*Hem. Nicaisei*, que nous venons de décrire. La première se distingue facilement de l'autre par son interambulacre impair ordinairement bien caréné à la partie supérieure, non aplati comme dans l'*Hem. Nicaisei*, par son dessous plus plat, son sillon antérieur plus profond, les pores de l'ambulacre impair plus serrés, moins obliques, et surtout enfin par la disposition des pores des ambulacres pairs, très petits relativement, très éloignés et reliés par un bourrelet étroit et saillant. Ce caractère ne se retrouve à un tel degré dans aucun des nombreux *Hemiaster* d'Algérie que nous connaissons.

Localité. — L'*Hemiaster Ameliæ* se rencontre dans le terrain cénomanien d'Aumale à deux niveaux différents : dans la zone à *Hem. Aumalensis* et dans la zone à *Radiolites Nicaisei*. Il est à remarquer que les individus de ces deux gisements diffèrent légèrement entre eux, et en général ceux de la dernière zone ont les ambulacres plus profonds et plus étroits. Les autres caractères d'ailleurs si accentués de cet oursin étant bien identiques, nous ne pouvons voir là que des variétés du même type.

L'*Hem. Ameliæ* a été également recueilli à Berouaguiah par M. Thomas, et au Djebel-Guessa par MM. Nicaise et Le Mesle. Nous l'avons reconnu dans la collection de l'École des Mines à Paris, où il est indiqué comme espèce nouvelle.

Collections Coquand, Peron, Gauthier, Cotteau, Le Mesle, Thomas, École des Mines.

Explication des Figures. — Pl. III, fig. 7, *Hemiaster Ameliæ*, vu de côté; fig. 8, face sup.; fig. 9, face inf.; fig. 10, aire ambulacraire grossie; fig. 11, sommet ambulacraire grossi.

Hemiaster granosus, Coquand *(in collect.)*, 1878.

Pl. IV, fig. 1-4.

Longueur	25 millim.
Largeur	22 —
Hauteur	18 —

Exemplaire de taille médiocre, cordiforme, élargi en avant et très rétréci à l'arrière, dont la plus grande largeur est un peu en avant du sommet. Dessus fortement renflé, gibbeux en avant, subconique, dont la plus grande hauteur se trouve un peu en avant du sommet, contrairement à ce qui a lieu dans la plupart des espèces. La partie antérieure est très rapidement déclive; la partie postérieure forme une courbe en pente très douce depuis le point culminant, et s'arrondit à l'arrière qui ne présente aucune troncature. Pourtour épais et arrondi, légèrement sinueux à l'avant, mais non sinueux à la partie posterieure. Dessous un peu convexe.

Ambulacre impair logé dans un sillon peu profond, s'élargissant du sommet au pourtour, où il forme une sinuosité assez sensible. Pores petits, ronds, disposés obliquement, par paires rares et espacées. L'intervalle qui sépare les zones porifères est granuleux et tuberculeux, comme le reste du test, sauf toutefois près du sommet.

Ambulacres pairs assez petits et médiocrement profonds, inégaux, les postérieurs n'excédant pas les deux tiers des antérieurs. Zones porifères composées de paires espacées de pores allongés, un peu inégaux dans chaque paire, les internes un peu plus petits que les autres.

Péristome ovale transversalement, peu enfoncé, fortement labié. Périprocte presque rond, de grandeur moyenne, situé très haut à la partie postérieure, sans area bien marquée. Tubercules abondants et disséminés sur tout le test, médiocrement développés, inégaux, se confondant avec les granules, qui sont eux-mêmes assez développés et serrés, au point de donner au test un aspect chagriné.

Fasciole péripétale peu visible, mais cependant bien distinct sur certains points mieux conservés, notamment en avant; il est étroit et peu sinueux.

M. Coquand a bien voulu nous communiquer, sous le nom que nous lui conservons, cet exemplaire remarquable de sa collection. Sa face supérieure subacuminée, la gibbosité de la partie antérieure, l'absence d'area anale font de cet oursin un type bien distinct de toutes les espèces que nous connaissons.

Localité. — L'*Hem. granosus* a été recueilli sur le versant sud du Djebel-Abdallah, au midi d'Aumale, dans des couches attribuées au cénomanien. — Exemplaire unique.

Collection Coquand.

Explication des figures. — Pl. IV, fig. 1, *Hem. granosus*, vu de côté; fig. 2, face sup.; fig. 3, face inf.; fig. 4, sommet ambulacraire grossi.

Hemiaster pseudofourneli, Peron et Gauthier, 1878.

P. IV, fig. 5-8.

Dimen. du plus grand exempl. :	Longeur,	33 mill.	Autre exemplaire,	30 mill.
— —	Largueur,	31	—	28
— —	Hauteur,	23	—	22

Coquille épaisse, renflée, subglobuleuse, légèrement polygonale au pourtour, rétrécie à l'avant et à l'arrière, un peu moins large que longue, dont la plus grande largeur est à peu près au milieu. Dessus assez élevé, convexe, avec interambulacres saillants, le postérieur peu caréné. Le test forme une courbe assez régulière du sommet à l'area anale, et le point culminant se trouve au milieu de cette courbe. Pourtour peu sinueux en avant; troncature postérieure presque verticale. Dessous fortement convexe, avec plastron interambulacraire saillant.

Sommet à peu près central. Appareil apical petit, presque carré; les plaques génitales sont peu développées en largeur, le corps madréporiforme petit, les pores oviducaux grands, très rapprochés, les postérieurs un peu moins que les antérieurs.

Ambulacre impair logé dans un sillon plus étroit que les autres, assez excavé, ne s'élargissant que progressivement à partir du sommet, et ne formant au pourtour, où il est superficiel, qu'une sinuosité peu profonde. Les zones porifères sont composées de pores petits, arrondis ou un peu ovalaires, rapprochés dans chaque paire et séparés par un renflement granuliforme. Les paires sont assez distinctes, et l'intervalle qui sépare les zones est granuleux.

Ambulacres pairs allongés, pétaloïdes, profonds, amincis près du sommet et s'élargissant peu à peu, les postérieurs à peu près aussi longs que les antérieurs. Zones porifères larges, composées de pores égaux, allongés, réunis par un léger sillon, et dont chaque paire est séparée de l'autre par une rangée parallèle de petits granules visibles seulement dans les exemplaires bien conservés.

Péristome assez petit, ovalaire ou subpentagonal, situé dans une légère dépression du test.

Périprocte arrondi, non acuminé, situé à la partie supérieure d'une area plane et circonscrite par des nodosités.

Tubercules petits partout, plus clair-semés et un peu plus gros à l'ambitus. Ils sont distinctement crénelés et perforés. Granules très fins, abondants, disséminés irrégulièrement.

Fasciole péripétale apparent, légèrement sinueux à l'arrière et sur les côtés.

Rapports et différences. — Nous avons été fort embarrassés pour fixer d'une manière certaine les limites de cette espèce. Autour du type que nous avons adopté viennent se grouper une foule de variétés dont quelques-unes s'accentuent tellement, qu'elles semblent demander une autre désignation spécifique. Des caractères communs réunissent toutes les divergences; et si, au premier aspect, on est tenté de séparer certains individus, un examen plus attentif les fait rattacher au type normal.

L'*Hem. pseudofourneli* se distingue de l'*Hem. Batnensis* par sa forme renflée, moins rectangulaire, son sommet plus en avant, ses ambulacres moins inégaux, son périprocte plus arrondi, ses pores conjugués. Il n'atteint d'ailleurs jamais, à beaucoup près, la taille de cette espèce.

Des différences aussi nombreuses et de même valeur séparent cette espèce de notre *Hem. Gabrielis*. Elle est beaucoup plus élevée que ce dernier et plus anguleuse. Les ambulacres sont plus égaux et plus profonds, l'ambulacre impair bien plus étroit, l'appareil apical bien moins large, enfin la partie postérieure est tronquée plus verticalement et le périprocte est plus grand et plus rond.

L'espèce dont notre *Hem. pseudofourneli* se rapproche le plus paraît être l'*Hem. Fourneli*, Deshayes, que nous rencontrerons dans les étages supérieurs. Dans une étude sur les environs d'Aumale, l'un de nous (1) avait même rapporté à ce type spécifique quelques exemplaires recueillis dans cette localité et qu'il lui paraissait difficile de séparer de certaines variétés de l'*Hem. Fourneli*. Les matériaux considérables que nous avons recueillis depuis nous ont permis de reconnaître des différences bien constantes et qui se retrouvent dans les individus de localités éloignées. Il nous paraît donc aujourd'hui nécessaire de séparer ces deux espèces.

L'*Hemiaster Fourneli*, comme toutes les espèces représentées par un nombre énorme d'individus, présente des variétés infinies, parmi lesquelles il en est qui se rapprochent plus ou moins de notre nouveau type. Toutes cependant ont toujours l'ambulacre impair plus large, plus évasé, s'élargissant plus brusquement à peu de distance du sommet. L'appareil apical est beaucoup plus élargi et en même temps raccourci dans la longueur, le sommet est moins central, le périprocte non arrondi et plus ovale; la granulation différente. Nous reviendrons d'ailleurs en détail sur ces différences quand nous décrirons cette espèce.

Localité. — L'*Hemiaster pseudofourneli* ne paraît être commun dans aucun des gisements assez nombreux que nous connaissons, si ce n'est à Bou-Saada, où on le trouve dans plusieurs zones. A Aumale, c'est dans les couches supérieures de l'étage cénomanien, dans notre zone à *Epiaster Henrici*, que nous l'avons rencontré. Nous en avons recueilli également quelques rares individus à Batna et à Aïn-Baïra. M. Jullien nous en a communiqué de bons exemplaires provenant des marnes rhotomagiennes de Krenchela; enfin M. Coquand l'a rapporté de Tenoukla, et, l'ayant déjà distingué des espèces voisines, l'avait classé dans sa collection sous le nom de *Hem. Schlœnbachi*.

Collections Peron, Coquand, Jullien, Cotteau, Gauthier, Le Mesle.

Explication des figures. — Pl. IV, fig. 5, *Hemiaster pseudofourneli*, vu de côté; fig. 6, face sup.; fig. 7, face inf.; fig. 8, aire ambulacraire paire grossie.

(1) Peron, *Bull. de la Soc. géol.*, t. XXIII, 1866.

HEMIASTER GABRIELIS, Peron et Gauthier, 1878.

Pl. IV, fig. 9-12.

Le plus grand exempl. connu.	Long.,	35 mill.	Larg.,	34 mill.	Haut.,	23 mill.
Type d'Aïn-Baïra.	—	26	—	26	—	17
Individu large et déprimé. .	—	32,5	—	33	—	19

Espèce assez déprimée, aussi large que longue, dont la plus grande hauteur est en arrière du sommet et la plus grande largeur en avant, mais au milieu de la longueur. Dessus un peu convexe et incliné vers la partie antérieure en pente très douce. L'arête de l'interambulacre impair n'est ni carénée, ni cependant déprimée. Pourtour très peu anguleux, échancré très sensiblement par le sillon de l'ambulacre impair. Partie postérieure assez rétrécie et coupée par une area étroite et allongée. Dessous légèrement convexe, avec plastron peu saillant.

Sommet excentrique en arrière. Appareil apical assez peu étendu. Plaques génitales petites, sauf celle qui porte le corps madréporiforme, lequel est relativement grand. Pores oviducaux petits et ronds.

Ambulacre impair logé dans un sillon assez large, long et peu profond, quoique formant au pourtour une sinuosité très sensible. Les paires de pores y sont assez espacées; les pores allongés de plus en plus à mesure qu'ils s'éloignent du sommet, inégaux, les externes étant un peu plus longs que les internes; ils sont disposés en chevrons, et dans les exemplaires bien conservés, on voit un granule entre les pores. La profondeur du sillon est partout uniforme. L'aire interporifère est large et très granuleuse; on y distingue même un commencement de rangée oblique et régulière de trois ou quatre gros granules se détachant de chaque paire de pores.

Ambulacres pairs peu profonds, assez allongés, inégaux, les postérieurs n'excédant pas les deux tiers des antérieurs. Les deux ambulacres antérieurs font entre eux un angle très ouvert (108°); et il s'ensuit que les ambulacres opposés par le sommet forment avec eux un angle peu sensible, et parfois se trouvent presque sur la ligne qui les prolongerait. Zones porifères de médiocre largeur, séparées par un intervalle d'apparence lisse et assez étroit. Pores allongés, acuminés à l'extrémité interne, conjugués par un léger sillon. Les paires de pores sont séparées par une ligne de petits granules espacés qu'on ne distingue bien que sur les exemplaires suffisamment conservés.

Péristome assez fortement labié, ovale transversalement, au cinquième antérieur de la coquille, dans une légère dépression. Périprocte petit, ovale, non acuminé, situé assez haut sur l'area postérieure.

Tubercules fins en général, mais inégaux et se confondant parfois avec les granules, qui sont eux-mêmes assez serrés, très petits et homogènes.

Fasciole péripétale large, assez apparent, très peu sinueux sur les côtés et à l'arrière.

Rapports et différences. — L'*Hemiaster Gabrielis*, par sa forme subarrondie, par son sommet excentrique en arrière, ses ambulacres peu profonds et très divergents, par les pores de l'ambulacre impair assez allongés et très obliques, se distingue facilement de ceux que nous avons déjà décrits. En le comparant avec l'*Hem. Batnensis* de même taille, on voit qu'il n'a jamais la forme quadrangulaire de ce dernier ; il a aussi les ambulacres bien moins profonds et plus divergents, le sillon antérieur plus évasé, et les pores de l'ambulacre impair différents.

Localité. — Cette espèce a été recueillie dans les couches cénomaniennes de Batna, où elle est assez abondante, et également au gisement d'Aïn-Baïra, au sud de Sétif, où elle se trouve avec les mêmes espèces, et où elle est aussi assez commune.

M. Louis Lartet l'a trouvée également en Palestine, dans l'étage cénomanien, accompagnée de la même faune qu'en Algérie.

Collections Peron, Gauthier, Cotteau, Jullien.

Explication des figures. — Pl. IV, fig. 9, *Hemiaster Gabrielis*, vu de côté; fig. 10, face sup.; fig. 11, face inf.; fig. 12, aire ambulacraire grossie.

HEMIASTER BATNENSIS, Coquand, 1862.

HEMIASTER BATNENSIS, Coquand, *Mém. de la Soc. d'émul. de la Provence*, t. II, p. 248, pl. XXVI, fig. 6-8, 1862.
— — Brossard, *Essai sur la Const. géolog. des régions mérid. de la subdiv. de Sétif*, p. 227 et suiv., 1867.
— — Hardouin, *Sur la géol. de la subdiv. de Constantine. — Bull. de la Soc. géolog.*, t. XXV, p. 340, 1886.
— — Cotteau, *Echinides nouveaux ou peu connus*, p. 150, pl. XX, fig. 11-13.
— — Peron, *Bull. de la Soc. géol.*, t. XXVII, p. 599, 1870.

Le pl. gr. exemplaire connu.	Longueur, 60 mill.	Largeur, 56 mill.	Hauteur, 36 mill.,
Autre exemplaire.	— 46	— 44	— 30
—	— 53	— 50	— 31
—	— 59	— 49	— 30

Espèce atteignant très souvent une grande taille, variable dans sa forme et dans sa hauteur, mais toujours allongée, polygonale, large à la partie postérieure, presque rectangulaire, jamais cordiforme, habituellement peu élevée et même déprimée. Dessus plat, très peu incliné vers l'avant, avec l'interambulacre impair habituellement saillant et parfois caréné. Pourtour anguleux, fortement échancré en avant au passage du sillon ambulacraire, surtout dans les individus de grande taille, très sinueux à l'arrière au bas de l'area anale, qui est concave. Dessous plat et parfois plus ou moins convexe, selon que l'ensemble est plus ou moins renflé.

Sommet central. Appareil apical petit, trapézoïde, avec plaque madréporiforme très développée. Les quatre pores génitaux sont légèrement saillants.

Ambulacre impair logé dans un sillon assez profond et échancrant fortement le pourtour, évasé, mais s'élargissant peu vers l'extrémité. Zones porifères étroites; pores disposés par paires serrées et rapprochées, petits, arrondis, très obliques dans chaque paire, séparés par un granule bien saillant. L'intervalle des zones est très granuleux.

Ambulacres pairs très allongés, inégaux, les postérieurs n'atteignant que les 6/7 des antérieurs, profonds, plus ou moins larges, parfois un peu flexueux. Zones porifères larges, l'intervalle qui les sépare plus étroit que l'une d'elles, et d'apparence lisse. Pores allongés, non acuminés, moins grands dans les rangées internes. Dans les individus bien conservés on distingue une ligne de granules entre les paires de pores. Les pores sont parfois obliques dans chaque paire.

Péristome très excentrique en avant, situé au sixième environ de la longueur, dans une dépression plus ou moins profonde. Il est médiocrement développé, ovale, avec lèvre postérieure très saillante et cassée dans la plupart des exemplaires.

Périprocte assez grand, formant un ovale allongé, parfois légèrement acuminé aux extrémités, situé très haut sur l'aire anale et touchant le bord supérieur, presque en contact avec le fasciole.

Tubercules petits, assez abondants. Granules très délicats, entourant les tubercules et dessinant ordinairement de légers scrobicules.

Fasciole péripétale assez étroit, peu apparent, un peu sinueux sur les côtés.

Radioles longs et effilés, fortement striés dans toute leur longueur, à bouton saillant et crénelé.

Rapports et différences. — L'*Hemiaster Batnensis*, par sa grande taille, sa forme allongée et rectangulaire, ses ambulacres très longs et profonds, son péristome très près du bord antérieur, son périprocte très haut sur l'aire anale, sa partie postérieure large et sinueuse, se distingue facilement de toutes les espèces connues et forme un bon type spécifique.

La forme déprimée et rectangulaire est assez constante dans les exemplaires de grande taille; mais dans les individus de taille moyenne ou petite les variations sont très fréquentes. Un grand nombre se rapprochent beaucoup de l'*Hem. Orbignyanus*, Desor, qu'on trouve dans le terrain cénomanien des Martigues (Bouches-du-Rhône). La forme rectangulaire, allongée, déprimée à la partie supérieure est bien la même dans les deux espèces, et la physionomie est à peu près semblable. La différence la plus sensible est dans la longueur des ambulacres postérieurs, qui, dans l'*Hem. Orbignyanus*, sont moins développés relativement aux antérieurs. Le sillon de l'ambulacre impair est aussi plus étroit dans cette dernière espèce, moins évasé sur les bords, et il échancre moins sensiblement l'ambitus. Toutefois, on ne peut nier qu'il n'y ait une grande affinité entre les deux types; et ce fait est d'autant plus remarquable que la faune qui accompagne cet *Hemiaster* en Provence a une grande analogie avec celle de Batna, et comprend plusieurs espèces, entre autres l'*Heterodiadema Libycum*, qu'on a cru longtemps spécial à l'Afrique.

Cette affinité est même assez grande pour qu'on ait plus d'une fois confondu les deux espèces. Ainsi, M. Coquand a cité l'*Hem. Orbignyanus* comme se trouvant en Algérie (1); et, vérification faite, les exemplaires ainsi déterminés ne peuvent être séparés de l'*Hem. Batnensis*. L'un de nous, dans le catalogue des oursins recueillis en Syrie par M. Lartet (2), cite l'*Hem. Orbignyanus* avec l'*Het. Libycum* et la série habituelle des oursins cénomaniens. Or, une comparaison plus minutieuse des types déposés au Muséum nous a convaincus que les exemplaires ainsi désignés doivent être rapportés à l'*Hem. Batnensis*. Peut-être un jour reconnaîtra-t-on que les deux espèces ont une même origine, et que les exemplaires de la Gueule d'Enfer ne sont qu'une variété locale sensiblement modifiée. Nous ne voulons pas néanmoins réunir prématurément les deux espèces, car les caractères différentiels, quoique peu considérables, sont d'une remarquable constance.

L'un de nous a recueilli, à la Gueule d'Enfer, avec l'*Hem. Orbignyanus*, un exemplaire de grande taille, malheureusement fort mal conservé, qui a les sillons ambulacraires allongés, évasés, la partie antérieure fortement sinueuse de l'*Hem. Batnensis*. Nous n'hésitons pas à rapporter cet individu à l'espèce africaine; mais rien ne nous autorise à affirmer que c'est la grande taille de l'*Hem. Orbignyanus*.

Malgré la différence d'aspect, il nous paraît fort possible encore que l'*Hem. cubicus*, Desor, que M. Lefèvre a recueilli au mont Garèbe, près de Suez, et qui a été décrit et figuré par d'Orbigny (3),

(1) *Loc. cit.*, p. 296.
(2) Cotteau, *Bull. de la Soc. géol.*, t. XXVI, p. 534, 1869.
(3) *Paléont. franç. terr. crét.*, t. VI, p. 237 pl. 879.

appartienne aussi au même type spécifique que l'*Hem. Balnensis*. Nous ne voyons, en effet, de différence que dans l'exagération même des caractères particuliers à cette dernière espèce : longueur des ambulacres, excentricité du péristome, forme rectangulaire, etc. Cependant, l'*Hem. cubicus* ne nous est pas assez connu pour que nous puissions insister sur cette probabilité.

Nous possédons de l'*Hem. Batnensis* des séries extrêmement nombreuses, recueillies dans différentes localités. Un des exemplaires trouvés à Tebessa présente une monstruosité remarquable, qui consiste dans le dédoublement de l'ambulacre pair antérieur de droite. M. Cotteau a décrit et figuré cette monstruosité (1).

Localité. — L'*Hem. Batnensis* se rencontre à Batna à presque tous les niveaux de l'étage cénomanien, qui est très développé aux environs de cette ville. On le recueille encore à Bou-Saada, à Tezrarine, au Djebel-Bou-Khaïl, au Djebel-Bou-Thaleb, à Aïn-Baïra, à Bordj-Messaoud, à Krenchela, à Tebessa, au Djebel-Auress, etc.

Étage cénomanien. — Partout très abondant et le plus souvent de belle conservation.

Collections Coquand, Cotteau, Peron, Gauthier, Le Mesle, de Loriol, Jullien, Thomas, École des Mines à Paris, service des Mines à Alger, musée de Constantine, etc., etc.

Hemiaster proclivis, Peron et Gauthier, 1878.

Pl. V, fig. 1-4,

Longueur.	33 millim.
Largeur	32
Hauteur	24

Espèce assez large, sub-arrondie au pourtour, renflée en dessus à la partie postérieure, fortement déclive en avant, où l'on remarque un méplat caractéristique, presque plate en dessous, sauf le renflement du plastron interambulacraire.

(1) *Echin. nouv. ou peu connus*, p. 150, pl. XX.

Sommet excentrique en arrière. Appareil apical trapézoïde, médiocrement développé. Le corps madréporiforme est d'aspect spongieux, et, non-seulement occupe le centre, mais semble s'étendre sur presque tout l'appareil. La plaque antérieure de droite est un peu plus grande que les autres ; toutes sont granuleuses dans la partie externe que n'atteint pas le madréporide.

Ambulacre impair logé dans un sillon assez large et bien dessiné ; les pores sont petits, presque ronds, séparés par un renflement granuliforme. Les paires sont très rapprochées, et l'espace qui sépare les zones très granuleux.

Ambulacres pairs très inégaux, les postérieurs étant d'un bon tiers plus petits que les autres ; ils sont logés dans des sillons assez larges et profonds ; les pores sont allongés et tous égaux.

Péristome petit, peu éloigné du bord, presque à fleur du test, avec lèvre postérieure assez proéminente.

Périprocte ovale, petit, au sommet de la face postérieure, dans une area mal définie, bien qu'entourée de nodosités.

Tubercules très petits et assez nombreux.

Fasciole péripétale assez large et sinueux.

Rapports et différences. — L'*Hem. proclivis* est voisin de l'*Hem. Gabrielis*, dont il se distingue par sa forme plus renflée, sa moins grande largeur, sa partie antérieure plus déclive, ses ambulacres pairs plus larges et son appareil apical plus granuleux. On peut aussi le comparer aux exemplaires de taille moyenne de l'*Hem. Batnensis*, dont il n'est peut-être qu'une variété exagérée, quoiqu'il s'en éloigne par sa forme plus gibbeuse à la partie supérieure, par ses ambulacres pairs plus inégaux, sa face postérieure moins nettement tronquée, son ensemble plus arrondi.

M. Coquand avait désigné cette espèce dans sa collection sous le nom de *Hem. Cotteaui*, que nous ne pouvons pas conserver, puisqu'il existe déjà un *Hemiaster* de ce nom. Nous croyons devoir maintenir l'espèce, quoique le petit nombre des exemplaires nous inspire quelque défiance à l'égard de leur valeur spécifique.

Localité. — Djebel-Mahdid, dans le sud de Sétif ; Bordj-Messaoud ; Batna.

Étage cénomanien. — Assez rare.

Collections Coquand, Gauthier, Peron.

EXPLICATION DES FIGURES. — Pl. V, fig. 1, *Hemiaster proclivis*, vu de côté; fig. 2, face sup.; fig. 3, face inf.; fig. 4, sommet ambulacraire grossi.

HEMIASTER SETIFENSIS, Peron et Gauthier, 1878.

Pl. V, fig. 5-7.

Exemplaire unique. . Longueur, 20 mill. Largeur, 18 mill. Hauteur, 12 mill.

Coquille cordiforme, médiocrement renflée, rétrécie en arrière, à pourtour anguleux et dessous plat.

Sommet central. Ambulacre impair dans un sillon large et profond, échancrant sensiblement l'ambitus.

Ambulacres pairs étroits, mais fortement creusés, inégaux entre eux, les postérieurs étant d'un tiers plus courts que les autres. Les antérieurs forment un angle très ouvert. Pores petits, légèrement allongés.

Péristome dans une dépression très sensible.

Fasciole péripétale très remarquable, paraissant composé sur les flancs de plusieurs bandes indécises occupant une grande largeur, et séparées par des rangées de granules. Ce fasciole n'est malheureusement pas visible partout sur notre exemplaire; mais on en voit des traces bien nettes à la partie antérieure et à la partie postérieure.

Remarque. — Nous ne sommes pas bien certains que cette espèce appartienne au genre *Hemiaster*. L'indécision du fasciole péripétale et la forme de la coquille, qui est bien plutôt celle d'un *Pericosmus,* nous laissant des doutes. Nous attendrons d'autres matériaux pour nous prononcer plus sûrement. Toutefois, nous n'avons pas cru devoir négliger l'exemplaire remarquable que nous venons de décrire, et qui nous paraît complétement distinct de toutes nos autres espèces.

LOCALITÉ. — Bordj du Scheik Messaoud, dans le sud de Sétif. Étage cénomanien. — Très rare.

Collection Peron.

EXPLICATION DES FIGURES. — Pl. V, fig. 5, *Hemiaster Setifensis*, vu de côté; fig. 6, face sup.; fig. 7, face inf.

HEMIASTER JULLIENI, Peron et Gauthier, 1878.

Pl. V, fig. 8-11.

Dimensions du pl. gr. exempl. :	Longueur,	35 mill	Autre exemplaire,	31 mill.
— —	Largeur,	32	—	29
— —	Hauteur,	28	—	26

Espèce un peu plus longue que large, très renflée, subconique à la partie supérieure. Le point culminant est près du sommet; de là le test s'abaisse très rapidement vers la partie antérieure. Dessous convexe, renflé surtout dans la partie médiane.

Sommet excentrique en arrière. Appareil apical étroit; les quatre plaques génitales sont de médiocre grandeur, et, dès lors, les pores oviducaux sont rapprochés.

Ambulacre impair très long, étroit, dans un sillon assez profond, bien limité de chaque côté, mais qui ne dessine qu'une sinuosité peu accusée au pourtour. Les paires de pores sont excessivement serrées et nombreuses; les pores, très petits, ronds et obliquement disposés, sont séparés par un renflement granuliforme prononcé. L'intervalle qui sépare les zones porifères est orné de fins granules, disposés en lignes parallèles, au milieu desquels on aperçoit quelques petits tubercules.

Ambulacres pairs larges, longs, très pétaloïdes, les postérieurs ayant seulement les trois quarts de la longueur des antérieurs. Zones porifères larges, séparées par un intervalle plus étroit que l'une d'elles. Pores très allongés, les extérieurs un peu plus longs et plus acuminés que les intérieurs. Dans les individus bien conservés on voit entre chaque paire de pores une rangée de fins granules.

Péristome ovale, sinueux, pourvu d'une lèvre assez saillante. Périprocte formant un ovale assez allongé, peu acuminé aux extrémités, situé au sommet d'une area haute, presque verticale, assez rétrécie.

Tubercules abondants, petits, inégaux, plus nombreux entre les ambulacres et près du sommet qu'à l'ambitus. Granules très petits, formant un cercle autour des tubercules à la face supérieure.

Fasciole bien indiqué, d'une largeur médiocre, très légèrement sinueux au-dessus du périprocte et sur les côtés.

Rapports et différences. — L'*Hemiaster Jullieni* se distingue facilement des espèces voisines par sa forme très renflée, en cône tronqué, qui lui donne une physionomie toute particulière. Quelques individus un peu plus déprimés se rapprochent de l'*Hem. pseudofourneli*. Ils s'en distinguent constamment par leur sommet apical plus en arrière, par leurs ambulacres un peu plus inégaux, par l'ambulacre impair plus long, plus étroit, et muni de paires de pores bien plus serrées et plus abondantes. Le périprocte est plus ovale, l'interambulacre impair plus caréné, plus saillant à la face supérieure, les pores des ambulacres pairs plus inégaux entre eux. Il n'est donc pas possible de confondre ces deux espèces, dont les divergences s'accentuent encore plus, si l'on compare à l'*Hem. pseudofourneli* les exemplaires très élevés de l'*Hem. Jullieni*.

Localité. — Jusqu'à présent cette espèce n'a été rencontrée qu'à Krenchela, où M. Jullien l'a recueillie dans les marnes rhotomagiennes. Elle paraît y être assez commune.

Collections Jullien, Cotteau.

Explication des figures. — Pl. V, fig. 8, *Hemiaster Jullieni*, vu de côté; fig. 9, face sup.; fig. 10, face inf.; fig. 11, aire ambulacraire impaire grossie.

Hemiaster Saadensis, Peron et Gauthier, 1878.

Pl. VI, fig. 1-4.

Longueur.	29 millim.
Largeur	25
Hauteur	15

Espèce assez allongée et déprimée, peu rétrécie à l'arrière, largement sinueuse à l'avant, face supérieure presque plane, légèrement déclive. Interambulacres peu saillants, le postérieur non caréné. Dessous à peine convexe.

Sommet légèrement excentrique en arrière. Appareil apical élargi; la plaque madréporiforme est peu développée, et les pores génitaux sont petits.

Ambulacre impair logé dans un sillon peu profond, s'élargissant considérablement même près du sommet et formant à l'ambitus une sinuosité peu creusée, mais large. Pores très petits, très rapprochés dans chaque paire, obliques et séparés par un renflement granuliforme; les paires sont médiocrement serrées. Zone interporifère large et ornée de petits tubercules épars et de granules peu abondants et disséminés sans ordre.

Ambulacres pairs peu profonds, assez larges, légèrement sinueux, inégaux, les postérieurs d'un tiers moins longs que les antérieurs. Zones porifères moins larges que l'intervalle qui les sépare, lequel est d'apparence lisse et sans granules. Pores allongés, non acuminés, les extérieurs un peu plus courts, réunis par un très léger sillon.

Péristome au quart antérieur de la face inférieure, de forme et dimensions ordinaires, nettement labié. Périprocte ovale, peu acuminé, au sommet d'une area tronquée un peu obliquement, large, et ne formant à la base aucune sinuosité sensible.

Tubercules assez rares, sauf dans les interambulacres près du sommet, où ils sont en même temps un peu plus gros et très visibles, crénelés et perforés.

Fasciole péripétale assez apparent, très peu sinueux.

Rapports et différences. — L'*Hemiaster Saadensis* se distingue des espèces voisines, et notamment de l'*Hem. pseudofourneli* de la même localité, par sa forme beaucoup plus déprimée, ses aires interambulacraires moins saillantes à la face supérieure, ses ambulacres logés dans des sillons moins profonds, et surtout par son ambulacre impair bien plus large. Il s'éloigne de l'*Hem. Gabrielis*, avec lequel il a quelques caractères communs, principalement le peu de profondeur des ambulacres, par sa forme plus allongée, son sommet un peu moins en arrière, son ambulacre impair fortement élargi, et les pores de cet ambulacre plus petits et non acuminés.

LOCALITÉ. — Nous n'avons rencontré ce type qu'à Bou-Saada, et nous n'en possédons que quatre exemplaires.

Étage cénomanien. — Assez rare.

Collection Peron.

EXPLICATION DES FIGURES. — Pl. VI, fig. 1, *Hemiaster Saadensis*, vu de côté; fig. 2, face sup.; fig. 3, face inf.; fig. 4, sommet ambulacraire grossi.

HEMIASTER LORIOLI, Peron et Gauthier, 1878.

Pl. VI, fig. 5-8.

Longueur.	37 millim.
Largeur	36
Hauteur	25

Espèce subcordiforme, élevée, anguleuse, profondément échancrée en avant, assez large en arrière, où elle est coupée carrément. En dessus, la partie antérieure se relève d'une manière abrupte jusqu'au sommet qui est central et saillant; puis le test s'abaisse vers l'arrière en pente très déclive, l'aire interambulacraire impaire étant déprimée et non carénée.

Ambulacre impair logé dans un sillon assez étroit et très profond. Les pores sont assez serrés, légèrement allongés et acuminés, obliques entre eux.

Ambulacres pairs longs, droits, d'égale largeur partout, les postérieurs aussi développés que les antérieurs. Pores très allongés, conjugués dans chaque paire par un léger sillon ; un cordon de granules sépare entre elles les paires de pores.

Péristome étroit, arrondi, dans une dépression assez profonde. Périprocte très grand, à peu près rond, placé en haut d'une area anale très basse, peu étendue et de forme presque circulaire.

Tubercules assez gros, crénelés et perforés, entourés de cercles de granules accentués. Tout le test a un aspect rugueux, dû au développement considérable de la granulation.

Fasciole péripétale très apparent, large, non sinueux.

Rapports et différences, — Voisin par la forme de l'*Hem. Batnensis*, l'*Hem. Lorioli* s'en distingue par de nombreux caractères :

la partie postérieure est beaucoup plus déclive, l'area anale beaucoup moins haute, le périprocte bien plus grand. L'interambulacre impair est logé dans un sillon bien plus étroit, plus profond, qui échancre plus sensiblement le pourtour; enfin la granulation est plus grossière et les tubercules plus accentués.

M. Jullien a recueilli à Batna (?) un exemplaire qui nous paraît devoir être rapporté à notre espèce. Il est de plus grande taille que celui que nous venons de décrire, et la forme en est moins élevée; les autres caractères sont les mêmes. Il est facile de saisir dans cet exemplaire, plus voisin, par sa taille et sa moindre hauteur, des grands individus de l'*Hem. Batnensis*, les différences qui séparent les deux espèces. L'aspect bien plus granuleux, les tubercules plus prononcés, le sillon de l'ambulacre impair plus profond, les ambulacres postérieurs égaux aux antérieurs, la partie postérieure déclive, l'area anale réduite, la forme arrondie du périprocte, la largeur du fasciole péripétale, tous les caractères de détail, en un mot, marquent une séparation très nette entre les deux espèces.

Localité. — Batna (Djebel-Iche-Ali).
Étage cénomanien. — Très rare.
Collections Peron, Jullien.

Explication des figures. — Pl. VI, fig. 5, *Hemiaster Lorioli*, vu de côté; fig. 6, face sup.; fig. 7, face inf.; fig. 8, aire ambulacraire paire grossie.

Hemiaster Bourguignati, Coquand (*in collect.*), 1878.

Pl. VI, fig. 9-10

Longueur.	42 millim.
Largeur	39
Hauteur	29

Espèce d'assez grande taille, haute, allongée, la partie supérieure en forme de toit formant un angle assez aigu dans l'interambulacre impair, élargie en avant, rétrécie en arrière, où la face postérieure est presque verticale, coupée carrément avec sinus inférieur. La plus grande largeur est au cinquième antérieur.

Sommet légèrement excentrique en avant. Appareil apical trapézoïde, fortement élargi en arrière.

Ambulacre impair logé dans un sillon étroit et médiocrement creusé, échancrant le pourtour. Pores petits, disposés par paires peu nombreuses et assez écartées.

Ambulacres pairs placés dans des sillons plus larges et plus profonds que l'ambulacre impair, presque égaux entre eux, les postérieurs à peine plus courts, divergents en avant, formant un angle bien moins ouvert en arrière. Pores allongés, à peu près égaux.

Péristome assez éloigné du bord. Périprocte grand, ovale, au sommet d'une area bien marquée.

Tubercules très petits et peu abondants.

Fasciole péripétale peu sinueux.

Rapports et différences. — La grande hauteur de l'*Hem. Bourguignati*, son interambulacre impair fortement caréné à la partie supérieure, son sommet excentrique en avant lui donnent une physionomie particulière qui le distingue facilement de toutes les espèces que nous avons décrites jusqu'ici. Celle dont il se rapproche le plus est l'*Hem. Lorioli*. Il en diffère par ses ambulacres plus étroits, moins divergents en arrière, par son sillon antérieur bien moins large et moins creusé, par sa granulation bien plus fine.

Localité. — Djebel-Guessa, à l'ouest de Boghar.

Étage cénomanien. — Exemplaire unique.

Collection Coquand.

Explication des figures. — Pl. VI, fig. 9, *Hemiaster Bourguignati*, vu de côté; fig. 10, face sup.

Hemiaster Heberti, Peron et Gauthier, 1878.

(Coquand, sp. 1862.)

Pl. VII, fig. 1-3.

Epiaster Heberti, Coquand, *Mém. de la Soc. d'émul. de la Prov.*, t. II, p. 242, pl. XXV, fig. 7-9, 1862.

Le plus gr. exemplaire connu.	Longueur, 50 mill.	Largeur, 50 mill.	Hauteur 29 mill.
Autres exemplaires.	— 42	— 42	— 25
—	— 36	— 36	— 22

Espèce aussi large que longue, assez déprimée, cordiforme, très anguleuse au pourtour, rétrécie à l'arrière, sinueuse à l'avant, ayant sa plus grande largeur un peu en avant du sommet, et sa plus grande hauteur en arrière. Dessus plat ou très peu incliné vers l'avant. Interambulacres saillants, le postérieur caréné, mais à des degrés variables, et se déprimant toujours vers l'extrémité postérieure. Dessous plat, légèrement renflé dans la partie médiane, non excavé autour du péristome.

Sommet excentrique en avant. Appareil apical trapézoïde, granuleux, avec plaque madréporiforme très développée ; pores génitaux petits.

Ambulacre impair large et profond, s'évasant du sommet au pourtour, où il forme une forte sinuosité. Pores ovales, par paires serrées, très obliques, séparées par un renflement granuliforme un peu allongé. L'intervalle des deux zones porifères est couvert de granules qui, près du sommet, ont une tendance à se ranger en séries linéaires.

Ambulacres pairs très grands, très larges et profonds, se prolongeant jusqu'au pourtour, où ils forment une dépression qui donne à la coquille un aspect fortement polygonal. Les ambulacres antérieurs font entre eux un angle très ouvert; les postérieurs sont aussi longs que les autres. Zones porifères larges, séparées par un intervalle lisse plus étroit que l'une d'elles. Pores très allongés, à peine acuminés à une extrémité, non conjugués dans chaque paire. Une ligne de granules très fins sépare les paires entre elles.

Péristome à fleur du test, ovale transversalement et sinueux à la partie postérieure, où se voit une lèvre aiguë et saillante qui est rarement conservée.

Périprocte légèrement ovale ou presque rond, aux trois quarts de la hauteur d'une area assez large, mais peu élevée, ornée de fortes nodosités à son pourtour inférieur et dessinant au bord de la coquille une légère sinuosité.

Tubercules petits et abondants, homogènes sur tous les points de la coquille. Granules fins et assez serrés, disséminés autour des tubercules.

Fasciole péripétale étroit, souvent indécis, difficile à suivre, assez net par places et paraissant manquer sur d'autres points. Chez d'autres exemplaires, dans le même état de conservation, on le voit plus accentué et facile à distinguer.

Rapports et différences. — L'*Hemiaster Heberti* est très voisin, par sa forme et la longueur de ses ambulacres, de l'*Epiaster Vatonnei;* mais il ne saurait être confondu avec cette espèce, en raison de son ambulacre impair tout différent, de son fasciole, et d'autres caractères sur lesquels nous n'insistons pas, puisqu'il n'appartient pas au même genre. Par sa forme polygonale et par sa taille, il se rapproche de l'*Hem. Batnensis;* mais il a les ambulacres bien plus longs et plus larges, les antérieurs bien plus divergents. Le sommet est plus en avant, l'ensemble non quadrangulaire; le sillon antérieur est moins long et plus large. Enfin le fasciole est moins accusé, le périprocte plus arrondi et situé moins haut, la granulation différente.

Cette espèce nous paraît être sur la limite des genres *Epiaster* et *Hemiaster*. L'existence d'un fasciole est incontestable, et nous n'hésitons pas à ranger l'espèce parmi les *Hemiaster;* mais nous comprenons que notre savant confrère et devancier, M. Coquand, dont les échantillons sont d'ailleurs quelque peu usés, ait été conduit à les considérer comme des *Epiaster*. C'est véritablement un type de transition entre les deux genres.

Nous ne croyons pas nous tromper en rapportant à l'*Hem. Heberti* deux exemplaires recueillis par M. Seguenza dans la province de Reggio (Calabre), et figurés par lui sous le nom d'*Epiaster Coquandi* (1). La figure que donne cet auteur est complètement conforme à nos bons exemplaires. Tout en rapportant les deux échantillons qu'il a trouvés au genre *Epiaster*, M. Seguenza ajoute

(1) Seguenza. — *Sulle importanti relazioni paleontologiche di talune rocce cretacee della Calabria, con alcuni terreni dell'Africa settentrionale*, p. 16, pl. I, fig. 2, a, b, c.

que « l'un d'eux, observé avec grand soin, présente, sur quelques points seulement de la périphérie, des indices douteux d'un fasciole péripétale, qui ne se continue pas sur les autres régions. » Cette observation, que nous faisions aussi plus haut pour quelques-uns de nos exemplaires, ne fait que confirmer un rapprochement qui nous paraît certain, bien que nous n'en jugions que d'après les figures données par notre savant collègue italien.

Remarque. — Un de nos exemplaires porte très visiblement le fasciole latéral des *Periaster*. Il n'est pas possible cependant de séparer spécifiquement cet individu des autres : la forme, les détails sont exactement les mêmes ; la hauteur n'est pas plus considérable ; elle est plutôt inférieure à celle de quelques exemplaires dont le fasciole ne se dédouble pas. Ce fait nous paraît extrêmement intéressant, d'autant plus que ce n'est pas la première fois qu'il est signalé. Déjà M. Munier-Chalmas a fait la même remarque au sujet de l'*Hem. Verneuili* (1) ; et, comme lui, nous possédons des exemplaires de cette espèce dont les uns ont deux fascioles et les autres n'ont que le fasciole péripétale. Nous surprenons donc ici le passage d'un genre à un autre ; et nous aurons encore quelques exemples du même fait à citer dans l'étage turonien. On pourrait aussi mentionner le *Periaster oblongus*, du moins l'exemplaire africain dont parlait d'Orbigny et M. Desor (2), et qui n'est probablement que la constatation du même cas par rapport à l'*Hem. Fourneli*. Nous ajouterons toutefois que nous avons examiné plusieurs centaines d'exemplaires de cette dernière espèce provenant d'Algérie, sans pouvoir y trouver la moindre apparence de fasciole latéral. Quoi qu'il en soit, si le fait est douteux pour l'*Hem. Fourneli*, il est certain pour les deux autres espèces et mérite d'attirer l'attention.

(1) *Bibliothèque de l'École des hautes Études*, t. XII, p. 128, 1875.

(2) D'Orbigny, *Paléont. franç.* Terrains crétacés, t. VI, p. 275.

Desor. *Synopsis*, p. 383. — Il y a, au sujet de cette espèce, une confusion difficile à éclaircir. Nous n'ignorons pas que M. Hébert (*Bull. de la Soc. géol.*, t. XXII, p. 196), a maintenu le *Periaster oblongus* comme type spécifique ; mais le savant professeur avait en vue, croyons-nous, des exemplaires recueillis dans l'ouest de la France, et non celui qui provenait d'Afrique.

La très grande majorité de nos exemplaires, quoique très bien conservés, ne montrant aucune trace de second fasciole, nous laissons l'espèce dans le genre *Hemiaster*, auquel elle appartient réellement. Nous avons dit plus haut que le fasciole péripétale est mal dessiné sur certains individus et qu'ainsi s'explique que MM. Coquand et Seguenza aient pu les rapporter au genre *Epiaster* : étrange espèce qui semble relier trois genres, d'ailleurs voisins, et servir de transition entre les *Epiaster*, qui n'ont point de fasciole, et les *Periaster*, qui en ont deux.

Localité. — Bordj du Cheik Messaoud, associé à l'*Hem. Batnensis* et à l'*Heterod. Libycum;* assez abondant. — Batna, Tenoukla; rare.

Étage cénomanien.

Collections Peron, Cotteau, Gauthier, Le Mesle, Coquand.

Explication des figures. — Pl. VII, fig. 1, *Hemiaster Heberti*, vu de côté; fig. 2, face sup; fig. 3, face inf.

Hemiaster Desvauxi, Coquand, 1862.

Pl. VII, fig. 4-7.

Hemiaster Desvauxi. Coquand, *Mém. de la Soc. d'émul. de la Prov.*, t. II, p. 247, pl. XXVI, fig. 3-5, 1862.

— — Brossard, *Essai sur la const. géol. de la subdiv. de Sétif*, p. 227. 1867.

— — Peron, *Bull. de la Soc. géol.* t. XXVII, p. 599, 1870.

Type de M Coquand. . . .	Longueur,	44 mill.	Largeur,	42.	Hauteur,	28.
Exemplaire de notre collection.	—	37	—	34	—	27

Coquille renflée, arrondie au pourtour, non sinueuse en avant, tronquée à l'arrière par l'aire anale, qui coupe obliquement la face postérieure. La plus grande largeur est un peu en avant du sommet, et la plus grande hauteur un peu en arrière. Dessus convexe, arrondi, incliné vers l'avant. Aire interambulacraire postérieure fortement saillante et carénée. Pourtour épais, arrondi, élevé. Dessous convexe, avec plastron fortement renflé.

Sommet très excentrique en arrière. Appareil apical élargi, avec plaque madréporiforme assez développée. Les pores génitaux sont rapprochés dans le sens de la longueur.

Ambulacre impair logé dans un sillon étroit, profond près du sommet, mais s'atténuant à mesure qu'il s'en éloigne, et disparaissant presque complétement au pourtour, où quelques individus seulement présentent une légère sinuosité. Pores très petits, arrondis, obliques entre eux, par paires serrées et nombreuses, et séparés par un petit granule.

Ambulacres pairs très étroits, profonds, médiocrement allongés, inégaux, les postérieurs dépassant à peine la moitié des antérieurs. Pores allongés, acuminés à la partie interne, non obliques, les extérieurs un peu plus longs que les autres. Ils sont réunis entre eux par un bourrelet étroit qui, en se dédoublant aux extrémités, forme un rebord autour du pore. Les paires sont séparées par une ligne de granules.

Péristome très grand, ovale et sinueux à la partie postérieure, entouré d'une lèvre mince que borde un petit canal ou dépression du test, marqué lui-même d'impressions irrégulières. Les avenues ambulacraires sont larges, un peu déprimées et bien apparentes. Le péristome est situé au tiers antérieur.

Périprocte placé assez haut sur l'aire anale, assez allongé, et acuminé aux deux extrémités.

Tubercules petits, mamelonnés, crénelés et perforés, assez abondants partout, entourés d'un petit scrobicule. Granules fins et abondants; ils entourent les tubercules en laissant un petit espace lisse.

Fasciole péripétale assez étroit et cependant bien apparent, non sinueux, presque arrondi autour des ambulacres.

Rapports et différences. — L'*Hemiaster Desvauxi* nous paraît ne pouvoir être confondu avec aucune autre espèce. Il est facilement reconnaissable à sa forme allongée et épaisse, à son pourtour arrondi et non sinueux en avant, à son sommet excentrique en arrière, à ses ambulacres étroits, profonds et très inégaux. La forme du péristome est très curieuse, et nous ne connaissons aucune espèce où le rebord aminci de la lèvre soit aussi exagéré.

Localité. — L'*Hem. Desvauxi* n'est commun qu'à Batna, au sud de la mosquée, sur les pentes du Djebel-Iche-Ali. Nous l'avons rencontré encore à Aïn-Baïra.

Étage cénomanien.

Collections Coquand, Peron, Gauthier, Cotteau, Le Mesle, Jullien.

Explication des figures. — Pl. VII, fig. 4, *Hemiaster Desvauxi*, vu de côté; fig. 5, face sup.; fig. 6, aire ambulacraire grossie; fig. 7, péristome grossi.

Hemiaster Chauveneti, Peron et Gauthier, 1878.

Pl. VIII, fig. 1-5.

L'un de nous a désigné sous ce nom provisoire, dans sa collection, un *Hemiaster* assez abondant dans le cénomanien d'Aïn-Ougrab, au sud de Bou-Saada. Cette espèce semble intermédiaire entre l'*Hem. Batnensis* et l'*Hem. pseudofourneli*. Les grands individus se rapprochent assez du premier; les autres, comparés à l'*Hem. Batnensis* de même taille, en diffèrent beaucoup par leur forme plus allongée, leur sillon antérieur plus profond et plus large, leurs ambulacres postérieurs relativement plus longs.

L'*Hemiaster Chauveneti* se distingue de l'*Hem. pseudofourneli* (variété de Bou-Saada) par son sillon antérieur plus large, son aspect moins cordiforme, moins élargi à l'avant. Nous avons néanmoins songé un moment à le réunir à cette dernière espèce; mais rapproché du type d'Aumale, il a une physionomie bien différente.

On pourrait encore regarder notre espèce comme une variété de l'*Hem. Meslei*. Elle est toujours bien plus épaisse, plus étroite, plus allongée : les mêmes difficultés se représentent avec tous les types.

Localité. — On trouve l'*Hem. Chauveneti* à l'entrée de la forêt d'Aïn-Ougrab, dans les berges de l'Oued-Oulguimen, avec l'*Heterodiadema Libycum*. Ce type se trouve aussi, mais plus rarement, à Bou-Saada et même à Bordj-Messaoud.

Collection Peron.

Explication des figures. — Pl. VIII, fig. 1, *Hemiaster Chauveneti*, vu de côté; fig. 2, face sup.; fig. 3, face inf.; fig. 4, exemplaire de grande taille, vu sur la face sup.; fig. 5, aire ambulacraire paire grossie.

Hemiaster Zitteli, Coquand (*in collect.*), 1878.

Pl. VIII, fig. 6-8.

Longueur.	25 millim.
Largeur.	25
Hauteur.	18

Espèce de taille médiocre, cordiforme, assez épaisse; face supérieure presque plane, légèrement déclive en avant; face postérieure déformée dans les deux exemplaires types, mais que, d'après d'autres individus que nous rapportons à la même espèce, nous croyons légèrement oblique. Dessous à peu près plat, à peine convexe.

Sommet central. Appareil apical presque carré, peu développé.

Ambulacre impair assez étroit, logé dans un sillon évasé qui échancre assez médiocrement l'ambitus. Pores petits, ronds, séparés par un renflement granuliforme, disposés par paires espacées et peu nombreuses.

Ambulacres pairs larges et peu profonds, les postérieurs un peu plus étroits que les antérieurs. Pores allongés, avec cette particularité que les extérieurs sont un peu moins longs que les autres. Les deux pores de chaque paire, assez éloignés, sont réunis par un léger bourrelet, et quelques rares granules sont disséminés entre les paires.

Péristome à fleur du test, peu éloigné du bord. Périprocte ovale, petit, haut placé dans une area mal définie.

Tubercules rares, petits, disséminés sans ordre. Granulation très fine et clair-semée.

Fasciole péripétale relativement assez large, mais peu sinueux.

Remarque. — Le type que nous venons de décrire est représenté par deux exemplaires dans la collection Coquand. Nous lui en adjoignons d'autres, provenant de Bou-Saada, qui présentent quelques différences de peu de valeur. Ils sont un peu plus déprimés; le périprocte est un peu moins acuminé, et l'ambulacre impair est logé dans un sillon un peu plus évasé ; encore ce caractère différentiel n'est-il pas constant. A ces exemplaires de Bou-Saada nous croyons devoir réunir un individu du Djebel-Takremlt, qui porte dans la collection Coquand le nom d'*Epiaster nepos*. Le test, un peu usé, ne permet pas de distinguer le fasciole péripétale ; mais rien ne prouve qu'il n'ait pas existé ; et la ressemblance de cet exemplaire avec ceux de Bou-Saada est si frappante, que nous croyons devoir les réunir.

Rapports et différences. — L'*Hem. Zitteli* n'a aucun caractère bien saillant, et, pour cette raison, il paraît assez difficile à définir. Les exemplaires de Bou-Saada, un peu plus déprimés que les autres, ont par là quelque ressemblance avec les jeunes de l'*Hem. Heberti ;* mais ils s'en distinguent par leurs ambulacres un peu moins longs, moins profonds, par leurs pores réunis par un bourrelet, par leurs tubercules beaucoup plus rares. On peut aussi rapprocher l'*Hem. Zitteli* de l'*Hem. Meslei :* il est moins déprimé ; les ambulacres sont plus superficiels, les postérieurs relativement plus courts. Le sillon de l'ambulacre impair échancre beaucoup moins l'ambitus, et les paires de pores de cet ambulacre antérieur sont moins serrées et moins nombreuses.

Localité. — Aïn-Halmon, chez les Ouled-Ayades, à 80 kilomètres S.-O. de Sétif. Bou-Saada.

Étage cénomanien.— Djebel-Takremlt. L'exemplaire provenant de cette dernière localité est indiqué comme aptien sur l'étiquette de M. Coquand ; mais il ne nous paraît pas pouvoir être séparé des échantillons de Bou-Saada.

Collections Coquand, Peron.

Explication des figures. — Pl. VIII, fig. 6, *Hemiaster Zitteli*, vu de côté ; fig. 7, face sup ; fig. 8, face inf.

Hemiaster hippocastanum, Coquand (*in collect.*), 1878.

Pl. VIII, fig. 9-12.

Longueur.	36 millim.
Largeur	33
Hauteur	26

Espèce de moyenne taille, épaisse, allongée, presque ovale au pourtour. La face supérieure relevée un peu en arrière du sommet, puis inclinant immédiatement vers l'area anale, est doucement déclive en avant. Face inférieure renflée, à peine sillonnée autour du péristome.

Sommet excentrique en arrière. Appareil apical peu développé, mais large, les pores génitaux du même côté se touchant presque, les postérieurs s'écartant sensiblement.

Ambulacre impair logé dans un sillon allongé, médiocrement large et peu profond, échancrant à peine l'ambitus. Les pores sont serrés, séparés dans chaque paire par un granule, obliques entre eux. L'espace qui sépare les zones porifères est couvert de granules entremêlés de petits tubercules.

Ambulacres pairs longs et droits, les antérieurs un peu plus longs que les autres. Ils sont logés dans des sillons bien limités et médiocrement creusés. Les pores sont allongés et presque égaux.

Péristome à fleur du test, ovale, labié. Périprocte au sommet d'une area mal circonscrite.

Tubercules petits, entourés d'une granulation homogène, plus nombreux autour du sillon de l'ambulacre impair.

Le fasciole passe à l'extrémité des ambulacres, et, en avant, est assez près du bord.

Rapports et différences. — L'*Hem. hippocastanum*, par son épaisseur, par son sillon antérieur bien limité sur les côtés et long, son ensemble arrondi, se distingue facilement de ses congénères. C'est avec l'*Hem. proclivis* qu'il a le plus de rapports. Il est plus allongé, moins onduleux au pourtour; les ambulacres sont moins arrondis à l'extrémité, les ambulacres postérieurs sont bien plus longs relativement aux antérieurs. Le sillon de l'ambulacre impair est plus allongé; le périprocte est placé moins haut; les environs du péristome sont plus renflés.

L'un de nous a recueilli à Bou-Saada une variété de plus grande taille que celles que nous décrivons : l'ambulacre impair est plus profond et entame plus fortement l'ambitus, la face antérieure est plus déclive. Mais les autres caractères rappellent exactement notre type, et, malgré les différences que nous venons de signaler, nous ne voyons là qu'une variété de l'*Hem. hippocastanum*.

Nous laissons à cette espèce le nom qu'elle porte dans la collection de M. Coquand.

Localité. — Djebel-Nechar, dans le sud de Sétif; Oued-Medjeddel à l'ouest de Bou-Saada.

Étage cénomanien. — Assez rare.

Collections Coquand, Peron.

Explication des figures. — Pl. VIII, fig. 9, *Hemiaster hippocastanum*, vu de côté; fig. 10, face sup.; fig. 11, face inf.; fig. 12, aire ambulacraire paire grossie.

Aux espèces que nous venons de décrire nous pouvons encore ajouter les renseignements suivants :

Sous le nom d'*Hemiaster Pellati*, nous avons trouvé dans la collection Coquand deux exemplaires, tous deux d'assez grande taille et médiocrement conservés. Ils ont, comme caractères communs des ambulacres pairs très larges et peu creusés, les antérieurs plus longs que les postérieurs, tous bien pétaloïdes; l'ambulacre impair étroit, mais à paires de pores plus serrées dans l'un que dans l'autre. La physionomie de ces deux exemplaires est très différente : l'un est très renflé, subgibbeux; l'autre est bien plus déprimé, en pente régulièrement déclive de l'arrière à l'avant. Sont-ce des types extrêmes d'une même espèce? C'est possible; mais les formes intermédiaires nous manquent, et nous ne saurions nous prononcer. D'un autre côté, les caractères qui les réunissent ne nous permettent pas de les séparer nettement et d'en faire deux espèces. Ne pouvant donc bien préciser un type spécifique, nous nous contentons de signaler ces exemplaires et la lacune qui reste à combler aux intrépides naturalistes qui recueillent avec tant d'ardeur les échinides de l'Algérie. Ces deux individus ont été recueillis au sud des ruines romaines de Sour-Djouab. Étage rhotomagien, selon M. Coquand.

Nous ferons une observation semblable au sujet d'un autre carton de la collection Coquand. Il porte cinq exemplaires provenant du cénomanien de Tenoukla, qui sont désignés sous le nom d'*Hem. Tenouklensis*. L'un de ces exemplaires est certainement l'*Hem. Heberti*. Les autres sont différents, et peut-être y aurait-il lieu de distinguer plusieurs types parmi eux. Le plus grand a les ambulacres postérieurs très longs, comme l'*Hem. Heberti*, mais ils paraissent plus étroits : l'exemplaire, d'ailleurs, est mal conservé. Deux autres individus, de taille moyenne, ont entre eux une grande conformité, et, si l'espèce de M. Coquand doit être maintenue, ce sont ces deux échantillons qui devront servir de type spécifique. Mais il nous paraît bien difficile de les séparer de notre *Hem. pseudofourneli*. Ici encore il faudra donc attendre des matériaux plus complets.

M. Le Mesle a recueilli au Bou-Khaïl plusieurs exemplaires d'un *Hemiaster* de taille moyenne, à ambulacres larges et longs, à sillons très accentués. Mais tous ces exemplaires sont en si mauvais état, qu'il nous a été impossible d'en rien faire. M. Brossard, qui a visité et décrit la même localité, rapporte ces oursins déformés les uns à l'*Hem. Batnensis*, les autres à l'*Hem. Nicaisei*, et il ajoute que ces deux espèces y sont en immense quantité (1). En ce qui concerne la dernière espèce, la détermination est plus que douteuse; mais il est possible que plusieurs de ces individus appartiennent à l'*Hem. Batnensis*. Néanmoins le plus grand nombre nous paraît se rapporter à notre *Hem. pseudofourneli*. Il peut y avoir en outre des types nouveaux; mais les matériaux que nous avons entre les mains sont trop mauvais pour que nous puissions en faire un bon usage. Tout ce que nous avons pu constater, c'est que cette faune du Bou-Khaïl a la plus grande analogie avec celle de Bou-Saada. L'avenir éclairera sûrement cette question encore obscure.

OBSERVATIONS SUR LES HEMIASTER.

Nous venons de décrire près d'une vingtaine d'espèces appartenant au genre *Hemiaster* dans le seul étage cénomanien. Une telle quantité peut paraître extraordinaire, et peut-être nous soupçonnera-t-on d'avoir multiplié à loisir les coupes spécifiques. Loin

(1) Brossard, *loc. citat.* p. 231.

de là, cependant; nous avons plus strictement tenu compte des ressemblances que des différences; nous avons même fait des rapprochements hardis; et, si cette partie de notre travail donne prise à quelques critiques, c'est bien plutôt notre tendance à une synthèse complaisante qu'on pourra nous reprocher.

Certes, l'étude de l'énorme quantité d'individus que nous avons eus entre les mains nous a jetés parfois dans un grand embarras. Celui qui, pour établir une espèce, n'a que quatre ou cinq exemplaires, est fort à l'aise : le type lui semble facile à limiter, les caractères paraissent constants ; ou, si l'un de ces rares individus semble s'écarter des autres par quelque divergence notable, il devient le type d'une nouvelle coupe spécifique, faute d'intermédiaire pour constater la parenté qui l'unit aux autres. Mais la difficulté devient bien autrement grave quand, au lieu de quatre ou cinq exemplaires, c'est quatre ou cinq cents que l'on possède. Aux variations individuelles se joignent des variétés locales, les divergences s'accentuent, et l'on se trouve en présence d'exemplaires que l'on n'ose plus ni rapporter au type choisi, ni séparer catégoriquement comme type nouveau. Nous nous sommes trouvés plus d'une fois dans cette situation délicate; et il reste dans nos collections et dans celles qu'on nous a si aimablement ouvertes, bien des individus sur lesquels nous hésitons, ne pouvant ni les rapporter sûrement à une espèce, ni les en séparer d'une façon péremptoire.

Aussi toutes les fois que, dans nos déterminations, nous n'avons eu à notre disposition qu'un exemplaire unique, nous nous sommes tenus sur nos gardes; et si nous en avons dénommé quelques-uns comme types spécifiques, ce n'a été qu'après avoir constaté des caractères différentiels bien tranchés; et, même ainsi, nous nous défions encore, et nous avons toujours soin de prévenir nos lecteurs de l'insuffisance de nos matériaux. Les découvertes postérieures auront peut-être pour résultat de modifier notre travail sur quelques points : nul ne peut se flatter ici-bas d'avoir dit le dernier mot sur une question. Tout ce que nous pouvons affirmer, c'est que nous n'avons établi chacune de nos espèces qu'après de longues comparaisons et un examen approfondi.

Le genre *Hemiaster* est, comme nous venons de le dire, très abondamment représenté dans les gisements cénomaniens de l'Algérie que nous connaissons. Les individus y sont partout aussi nombreux que les types spécifiques y sont variés. Au milieu de cette abondance il y a un fait qui frappe tout d'abord, c'est que les espèces que nous avons rencontrées dans le Tell ne se retrouvent pas sur les hauts plateaux. Ainsi, les *Hemiaster Aumalensis, Nicaisei, Ameliæ, Pellati, Bourguignati, granosus* occupent une région à part. Une seule forme, l'*Hem. pseudofourneli* paraît être commune aux deux facies du cénomanien ; et encore, ainsi que nous l'avons dit, l'identité n'est-elle pas complète entre les individus des deux régions.

Il est en outre assez singulier que sur les vingt espèces que nous avons décrites aucune ne soit connue en France. Peut-être cependant rapportera-t-on à quelques-uns de nos types certains *Hemiaster* de la Provence méridionale, du Beausset, des Martigues ou de La Bedoule, qui sont encore peu connus. Mais l'identité n'est pas bien établie ; jusqu'ici nos espèces doivent être considérées comme spéciales au nord de l'Afrique. Cette remarque est d'autant plus curieuse que la même exclusion n'existe pas aussi rigoureusement pour les autres genres ; et que c'est précisément le genre le plus riche en espèces qui ne renferme aucune de celles que l'on connaît dans les divers gisements de l'Europe.

Quatre de nos espèces avaient été décrites par M. Coquand en 1862. Ce sont les *H. Aumalensis, H. Nicaisei, H. Batnensis* et *H. Desvauxi*. Plusieurs autres ont été indiquées depuis dans sa collection, et nous nous sommes fait un plaisir de leur conserver le nom que le savant professeur leur avait donné. D'autres avaient encore été mentionnées et décrites par M. Coquand dans l'étage cénomanien ; nous ne les avons omises que pour y revenir plus tard. Ainsi, nous n'avons pas parlé de l'*Hem. africanus*, bien qu'il ait été décrit dans la *Géologie de la province de Constantine*. Nous nous sommes décidés à classer dans le turonien les couches qui renferment cette remarquable espèce ; et, conséquemment, ce sera seulement dans la livraison spéciale à cet étage qu'elle paraîtra avec beaucoup d'autres.

Il est à remarquer, en effet, que ce magnifique épanouissement de la forme *Hemiaster,* loin d'être limité au terrain cénomanien, se continue et s'accentue encore dans l'étage turonien et dans la craie sénonienne inférieure, où les individus du groupe de l'*Hem. Fourneli* remplissent certaines couches de telle sorte qu'on peut les y ramasser par milliers.

En France, c'est aussi, comme on le sait, dans les étages turonien et sénonien que l'on observe le plus complet développement de ce genre. Le nombre des espèces connues jusqu'ici dans le cénomanien est assez restreint, et les individus en sont peu nombreux. Certaines formes, commme l'*Hem. gracilis, H. Gaudryi, H. Perroni, H. cenomanensis,* sont très rares et encore bien peu connues. Seul peut-être l'*Hem. bufo* est assez répandu et bien connu de tous les géologues. Aussi a-t-on cherché naturellement à rapporter à ce type quelques-uns de ses congénères d'Algérie. Nous pensons toutefois que c'est à tort que cette espèce figure dans les catalogues de MM. Coquand, Nicaise, etc. Bien que l'un de nous l'ait aussi citée autrefois, nous ne connaissons maintenant aucun individu qui soit réellement identique à l'*Hem. bufo.* Il en est de même, ainsi que nous l'avons dit, des citations qui ont été faites de l'*Hem. Orbignyanus* : les individus rapportés à cette espèce doivent être considérés comme des jeunes de l'*Hem. Batnensis.* Ainsi donc, non seulement les *Hemiaster* algériens se divisent, d'après les gisements, en deux catégories, mais ils forment un ensemble particulier, tout-à-fait différent des formes européennes.

PYGURUS LAMPAS, Desor, 1857.

Individu de taille moyenne, renflé à la partie supérieure, subconique, assez large en avant, rétréci et prolongé en rostre tronqué en arrière. Point culminant au sommet apical ; de là, le test forme en avant une courbe arrondie ; dans la partie postérieure la pente est plus déclive. Bord presque tranchant ; dessous concave et fortement ondulé, avec dépressions ambulacraires.

Ambulacres en fer de lance, très acuminés, l'impair un peu

moins large que les autres. Les pores internes sont arrondis et les externes allongés; ils sont conjugués par un sillon. A la face inférieure, les pores sont visibles dans les sillons ambulacraires qui, partant du péristome, ont presque la même forme que les ambulacres supérieurs et sont, comme eux, acuminés; mais les pores, arrondis et écartés, sont bien différents.

Péristome dans une dépression, entouré de cinq gros bourrelets interambulacraires, saillants et à bords arrondis.

Périprocte situé sous le rostre postérieur, subtriangulaire, allongé transversalement, dans une area triangulaire médiocrement étendue.

Ce magnifique exemplaire a été recueilli par M. Durand. Il est fort intéressant de voir représentée, au sud de l'Algérie, une espèce qu'on croyait spéciale au bassin anglo-parisien. Comparé aux individus de la Sarthe et de la Charente-Inférieure, notre échantillon n'offre aucune différence bien tranchée, et il ne peut y avoir aucun doute sur la détermination. Il est un peu plus élevé que celui qu'a dessiné d'Orbigny *(Pyg. oviformis)* dans la *Paléontologie française;* mais on sait combien peu d'importance on doit attacher aux variations de la hauteur.

Localité. — Bou Khaïl.

Étage cénomanien. — Rare.

Collection Durand.

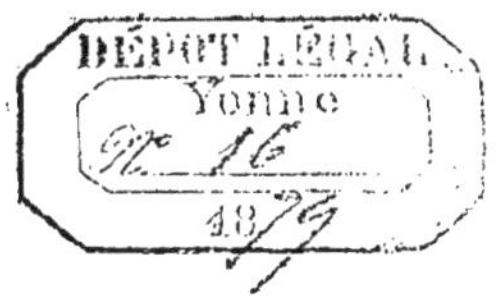

ECHINOBRISSUS ANGUSTIOR, Gauthier, 1876

Pl. IX, fig. 1-8.

Longueur. . .	19 millim.	Variété allongée. . .	23 millim.
Largeur . . .	16	—	18
Hauteur . . .	10	—	11

Nous avons déjà décrit cette espèce dans l'étage albien (1). Nous complétons ici notre description avec des matériaux meilleurs et plus nombreux.

Test de petite taille, déprimé, arrondi en avant, subtronqué en arrière et élargi, sans être coupé à angles bien dessinés. Dessus régulièrement convexe, sauf une déclivité plus forte à la partie postérieure. Dessous légèrement concave, surtout autour du péristome.

Ambulacres pétaloïdes, mal fermes à l'extrémité, assez larges relativement. Pores conjugués, petits, les internes arrondis, les externes un peu allongés et acuminés.

Péristome pentagonal, grand, entouré d'un floscelle assez apparent.

Périprocte ovale, de taille médiocre, occupant à peu près le milieu de la face postérieure, au sommet d'un sillon assez creusé, mais étroit, à peine évasé près du bord, où il dessine une sinuosité.

Test couvert de petits tubercules serrés, scrobiculés, assez apparents.

Les individus appartenant à cette espèce se rencontrent en grande abondance dans les couches moyennes et supérieures de l'étage cénomanien à Bou-Saada ; comme on le voit par la description précédente, ils ne diffèrent pas de ceux que nous avons déjà cités dans l'étage albien. Mais à Bou Saada, les couches supérieures du cénomanien renferment une variété que nous

(1) Troisième fascicule, p. 81.

n'avons pas rencontrée plus bas. Ce sont des individus offrant des différences assez caractérisées pour que nous ayons songé d'abord à les distinguer spécifiquement. Nous avons, depuis, modifié notre manière de voir, et nous les réunissons définitivement à l'*Echinobrissus angustior*. La forme est plus allongée, les côtés plus parallèles, l'épaisseur un peu plus considérable, quoique variant selon les exemplaires ; les ambulacres sont légèrement renflés dans la zone interporifère, et le péristome semble être un peu plus excentrique en avant. Ces détails qui donnent aux individus une physionomie particulière nous avaient paru suffisants pour établir une nouvelle coupe spécifique. Mais quelques-uns des exemplaires présentent des divergences moins accusées et passent insensiblement à la forme de l'*Echinobrissus angustior*. Nous les réunissons donc à ce type, tout en constatant cette variété.

On trouve au Bou Khaïl, en assez grande quantité, un *Echinobrissus* atteignant une taille relativement assez forte, et que nous réunissons provisoirement à notre espèce, mais sans être absolument certains de l'exactitude de ce rapprochement. Tous les exemplaires qui ont été recueillis dans cette localité, à notre connaissance du moins, sont déformés. La physionomie générale est la même ; le périprocte nous paraît occuper la même position ; le sillon anal dans quelques individus semble plus acuminé à la partie supérieure ; mais cette différence n'est probablement due qu'à la compression latérale du test. C'est un fait bien regrettable que dans cette localité si riche en Echinides aucun ne soit bien conservé. M. le Mesle, qui a exploré cette région, en a rapporté une quantité considérable d'exemplaires ; c'est à peine si deux ou trois sont en bon état de conservation.

Rapports et différences. — Voisin, comme nous l'avons dit, de l'*Echin. Eddisensis*, l'*Echin. angustior* s'en distingue par les caractères déjà indiqués plus haut. Il s'éloigne des *Nucleolites Roberti*, *N. minimus*, *N. placentula*, par sa forme plus large, ses pores plus allongés et conjugués, son sillon anal plus long et plus étroit. Les mêmes détails le séparent de l'*Echin. similis* d'Orb., qui est plus voisin d'aspect. La variété allongée rappelle le *Nucl.*

parallelus; mais le sillon anal est bien différent et n'est pas situé de la même manière, outre la structure plus allongée des pores dans l'*Echin angustior*.

LOCALITÉ. — Bou Saada, Bou Khaïl. Etage cénomanien. Très abondant.

COLLECTIONS Peron, Gauthier, Cotteau, le Mesle, Durand.

EXPLICATION DES FIGURES. — Pl. IX, fig. 1, *Echinobrissus angustior*, vu de côté; fig. 2, face supérieure; fig. 3, face inférieure; fig. 4, appareil apical grossi; fig. 5, variété plus épaisse et un peu plus allongée, vue de côté; fig. 6, face sup.; fig. 7, face inf.; fig. 8, région anale.

ECHINOBRISSUS ROTUNDUS, Peron et Gauthier, 1879.

Pl. IX, fig. 9-13.

Longueur.	40 millim.
Largeur.	35
Hauteur	20

Espèce d'assez grande taille, renflée, arrondie, épaisse. Dessus régulièrement convexe, la plus grande hauteur étant au sommet apical. Pourtour épais, semi-circulaire à la partie antérieure. Partie postérieure un peu élargie, légèrement anguleuse, et échancrée très sensiblement par le sillon anal. Dessous plan sur les bords, légèrement concave auprès du péristome, creusé très légèrement dans les avenues ambulacraires.

Sommet excentrique en avant. Appareil apical de médiocre grandeur; le corps madréporiforme occupe à peu près le centre sans être bien saillant.

Ambulacres larges, pétaloïdes, très apparents. Pores petits, les externes assez allongés et acuminés. Les zones extérieures sont arquées intérieurement.

Péristome grand, pentagonal, plus large que long, entouré d'une rosette de pores avec une légère apparence de bourrelet. Il est situé un peu en avant du centre de la coquille, et placé dans une dépression peu profonde.

Périprocte un peu allongé, ovale, non acuminé aux extrémités, s'ouvrant à la partie supérieure d'un sillon qui ne remonte pas beaucoup plus haut que l'extrémité des pétales ambulacraires, et qui descend jusqu'au bord inférieur où il forme une sinuosité très sensible.

Tubercules relativement petits, clair-semés et peu apparents.

Rapports et différences. L'*Echinobrissus rotundus* se distingue facilement de toutes les espèces crétacées connues par sa grande taille jointe à une forme épaisse et arrondie. Il se rapproche, comme physionomie générale, de l'*Echin. scutatus* et de l'*Echin. Letteroni* des terrains jurassiques. Mais ces deux espèces en diffèrent sensiblement par le prolongement de leur sillon anal dans l'interambulacre et par leur partie postérieure plus tronquée.

Localité. — L'*Echin. rotundus* est abondant à Bou-Saada dans les couches moyennes de l'étage cénomanien, où il caractérise une zone facile à distinguer. M. le Mesle l'a recueilli aussi au Bou Khaïl.

Collections Peron, Gauthier, Cotteau, le Mesle, de Loriol.

Explication des Figures. — Pl. IX, fig. 9, *Echinobrissus rotundus*, vu de côté ; fig. 10, face sup. ; fig. 11, face inf. ; fig. 12, région anale; fig. 13, aire ambulacraire et appareil apical grossis.

Echinobrissus gibbosus, Peron et Gauthier, 1879.

Pl. X, fig. 1-4.

Longueur. . . .	27 millim.	Autre exemplaire. . .	23 millim.
Largeur	24	—	20
Hauteur	14	—	12

Espèce de taille moyenne, déprimée au pourtour, très élevée au sommet qui dessine une pyramide pentagonale parfois très saillante.

Partie antérieure très déclive ; la partie postérieure l'est moins, en raison de la position excentrique en avant du sommet. Dessous concave, inégal, creusé au passage des ambulacres. La partie postérieure est peu tronquée, non anguleuse, légèrement élargie.

Appareil apical étroit, resserré ; pores oviducaux rapprochés. La plaque madréporique forme une légère saillie au centre.

Ambulacres assez allongés, pétaloïdes; la zone interporifère présente une saillie parfois assez prononcée. Zones porifères composées de deux rangées sensiblement inégales; pores internes ronds et petits; pores externes un peu allongés et acuminés, obliques en arrière. Les pores sont conjugués par un sillon.

Péristome assez petit, régulièrement pentagonal, excentrique en avant, aux deux cinquièmes de la longueur. Il est entouré d'une rosette de pores nettement dessinée, mais sans bourrelets bien saillants.

Périprocte ovale, très allongé, situé à l'extrémité d'un sillon qui ne remonte pas à plus de moitié de l'intervalle qui sépare le sommet du bord postérieur. Ce sillon dessine au bord une sinuosité assez sensible.

Test couvert de petits tubercules scrobiculés, très peu apparents; dans les individus bien conservés on distingue en outre de nombreux granules qui donnent au test un aspect chagriné et entourent les tubercules.

Rapports et différences. Voisin de l'*Echin. Morrisii*, d'Orb., l'*Echin. gibbosus* s'en distingue par sa forme un peu moins arrondie, par sa partie postérieure plus carrée, par son dessous moins onduleux et moins concave. La partie supérieure est plus élevée et la proéminence gibbeuse bien plus accusée. On pourrait aussi comparer notre espèce avec certaines variétés très renflées de l'*Echin. clunicularis* des terrains jurassiques, qui en ont la forme subconique, et dont la face inférieure et le péristome ne sont pas sans analogie avec elle; mais le sillon anal est tellement différent qu'il n'est pas nécessaire d'insister sur les autres caractères distinctifs.

Localité. — L'*Echinobrissus gibbosus* est assez abondant à Bou-Saada, dans une couche du cénomanien moyen, un peu au-dessus de la zone à *E. rotundus*.

Collections Peron, Gauthier, Cotteau.

Explication des Figures. — Pl. X, fig. 1, *Echinobrissus gibbosus*, vu de côté; fig. 2, face supérieure; fig. 3, face inférieure; fig. 4, appareil apical grossi.

ECHINOBRISSUS GEMELLAROI, Coquand (in collect.), 1879.
Pl. X, fig. 5-6.

La collection de M. Coquand renferme sous ce nom un exemplaire unique d'*Echinobrissus* que nous ne mentionnerons ici qu'avec réserves. En effet, cet individu présente des caractères communs en Algérie à de nombreuses espèces du même genre qu'on rencontre dans la craie la plus supérieure, mais que nous n'avons jamais constatés dans les espèces de la craie moyenne : c'est la forme très pétaloïde des ambulacres, et surtout celle du péristome. Ce dernier est pentagonal, à bourrelets saillants, à angles creusés et arrondis, pénétrant dans le test en forme d'*as de trèfle ;* la rosette de pores est très accentuée, de sorte que ce péristome rappelle, quoique moins accusé, celui des *Pygurus.* L'exemplaire qui nous occupe est voisin de l'*Echinobrissus Setifensis*, Coquand (1). Il s'en distingue par sa taille plus grande et sa forme un peu plus arrondie, par ses ambulacres plus larges et moins saillants, par son périprocte plus petit, situé un peu plus haut, au sommet d'un sillon moins profond. La face inférieure paraît beaucoup plus concave ; mais le test est rompu à cet endroit, et cette concavité peut n'être qu'accidentelle.

Ce n'est que sur la foi de M. Coquand que nous ajoutons cet exemplaire aux espèces cénomaniennes. Il a été recueilli à Tenoukla. Nous ajouterons que ce seul exemplaire connu est comme usé par le frottement et roulé, et qu'il ne serait pas impossible qu'il eût été recueilli hors de sa place stratigraphique normale.

Collection Coquand, exemplaire unique.

EXPLICATION DES FIGURES. — Pl. X, fig. 5, *Echinobrissus Gemellaroi*, vu de côté ; fig. 6, face sup.

RÉSUMÉ SUR LES ECHINOBRISSUS.

Nous n'avons rencontré jusqu'ici le genre *Echinobrissus* dans l'étage cénomanien qu'à Bou-Saada et dans ses environs, et au

(1) Cotteau, *Echin. nouv. ou peu connus*, p. 123, pl. XVI, fig. 13-15.

Bou Khaïl, localité dont la faune est identique à celle de Bou-Saada. Les gisements si riches en échinides, d'Aumale, de Batna, d'Aïn Baïra, de Tebessa, etc., n'en possèdent pas. Par contre ce genre se montre dans les deux endroits cités en abondance considérable, et les espèces que nous avons décrites y sont toutes communes. Quoique présentant entre elles des différences très sensibles et de valeur spécifique incontestable, les trois espèces sont reliées par des caractères communs, tels que la forme des pores, la disposition du sillon anal et du périprocte. Cette ressemblance n'est pas un fait extraordinaire; et nous verrons souvent dans un même terrain et dans une même localité se reproduire, pour un groupe d'espèces, ces indices de parenté qui semblent rappeler une communauté d'origine. Il est peu utile d'ajouter que ces trois espèces, cantonnées dans une partie restreinte de l'Algérie, n'ont jamais été rencontrées en France; aussi étaient-elles inconnues avant la publication de notre travail.

Remarque. Ce que nous venons de dire ne concerne pas l'*Echin. Gemellaroi*, qui fait exception comme type, et qui, s'il n'est pas classé par erreur dans la craie moyenne, est à notre connaissance le seul *Echinobrissus* qui ait été rencontré ailleurs qu'à Bou-Saada ou au Bou Khaïl dans l'étage cénomanien. C'est, croyons-nous, un fait intéressant à constater que l'absence complète jusqu'ici non-seulement de toute espèce d'*Echinobrissus* dans les terrains du nord de l'Algérie, mais l'absence même de tout représentant de cette grande famille des Cassidulidées, qui compte dans les étages crétacés tant de formes diverses. Plusieurs genres même très importants et très répandus ailleurs, comme les *Catopygus*, les *Oolopygus*, les *Cassidulus*, etc., n'ont encore été signalés dans aucune localité et dans aucun terrain de l'Algérie.

PHYLLOBRISSUS FLORIDUS, Peron et Gauthier, 1879.
(Coquand, sp. in coll.)

Pl. X, fig. 7-12.

CATOPYGUS FLORIDUS, Coquand, *Notes inédites*.

— — Brossard, *Essai sur la const. géol. de la subdiv. de Sétif*, p. 227, 1867.

PYGAULUS COQUANDI, Cotteau, *Échin. nouv. ou peu connus*, p. 147, pl. XX, fig. 1-4, 1869.

Individu d'Aïn Baïra . .	Long.,	24 mill.	Larg.,	20 mill.	Haut.,	14 mill.
Individu exceptionnel . .	—	31	—	27	—	15
Types de Bou-Saada . .	—	32	—	28	—	19
	—	26	—	21	—	16

Test ovale, arrondi en avant et en arrière où il est légèrement subtronqué, présentant à la face supérieure une courbe à grand rayon, plutôt pulviné que plat en dessous avec de légers sillons ambulacraires. Sommet excentrique en avant.

Appareil apical peu développé, compact, composé de quatre plaques génitales en contact, et de cinq plaques ocellaires très petites intercalées dans les angles. Corps madréporiforme présentant une légère saillie au milieu de l'appareil.

Ambulacres pétaloïdes, mal fermés à l'extrémité, égaux, l'antérieur étant toutefois un peu plus étroit que les autres. Pores petits et conjugués par un sillon, les internes arrondis, les externes un peu allongés et acuminés. Une rangée confuse de granules sépare les paires de pores.

Péristome excentrique en avant, irrégulièrement pentagonal, très oblique, s'ouvrant à fleur du test. Il est entouré d'une rosette de pores, sans bourrelets interambulacraires bien saillants.

Périprocte ovale, plus ou moins allongé, situé à la face postérieure, sans area distincte, au sommet d'un sillon large, évasé, à peine creusé et très court, ne causant au bord inférieur qu'une légère sinuosité.

Tubercules petits et scrobiculés, homogènes, abondants surtout vers l'ambitus, un peu plus gros et plus espacés autour du péristome.

Remarques. Un des exemplaires recueillis à Baïra offre des différences notables. De plus grande taille que ceux que nous avons trouvés dans la même localité, il est beaucoup plus déprimé et élargi que les autres ; le dessous est complétement plat ; le périprocte est plus grand et plus fortement encadré par les bords saillants du sillon anal. Bien que nous n'ayons pas d'exemplaires intermédiaires qui relient celui-ci au type habituel de cette localité, il a tant de caractères communs avec les autres que nous ne croyons pas pouvoir le séparer spécifiquement.

Les individus recueillis à Bou Saada diffèrent sensiblement de ceux d'Aïn Baïra. Ils atteignent une taille généralement plus considérable; le périprocte est un peu plus haut et parfois beaucoup plus allongé, le sillon subanal est moins fortement dessiné. Mais ces divergences, bien accusées danscertains exemplaires, ne sont pas constantes, et des formes intermédiaires ramènent au type d'Aïn Baïra.

Nous avons longtemps hésité sur les rapports génériques de cette espèce à caractères mixtes, et qui n'entre bien dans aucun des genres établis. Nous nous sommes même demandé s'il ne serait pas à propos de rétablir, en le modifiant un peu, le genre *Trematopygus* d'Orbigny, aujourd'hui généralement abandonné, et dont notre espèce eût été l'un des meilleurs types. Nous nous sommes décidés enfin à le rapporter au genre *Phyllobrissus*, suivant en cela l'exemple de M. de Loriol, qui a admis des *Phyllobrissus* à péristome oblique (1). La diagnose du genre en souffre un peu, d'autant plus que notre espèce n'est pas complétement plate en dessous. Mais nous n'avons pas cru devoir entreprendre ici une discussion assez longue, qui nous aurait emportés trop loin de notre sujet.

La synonymie que nous avons donnée plus haut montre combien les auteurs ont été embarrassés par l'incertitude des caractères génériques du *Phyllobrissus floridus*. MM. Coquand et Brossard l'ont désigné sans le décrire, sous le nom de *Catopygus;* plus tard, l'un de nous, ignorant à quel type devait s'appliquer cette dénomination de *Catopygus floridus*, l'a nommé *Pygaulus Coquandi* (2) : l'état de conservation médiocre du seul exemplaire alors connu ne lui avait pas permis de constater la présence d'un sillon anal, et il avait ainsi été conduit à placer l'espèce dans un genre auquel elle ne peut pas appartenir. Depuis, nous avons pu recueillir de nombreux et excellents exemplaires, et nous avons dû modifier la description donnée auparavant. La principale différence, outre l'existence d'un sillon anal, est dans la forme des

(1) *Echinologie Helvétique.* — Terrains crétacés.

(2) Cotteau, *Loc. cit.*

pores, qui sont conjugués par un sillon, tandis que M. Cotteau avait cru voir le contraire sur son exemplaire défectueux. Et en effet, ce sillon auquel on a attaché une importance exagérée dans les Echinobrissidées, n'est visible que sur les exemplaires bien conservés. Les pores externes, allongés et acuminés dans les bons échantillons, paraissent arrondis quand le test est un peu usé. Ce fait est fréquent; et c'est cependant sur l'existence de ce sillon copulateur et sur l'allongement des pores que repose toute la valeur de certains genres dans la famille des Echinobrissidées.

Rapports et différences. Le *Phyllobrissus floridus* se distingue facilement de tous ses congénères à péristome non oblique. Il se rapproche davantage de quelques espèces décrites dans l'*Echinologie helvétique* (1), qui comme lui ont le péristome irrégulier. L'espèce la plus voisine nous paraît être le *Phyll. excentricus*, Pictet et Renevier, du terrain aptien de la Suisse. Dans nos exemplaires, le sommet est moins excentrique en avant, et le périprocte est situé un peu plus bas.

Localité. — Le *Phyll. floridus* est abondant sur une falaise de la rive nord du petit lac salé d'Aïn Baïra, au sud de Sétif. On le trouve aussi fréquemment à Bou-Saada, dans les couches moyennes et supérieures du cénomanien. M. Brossard l'a recueilli dans le Djebel Mahdid, à Aïn Halmon.

Il existe aussi, mais très rarement, à Batna.

Coll. Peron, Gauthier, Cotteau, Coquand, de Loriol, le Mesle.

Explication des Figures. — Pl. IX, fig. 7, *Phyllobrissus floridus*, vu de côté; fig. 8, face sup.; fig. 9, face inf.; fig. 10, péristome grossi; fig. 11, individu de grande taille, vu sur la face sup.; fig. 12, aire ambulacraire antérieure grossie.

Archiacia sandalina, Agassiz, 1847.

Pl. X, fig 13.

Archiacia Tissoti, Coquand, *Mém. de la Soc. d'émul. de la Provence*, t. II, p. 251, pl. XXVII, fig. 4-6, 1862.

Test mince et fragile. Forme allongée et médiocrement large;

(1) Terrains crétacés, pl. XIX et XX.

la partie supérieure, fortement gibbeuse, s'avance antérieurement en un cône obtus et oblique, dont les deux pentes sont bien différentes. En avant, la descente est abrupte; en arrière, la pente est bien plus douce, et le test forme un dos convexe, subcaréné, qni s'élargit à la partie postérieure. Le dessous présente une courbure convexe très prononcée, en même temps qu'une dépression médiane qui n'est visible que dans la moitié antérieure et surtout vers le péristome. Le milieu de la face inférieure est marqué de chaque côté par deux saillies assez prononcées.

Sommet apical placé à l'extrémité du cône projeté en avant. Ambulacre impair difficile à observer. Les pores sont ronds et très-petits; les zones porifères très courtes. Nous y avons bien saisi quelques dédoublements de pores; mais nous ne saurions affirmer aussi catégoriquement que l'a fait d'Orbigny, qu'ils sont partout bigéminés dans chaque zone.

Ambulacres pairs sensiblement pétaloïdes; ils sont courts et n'excèdent guère la partie coniforme; mais les aires ambulacraires sont parfaitement dessinées jusqu'au péristome et s'élargissent régulièrement depuis la partie étranglée qui termine les pétales.

Péristome pentagonal, excentrique en avant, sans bourrelets bien sensibles. Périprocte grand, ovale, placé au dessous du bord postérieur.

Rapports et différences. — L'*Archiacia sandalina* se rencontre en plusieurs localités de l'Algérie. Les exemplaires atteignent parfois une assez grande taille, et nous en possédons de bien conservés. Après les avoir comparés avec ceux qu'on recueille dans la Sarthe et dans la Charente, nous n'avons pas hésité à les y réunir spécifiquement. M. Coquand a décrit sous le nom d'*Archiacia Tissoti* un individu qu'il n'est pas possible de séparer des nôtres. Le savant professeur a cru devoir le séparer de l'*Arch. sandalina*, parce que la face inférieure de son échantillon est plus concave. C'est là, dans notre pensée, un caractère accidentel, et nous avons pu constater que dans quelques-uns de nos exemplaires elle existe aussi ; mais elle est dûe à la fragilité du test, qui est extrêmement mince. Quand l'individu est bien conservé, la face inférieure est convexe et conforme à la description donnée par d'Orbigny (1).

Localité. — Nous avons recueilli cette espèce à Bou-Saada, au bordj Messaoud, à Aïn-Baïra, avec l'*Heterodiadema Libycum*. MM. le Mesle, Durand, Thomas l'ont rencontrée au Bou Khaïl; MM. Coquand et Jullien la possèdent de Batna. Étage cénomanien. Rare partout.

Collections Coquand, Peron, Jullien, le Mesle, Durand, Thomas, Gauthier.

Explication des figures. — Pl. X, fig. 13, *Archiacia sandalina*, de la collection de M. Peron, vu de côté.

Archiacia Saadensis, Peron et Gauthier, 1879.

Pl. XI, fig. 1-4.

Longueur	35 millim.
Largeur	36
Hauteur	18

Test mince et fragile. Coquille arrondie, épatée, plus large que longue, médiocrement élevée. Partie supérieure convexe, conique en avant; mais le cône ne se projette pas à la partie antérieure, et ne dépasse pas le pourtour de la base, de telle sorte qu'il n'est pas visible du dessous, comme dans l'*A. sandalina*. La partie postérieure dessine une ligne de faîte concave au-dessous du cône, puis légèrement convexe jusqu'au bord. Pourtour arrondi, peu renflé, sinueux à l'avant où il est assez fortement échancré par le sillon de l'ambulacre impair. Face inférieure uniformément et légèrement concave de l'avant à l'arrière; le bord présente une ligne convexe vers le milieu.

Sommet excentrique en avant, mais un peu en arrière du point culminant du cône. Appareil apical étroit, quadrangulaire, composé de quatre plaques génitales peu développées et de cinq plaques ocellaires. Les quatre pores oviducaux sont très rappro-

(1) *Paléont. franç.* t. VI, terrains crétacés, p. 284.

chés, les plus grands en arrière. Plaque madréporiforme petite.

Ambulacre impair logé dans un sillon étroit qui ne commence qu'à quelque distance du sommet. Il est composé dans chaque zone de deux lignes de pores qui paraissent bigéminés et sont séparés entre eux par un granule très-fin.

Ambulacres pairs pétaloïdes, se rétrécissant beaucoup à l'extrémité des pétales, et de là s'infléchissant vers l'avant et s'élargissant régulièrement jusqu'au pourtour où ils recommencent à diminuer. Zones porifères composées dans les pétales d'une ligne interne de pores arrondis, et d'une ligne externe de pores allongés, acuminés et très-obliques. En dehors des pétales, tous les pores sont arrondis, très-petits, presque invisibles, jusqu'auprès du péristome où ils grandissent de nouveau.

Péristome pentagonal, situé au cinquième antérieur de la longueur. Il est peu enfoncé, entouré de bourrelets rudimentaires et d'une rosette de pores assez accusée.

Périprocte assez grand, ovale longitudinalement, situé tout près du bord à la face inférieure.

Tubercules très fins et clairsemés sur toute la surface du test. Ils deviennent plus gros et sont plus nombreux près du sommet où ils sont entourés d'un cercle de granules. Granulation très fine et très abondante, visible seulement à la loupe, et garnissant uniformément tout le test.

Rapports et différences. — L'*Archiacia Saadensis* n'a d'analogie qu'avec l'*A. Santonensis* dont elle se distingue toutefois par des différences profondes. La forme est plus épatée, plus élargie ; le cône ambulacraire est situé plus en avant de la coquille, et il est moins obtus et moins gros. La partie postérieure est arrondie et non rostrée comme dans l'*A. Santonensis;* la partie antérieure enfin présente un profond sillon qui n'existe pas dans cette dernière espèce, et le péristome est situé plus près du bord antérieur.

Localité. — Bou-Saada, zone à *Echinobr. rotundus*, et zone supérieure à *Micropsis Desori*. Bou-Khaïl. Etage cénomanien. — Assez commun. La fragilité du test fait qu'il est difficile de trouver cette espèce en bon état. Nous en avons cependant quelques exemplaires bien conservés.

Collections Peron, Cotteau, Gauthier.

Explication des figures, — Pl. XI, fig. 1, *Archiacia Saadensis*, vu de côté; fig. 2, face sup. ; fig. 3, face inf. ; fig. 4, aire ambulacraire grossie.

Pyrina Tunisiensis, Peron et Gauthier, 1879 (Coquand sp.).

Pygaulus Tunisiensis, Coquand, *Mém. de la Soc. d'émulat. de la Prov.*, t. II, p. 251, pl. XXIV, fig. 13-15, 1862.

Longueur. . . .	36 millim.	Autre exemplaire . .	23 millim.
Largeur.	32	—	21
Hauteur.	20	—	12

Espèce un peu déprimée, d'assez grande taille, élargie en avant, plus étroite en arrière, dont la plus grande largeur est sur la ligne des ambulacres pairs antérieurs. Face supérieure régulièrement convexe ; face inférieure à peu près plate.

Sommet subcentral. Ambulacres droits, s'élargissant sensiblement au pourtour, bien visibles jusqu'au péristome. Pores simples, par paires directement superposées.

Péristome légèrement excentrique en avant, oblique, presque à fleur du test.

Périprocte ovale, supramarginal, assez grand. Dans les individus jeunes, qui sont un peu plus renflés, il remonte légèrement vers le milieu de la face postérieure.

Remarque. — M. Coquand a donné une bonne figure de cette espèce ; mais par une méprise que peut seule expliquer la mauvaise conservation des deux exemplaires qu'il possédait, il l'a attribuée au genre *Pygaulus*, ce qui est impossible, les pores ambulacraires étant simples, et les ambulacres non pétaloïdes. Notre savant collègue a placé ces oursins dans l'étage néocomien : n'ayant pas recueilli lui-même ces exemplaires, il aura été induit en erreur par ceux qui les lui ont rapportés de la Tunisie. L'un de nous possède, de Beccaria, sur la frontière de la Tunisie, des échantillons appartenant incontestablement au même type spécifique, et, ce qu'il y a de plus remarquable, ayant tous le test également corrodé, et la même couleur rougeâtre de gangue, que présentent les exemplaires de M. Coquand. L'assimilation se trouve donc corroborée par ces détails.

Localité. — Beccaria, département de Constantine. — Ben-Saïda (Tunisie). — Etage cénomanien. — Assez commun.

Collections Peron, Coquand.

Pyrina crucifera, Peron et Gauthier, 1879.

Pl. XI, fig. 5-8.

Longueur.	21 millim.
Largeur.	18
Hauteur	13

Espèce assez renflée, épaisse, à bords arrondis, régulièrement ovale, ou parfois pentagonale ; dessus convexe sans être trop élevé ; dessous légèrement concave.

Sommet central. Appareil apical peu développé, oblong. La plaque madéproriforme est peu saillante.

Ambulacres égaux, presque toujours renflés, à égale distance l'un de l'autre. Zones porifères très étroites, formées de pores ronds, très petits, très rapprochés dans chaque paire, les paires étant séparées entre elles par un léger bourrelet. Sur toute la face supérieure, quoique régulièrement disposés, les pores ont une tendance à paraître obliques; et dès le pourtour et surtout à la face inférieure, sans cesser d'être très serrés, ils deviennent irréguliers; les zones dévient de la ligne droite, et les pores sont obliques dans chaque paire. Ils se multiplient et forment plusieurs rangées près du péristome.

Péristome subcentral, légèrement oblique, ovale ou un peu acuminé. Périprocte situé à la face postérieure, un peu au-dessous du milieu, de manière à être plus visible d'en bas que d'en haut.

Tubercules fins, espacés, scrobiculés, plus développés et plus abondants à l'ambitus, et surtout dans les zones ambulacraires, où ils forment six rangées assez peu régulières. Granules intermédiaires abondants, petits et serrés.

Rapports et différences. -- Le *Pyrina crucifera* est voisin du *P. ovalis* d'Orbigny; mais il s'en distingue facilement, entre autres caractères, par la position bien plus inférieure du périprocte. Il se rapproche beaucoup plus du *P. Tunisiensis* que nous venons de décrire; nous avons même hésité un moment à les séparer. En effet, la position du périprocte est à peu près la même, quoiqu'un peu plus élevée dans *P. crucifera*. La forme est différente, étant de même largeur en avant et en arrière dans cette dernière espèce, tandis que le *P. Tunisiensis* est rétréci dans la partie postérieure. Les aires ambulacraires sont plus renflées, les pores plus petits dans l'espèce présente, autant du moins que nous permet de le constater le test toujours corrodé des exemplaires du *P. Tuniensis*. La différence entre les deux espèces s'accentue surtout dans les exemplaires de grande taille. Tandis que le *Pyr. Tunisiensis* reste régulier et bien arrondi, le *Pyr. crucifera* prend souvent un aspect pentagone, large et presque carré en arrière; de sorte qu'on peut dire que ces deux espèces, assez voisines dans le jeune âge, sont de plus en plus divergentes à mesure qu'elles grandissent.

LOCALITÉ. — Aïn-Baïra, Bordj Messaoud. — Etage cénomanien. — Assez rare.

Collections Peron, Gauthier.

EXPLICATION DES FIGURES. — Pl. XI, fig. 5, *Pyrina crucifera*, vu de côté; fig. 6, face sup.; fig. 7, face inf.; fig. 8, aire ambulacraire et appareil apical grossis.

ECHINOCONUS CASTANEA, d'Orbigny.

M. Coquand nous a communiqué sous le nom de *Discoidea Merceyi* un exemplaire bien conservé d'*Echinoconus*, que nous rapportons sans hésiter à l'*Ech. castanea* d'Orbigny.

Cet exemplaire, d'une longueur de 45^{mm}, a complétement les caractères de l'espèce; la forme pentagonale, médiocrement renflée, la face inférieure un peu concave, la position marginale du périprocte largement ouvert, et jusqu'aux tubercules petits et espacés. C'est un excellent type de l'espèce. La seule différence à observer, et elle n'a pas une grande importance, c'est que sur le bord des aires ambulacraires les tubercules sont un peu moins nombreux et un peu plus réguliers que dans la plupart des exemplaires européens de même taille.

Cet individu a été recueilli, selon M. Coquand, dans le rhotomagien d'Aïn Gregra (Sétif); et c'est le seul représentant de cette espèce qui, à notre connaissance, ait été authentiquement rencontré en Algérie. Nous avons bien trouvé dans l'albien supérieur de la maison forestière du Bou-Thaleb un mauvais exemplaire d'*Echinoconus*, que nous n'avons pas rapporté d'une manière certaine à l'*Ech. tumidus*, et dont nous n'avons pas parlé à cause de cette incertitude. Peut-être pourrait-on aussi le rapporter à l'*Ech. castanea*, puisque l'espèce existe dans ces régions. La différence de niveau n'aurait pas une grande importance, car en Europe l'*Echin. castanea* en lui réunissant, comme l'a fait M. de Loriol, l'*Ech. Rhotomagensis*, s'étend de l'aptien au cénomanien.

M. Coquand a, en outre, signalé l'*Ech. Rhotomagensis* à Aumale (1), probablement d'après M. Ville, qui cite le *Galerites castanea* à Sour-Ghozlan (2), nom arabe de la ville d'Aumale. Nous n'avons pu retrouver l'exemplaire en question ni dans la collection de notre savant collègue, ni dans celle du service des mines à Alger. Peut-être y a-t-il eu confusion, et cet exemplaire n'est-il que celui que nous avons sous les yeux. Il est à remarquer que Nicaise, qui a étudié bien complétement les environs d'Aumale, n'a pas cité cette espèce dans son *Catalogue*. Il y a donc des doutes sérieux sur la présence de l'*Ech. castanea* dans cette localité,

Localité. — Aïn-Gregra, dans le sud de Sétif.
Etage cénomanien. — Très rare.
Collection Coquand.

(1) *Mém. de la Société d'Emul de la Prov.*, tome II, page 291.
(2) Ville, *Notice minér. sur les prov. d'Oran et d'Alger*, p. 143.

ECHINOCONUS THOMASI, Peron et Gauthier, 1877.

Longueur.	27 millim.
Largeur.	22 —
Hauteur	19 —

Nous désignons provisoirement sous ce nom un oursin incomplet et déformé que M. Thomas a recueilli dans les couches cénomaniennes inférieures de Berouaguiah.

La disposition compacte de l'appareil apical, la forme renflée du test, la nature des tubercules nous engagent à le placer dans le genre *Echinoconus*; mais il est difficile de donner aucun caractère distinctif de cette espèce, dont on ne voit ni le péristome, ni le périprocte.

Aussi nous ne la mentionnons que pour mémoire, et dans l'espoir que de nouveaux matériaux recueillis ultérieurement nous permettront une description plus complète.

L'*Echinoconus Thomasi* nous paraît différer de l'*Echin. castanea* par sa forme moins large et plus élevée et par ses tubercules plus serrés et un peu plus gros.

Les ambulacres sont droits, médiocrement larges, composés de pores très petits, ronds, obliquement disposés. Le test est garni partout de tubercules peu développés, scrobiculés, médiocrement abondants, régulièrement disséminés. Les ambulacres sont à fleur du test, et le péristome paraît être central.

LOCALITÉ.— Berouaguiah.— Etage cénomanien.— Exemplaire unique.

Collection Thomas,

DISCOIDEA CYLINDRICA, Agassiz, 1840.

DISCOIDEA CYLINDRICA, Coquand, *Mémoire de la Soc. d'émul. de la Prov.*, t. II, p. 294, 1862.

— — Peron, *Géologie des environs d'Aumale. — Bull. Soc. géol.*, t. XXIII, p. 695 et 698, 1866.

— — Brossard, *Géologie subd. de Sétif*, p. 227, 1867.

— — Nicaise, *Catal. des anim. foss. de la prov. d'Alger*, p. 66, 1870.

Le *Discoïdea cylindrica* parfaitement caractérisé se trouve assez abondamment dans la zone cénomanienne du Tell à Aumale, à Berouaguiah et à Boghar.

A Aumale nous avons recueilli cette espèce à plusieurs niveaux, notamment dans les zones à *Hem. Aumalensis*, à *Radiotites Nicaisei* et à *Epiaster Villei.* On trouve là diverses variétés : la variété à partie supérieure régulièrement hémisphérique ; la variété subpentagonale, et une troisième, assez abondante, dont le dessus a une tendance à devenir conique. Ces mêmes variétés se retrouvent également à Berouaguiah, où M. Thomas en a recueilli de nombreux exemplaires, et au Djebel-Guessa, près de Boghar. Quelques individus sont remarquables par leur grande taille, et M. Thomas nous en a communiqué un, bien intact, qui atteint 67 millimètres de diamètre et 46 de hauteur.

Nous avons pu le comparer à un exemplaire de même taille, recueilli dans le département de l'Yonne par l'un de nous, mais d'une conservation moins parfaite. Il n'y a point de différences bien accentuées ; la forme est un peu plus cylindrique dans l'exemplaire de France, mais les dimensions du périprocte et du péristome sont les mêmes. A la partie inférieure, les tubercules de l'échantillon africain paraissent un peu plus gros ; mais ils sont disposés de la même manière et en nombre à peu près égal.

L'appareil apical est bien conservé sur plusieurs des individus que nous avons pu étudier. Il est peu étendu, de forme pentagonale, composé de cinq plaques ocellaires très-petites et de quatre plaques génitales. Une plaque supplémentaire, imperforée, occupe la partie postérieure. Les plaques génitales sont renflées au milieu, ce qui fait que le centre de l'appareil paraît déprimé ; le pore oviducal est sur le bord externe. Toutes, même la plaque postérieure imperforée, sont d'apparence spongieuse ; on dirait que chacune d'elle porte un corps madréporiforme, ou plutôt que cet organe couvre tout l'appareil. La plaque antérieure de droite n'est pas plus grande que les autres, et présente le même aspect. Cette curieuse ornementation de l'appareil apical n'est d'ailleurs point particulière aux exemplaires algériens; nous l'avons retrouvée sur tous les exemplaires européens bien conservés, et nous ne signalons ici ce caractère que parce qu'il a été ordinairement peu remarqué.

Nous n'ajouterons rien de plus à la description de cette espèce. Les variations que l'on remarque dans la forme de nos échantillons existent également dans ceux que l'on recueille en Europe; et l'étude de nos matériaux ne nous a point apporté d'observations nouvelles à signaler.

Le *Discoidea cylindrica*, à notre connaissance, ne se trouve en Algérie que dans les gisements du nord. M .Brossard le cite dans sa liste des fossiles cénomaniens, mais sans en indiquer la provenance. Il nous paraît probable que les exemplaires cités ne proviennent pas du Sud, mais bien du Bou-Thaleb ou du Kef-el-Acel, dont la faune a beaucoup d'analogie avec celle d'Aumale.

Collections Peron, Cotteau, Gauthier, Thomas, Coquand, service des mines à Alger.

DISCOIDEA FORGEMOLLI, Coquand, 1862.

Pl. XII, fig. 1-2.

DISCOIDEA FORGEMOLLI, Coquand, *Mém. de la Soc. d'émul de la Prov.*, t. II, p. 253 et 294, pl. XXIV, fig. 4-6, 1862.
— — Brossard, *Géol. subd. de Sétif*, p. 22', 1867.
— — Peron, *Géologie des environs d'Aumale. — Bull Soc. géol.*, t. XXIII, p. 701, 1866.
— — Nicaise, *Catal. des anim. foss. de la prov. d'Alger*, p. 66, 1870.

Espèce atteignant parfois une taille assez grande, de forme plus ou moins pentagonale, légèrement conique ou subhémisphérique à la partie supérieure. Dessous à peu près plat, à peine creusé autour du péristome.

Appareil apical peu développé, saillant. Les cinq plaques génitales sont perforées; le corps madréporique occupe le centre.

Ambulacres à fleur du test, parfois un peu renflés à la partie inférieure; les pores sont directement superposés par simples paires; il y a sept plaquettes ambulacraires pour deux plaques de l'interambulacre.

Péristome subdécagonal, dans une médiocre dépression du test.

Périprocte acuminé aux deux extrémités, subpyriforme, plus près du péristome que du bord.

Un exemplaire de la collection Coquand a conservé la plupart de ses plaques anales; on peut encore en compter dix de grandeur différente; deux ou trois des plus petites doivent manquer. La plus rapprochée du bord de l'oursin est en même temps la plus grande; elle est pentagonale, et occupe à elle seule le quart de la surface qu'entoure le périprocte. Les autres plaques, à peu près triangulaires, placées à droite ou à gauche de cette plaque principale, diminuent de volume à mesure qu'elles sont plus rapprochées du péristome: ce sont les plus petites qui font défaut. L'anus s'ouvrait à cette extrémité interne, au milieu de plaquettes microscopiques, et dès lors se trouvait très rapproché de la bouche.

L'un de nous a déjà figuré dans la *Paléontologie française*, (1) les plaques anales du *Discoïdea minima*, et ailleurs (2), celles du *D. cylindrica*. Pour la première de ces espèces la disposition et la forme des plaques diffèrent peu; le nombre paraît en être un peu moins considérable. Mais pour la seconde l'arrangement est tout différent, et les plus petites plaques, au lieu de se trouver rejetées vers l'extrémité interne, sont placées au contraire presque au milieu et sont encadrées par des plaques plus grandes. Malgré ces différences, l'anus s'ouvre à peu près au même endroit dans les trois espèces, et se trouve toujours repoussé vers la partie la plus voisine du péristome.

L'aspect du test est très granuleux et chagriné. Les tubercules sont petits; mais la ligne du milieu de chaque moitié d'interambulacre forme toujours une petite arête saillante bien marquée. A la face inférieure et à l'ambitus les tubercules sont

(1) *Loc. cit.*, Terrains crét., t. VII, pl. 1012, fig. 6.

(2) *Echinides nouv. ou peu connus*, p. 192, pl. XXVII, fig. 1-2.

scrobiculés et augmentent sensiblement en nombre. Les granules, très abondants et légèrement inégaux, sont disposés en séries linéaires, obliques par rapport à la direction des plaques qu'elles coupent diagonalement, dessinant ainsi de petits lacets au-dessus et au-dessous des tubercules. Les sutures des plaques sont déprimées et très apparentes.

Nous avons recueilli quelques individus dont la taille dépasse très-sensiblement celle du type de M. Coquand. Les dimensions atteignent 25 millimètres pour le diamètre antéro-postérieur, et 13 pour la hauteur. La forme de ces grands exemplaires est habituellement subpentagonale; mais parfois elle reste à peu près circulaire.

Rapports et différences. — Le *Discoidea Forgemolli* a de grands rapports avec le *D. conica* dont nous avons signalé la présence dans des couches bien inférieures. La forme, la taille, les variétés sont les mêmes, mais la granulation est toute différente; les tubercules forment une petite arête bien moins accusée dans le *D. conica*, et les impressions suturales sont plus marquées dans le *D. Forgemolli*. D'ailleurs l'appareil apical suffirait pour distinguer les deux espèces l'une de l'autre, puisque dans l'espèce albienne, quatre seulement des plaques génitales sont perforées, tandis que dans l'espèce qui nous occupe, les cinq plaques le sont également.

LOCALITÉ. — Le *Discoidea Forgemolli* n'a pas encore été recueilli en France; c'est une espèce particulièrement algérienne, et même spéciale aux gisements du nord; les gisements du sud n'en ont donné aucun exemplaire. Il est abondant aux environs d'Aumale, sur un long espace, qui s'étend du Ksenna aux ruines de Sour Djouab. M. Thomas l'a rencontré à Berouaguiah et au Djebel-Guessa, où l'a aussi recueilli M. le Mesle. — Cénomanien moyen.

Collections Coquand, Peron, Cotteau, Gauthier, Thomas, le Mesle, de Loriol, service des mines à Alger, Ecole des mines à Paris.

EXPLICATION DES FIGURES. — Pl. XII. fig. 1, *Discoidea Forgemolli*, vu de côté; fig. 2, plaques anales grossies.

DISCOIDEA SUBUCULUS, Klein, 1734.

DISCOIDEA SUBUCULUS, Coquand, *Mém. de la Soc. d'émul. de la Prov.*, t. II. p. 594, 1862.
— — Nicaise, *Catal. des anim. foss. de la prov. d'Alger*, p. 66, 1870.

Cette espèce est représentée dans la collection Coquand par deux exemplaires, dont un seul est conservé d'une manière suffisante. Il présente bien tous les caractères de l'espèce, telle qu'on la rencontre en France. La forme est élevée et conique; le test est abondamment pourvu de petits tubercules, qui forment sur les aires interambulacraires un grand nombre de rangées: les deux principales, plus saillantes que les autres, prennent l'apparence de petites carènes longitudinales. Les granules sont extrêmement abondants, et forment des rangées horizontales assez régulières entre les tubercules. L'appareil apical ne porte que quatre plaques génitales perforées, la postérieure est dépourvue de pore oviducal. Péristome petit, presque à fleur du test. Périprocte à peu près à égale distance de la bouche et du bord.

Nous avons cru d'abord que cet exemplaire était un jeune du *Discoïdea Forgemolli*; car, à cet âge, il n'est pas toujours facile de distinguer les deux espèces. Un examen attentif nous a prouvé qu'il appartient bien au *D. subuculus*. La forme est plus élevée qu'elle ne l'est généralement dans les individus du même âge de l'espèce similaire; et surtout l'appareil apical n'a que quatre plaques perforées, tandis qu'il y en a toujours cinq dans le *D. Forgemolli*.

LOCALITÉ. — Les deux exemplaires en question ont été recueillis à Aumale. Nicaise signale aussi cette espèce à Berouaguiah et à Sour Djouab. Nous n'avons pas vu les exemplaires provenant de ces localités. — Etage cénomanien.

Collection Coquand.

Discoidea Jullieni, Peron et Gauthier, 1879.
Pl. XI, fig. 9-13.

Diamètre antéro-postérieur.	24 millim.
Hauteur.	15

Espèce de moyenne taille, épaisse, hémisphérique, avec le sommet légèrement conique. Ambitus complètement arrondi et pulviné, non subcaréné comme dans les autres espèces du genre. Dessous en partie déformé dans notre exemplaire : il était probablement plat avec une légère dépression au milieu.

Appareil apical peu développé, en forme de petit bouton, composé de cinq plaques génitales toutes perforées et de cinq plaques ocellaires très-petites. L'ensemble de l'appareil est granuleux, et l'espace occupé par le corps madréporiforme n'est pas considérable.

Aires ambulacraires assez étroites, surtout près du sommet et à la face inférieure, portant deux rangées externes de tubercules peu développés et espacés, et deux rangées internes moins régulières. Le nombre des tubercules augmente à la face inférieure. Pores petits, par simples paires directement superposées.

Interambulacres larges, portant dix rangées de tubercules semblables à ceux des aires ambulacraires ; plaques coronales médiocrement élevées, et correspondant à trois plaquettes et demie de la zone porifère.

Péristome central, petit, peu visible dans l'exemplaire que nous étudions.

Périprocte assez large et court, situé à peu près à moitié de l'espace qui sépare le bord postérieur de la bouche. Ces derniers caractères sont, du reste, peu certains, le test étant mal conservé à la face inférieure.

Granulation extrêmement fine : il n'y a pas de granules nettement formés, sauf de rares exceptions ; la surface paraît, à la loupe, comme vermiculée, et lisse à l'œil nu.

Rapports et différences. — On ne peut guère comparer cette espèce qu'avec les jeunes du *Disc. cylindrica*, et elle s'en sépare tout d'abord par des caractères importants : le pourtour très-épais et arrondi lui donne l'aspect d'un échinide endocycle, tandis que le bord est toujours un peu tranchant dans le *Dis. cylindrica;* l'appareil apical porte cinq plaques oviducales perforées dans le *Disc. Jullieni*, quand il n'y en a que quatre dans l'autre espèce, et de plus ces plaques paraissent seulement granuleuses, et ne sont pas toutes d'apparence spongieuse, comme cela a lieu dans les exemplaires bien conservés du *Disc. cylindrica*. Dans les ambulacres trois plaquettes et demie correspondent à une plaque interambulacraire ; il y en a une de plus dans l'autre espèce. L'ornementation est aussi tout autre. En présence de différences si tranchées, nous n'hésitons pas à créer une nouvelle coupe spécifique, malgré l'insuffisance de nos matériaux. Nous n'avons entre les mains qu'un seul exemplaire du *Disc. Jullieni :* il a été recueilli par M. Jullien, à qui nous nous faisons un plaisir de dédier l'espèce.

Localité. — Batna. — Etage cénomanien.

Collection Jullien.

Explication des Figures. — Pl. XI, fig. 9, *Discoidea Jullieni*, vu de côté ; fig. 10, face sup. ; fig. 11, face inf. ; fig. 12, plaques ambulacraires et interambulacraires grossies ; fig. 13, aire ambulacraire impaire et appareil grossis.

Holectypus excisus, Cotteau, 1861.

Holectypus excisus, Brossard, *Essai sur la const. géol. de la subdiv. de Sétif*, p. 227, 1867.

— — Peron, *Bullet. de la Soc. géol.*, t. XXVII, p. 599, 1870.

L'un de nous a donné dans la *Paléontologie française* (1) une description détaillée de l'*Hol. excisus;* ce qui nous permettra d'en parler brièvement ici, nos exemplaires ne différant pas du type européen.

Comme ceux qu'on a recueillis dans la Charente et dans la

(1) Cotteau, *Pal. franç.*, t. VII, terr. crétacés, p. 51.

Sarthe, ils ont une forme subcirculaire, à face supérieure convexe, un peu déprimée, à face inférieure renflée sur les bords, ordinairement creusée au milieu.

Les ambulacres sont à fleur du test à la partie supérieure, mais un peu renflés en dessous, et les zones porifères sont composées de pores obliques, serrés et très petits, surtout près du sommet. Le péristome est subcirculaire, légèrement elliptique, marqué de fortes entailles. Les dimensions habituellement si considérables du périprocte sont sujettes à de grandes variations. Dans quelques individus l'extrémité supérieure de l'ouverture anale remonte jusqu'au tiers de l'interambulacre postérieur, et même plus haut encore; mais dans le plus grand nombre elle s'arrête plus bas et parfois même dépasse à peine l'ambitus. On trouve d'ailleurs tous les degrés intermédiaires entre les deux dimensions extrêmes. Dans un de nos exemplaires provenant de Batna, le périprocte. qui remonte très-haut, est terminé par une plaque triangulaire, ordinairement caduque, de sorte que l'extrémité supérieure est carrée au lieu d'être acuminée.

Les tubercules forment des rangées verticales dont le nombre diffère selon la taille des individus ; ils deviennent plus gros en dessous, où ils affectent une disposition concentrique bien évidente. Les granules sont abondants, serrés, homogènes, formant des séries linéaires.

Localité. — L'*Holectypus excisus* est abondant en Algérie. On le rencontre communément à Bou-Saada dans les couches moyennes et supérieures du cénomanien, et il en est de même au Bou-Khaïl, où M. le Mesle en a recueilli de nombreux exemplaires, malheureusement mal conservés pour la plupart. On le trouve encore sur le chemin d'Aïn-Ougrab, au sud de Bou-Saada, sur les rives de l'Oued-Oulguimen ; dans le massif du Bou Thaleb, auprès du petit lac salé d'Aïn-Baïra. Il est beaucoup plus rare à Batna, où il a été néanmoins recueilli par nous et par MM. Jullien et le Mesle; et enfin nous en possédons un exemplaire de Beccaria, sur la frontière de la Tunisie. M. Louis Lartet a rencontré cette même espèce à Aïn-Musa, en Palestine, où elle est associée comme en Algérie, à l'*Heterodiadema Libycum* et à l'*Hemiaster Batnensis*.

Collections Peron, Gauthier, Cotteau, le Mesle, Jullien, Coquand, de Loriol.

Holectypus Cenomanensis, Guéranger, 1859.

Espèce d'assez grande taille, subcirculaire, souvent subpentagonale, à face supérieure régulièrement conique, à bords un peu renflés. Face inférieure plane, ordinairement peu creusée autour du péristome.

Appareil apical petit, pentagonal, montrant cinq plaques oviducales perforées. Le corps madréporiforme occupe entièrement le centre.

Ambulacres assez larges. Pores petits et obliques, disposés par simples paires, très-rapprochées en dessus, plus distantes en dessous. Les aires ambulacraires portent à l'ambitus six rangées de tubercules, qui se réduisent à deux vers le sommet.

Aires interambulacraires garnies à l'ambitus d'environ douze rangées de tubercules qui diminuent de volume et de nombre à la face supérieure, mais qui deviennent plus gros en dessous ; ils sont alors plus espacés et semblent disposés sans ordre.

Péristome de taille médiocre, subcirculaire, dans une dépression plus ou moins sensible, très visiblement entaillé.

Périprocte grand, acuminé aux deux extrémités, occupant tout l'espace compris entre le péristome et le bord.

Nous avons soigneusement comparé nos exemplaires algériens avec de bons types provenant de la Sarthe, et nous n'y avons point constaté de différences importantes. Les quelques variations que nous avons observées sont individuelles et n'ont pas de valeur spécifique. Ainsi, dans quelques individus les tubercules paraissent un peu plus accentués, ou bien la face inférieure un peu plus creusée. Une variété de grande taille, recueillie au bordj du scheik Messaoud et à Aïn-Baïra, se fait remarquer par son bord plus épais et plus arrondi, par sa face supérieure moins conique. Nous ne pouvons pas cependant séparer spécifiquement ces exemplaires, car tous les autres détails sont identiques au type. D'ailleurs les exemplaires de la Sarthe ne sont pas tous uniformes, et il en est de sensiblement plus renflés sur les bords.

Nos échantillons algériens atteignent une taille bien supérieure à celle des individus figurés dans les *Echinides de la Sarthe* (1). Nous en avons qui mesurent 45 millimètres de diamètre, tandis que le type des figures citées ne dépasse pas 31 millimètres.

Localité. — L'*Holectypus Cenomanensis* est abondant à Bou-Saada, mais rarement en bon état. On l'y rencontre à peu près dans toutes les zones de l'étage cénomanien. On le trouve aussi au bordj du scheik Messaoud, à Aïn Baïra et dans le Bou-Thaleb. Il y est assez commun (2).

Collections Peron, Gauthier, Cotteau, le Mesle, de Loriol.

Holectypus Chauveneti, Peron et Gauthier, 1879.

Pl. XII, fig. 3-6.

Diamètre antéro-postérieur.	18 millim.
Hauteur	8

Espèce de taille médiocre, arrondie au pourtour, assez épaisse sur les bords, déprimée et régulièrement convexe en dessus. Dessous plat, sauf une légère saillie des aires ambulacraires, et une dépression sensible au centre.

Appareil apical assez grand, pentagonal, muni de cinq pores génitaux. La plaque madréporiforme, saillante et large, occupe presque le centre de l'appareil.

(1) Cotteau, *Echin. de la Sarthe*, pl. XXX, fig. 5-18, et *Paléont. franç.*, terrains crét., t. VII., pl. 1016.

(2) Nous sommes portés à croire que c'est à cette même espèce qu'appartiennent les individus recueillis en Syrie par M. L. Lartet, et attribués à l'*Hol. serialis*. Nous avons examiné avec soin au Muséum l'exemplaire catalogué 249-23, et qui est le type dessiné dans la planche XIII, fig. 20 de l'ouvrage de M. Lartet, ainsi qu'un autre portant le numéro 301. Ils nous ont paru bien semblables à ceux de Bou Saada. Ce qui est certain, c'est que l'*Hol. serialis* ne se rencontre jamais en Algérie à l'horizon où le cite M. Lartet en Palestine, horizon qui est notre étage cénomanien.

Aires ambulacraires légèrement renflées, assez étroites, même à l'ambitus, Pores petits, ronds, réunis obliquement par simples paires. Ils sont séparés entre eux par un renflement granuliforme.

Péristome de taille moyenne, circulaire, portant dix entailles bien marquées. Il est situé dans une dépression assez profonde du test.

Périprocte très petit, bien plus rapproché du bord postérieur que du péristome, acuminé du côté du bord, arrondi de l'autre.

Tubercules très petits partout, un peu plus gros cependant à l'ambitus et à la face inférieure où ils sont scrobiculés, tandis qu'on ne distingue pas de scrobicules à la face supérieure. Ils forment huit à dix rangées à la partie la plus large de l'aire interambulacraire; mais deux seulement parviennent jusqu'au sommet. Granules serrés, abondants, inégaux, ne se confondant pas avec les tubercules, et se dessinant en cordons plus ou moins réguliers.

Les plaques coronales de l'interambulacre sont assez hautes, et correspondent à peu près à quatre plaquettes ambulacraires.

Rapports et différences. — En raison de la petitesse de son périprocte, cette espèce se rapproche du genre *Discoïdea*, et à vrai dire, comme nous n'avons pas pu constater si les cloisons intérieures du pourtour existent ou n'existent pas, il ne serait pas impossible qu'elle appartînt à ce genre. Toutefois la physionomie générale, la grande dépression du test, tout-à-fait insolite chez les *Discoïdea*, nous ont engagé à ranger cet oursin parmi les *Holectypus*.

C'est au Djebel-Iche-Ali, près de Batna, que l'un de nous a recueilli cette espèce, dans les couches cénomaniennes à *Heterod. Libycum*. Il nous paraît vraisemblable qu'on a pu la confondre avec l'*Hol. serialis*, ce qui a contribué à accréditer cette opinion que les couches santoniennes du Tamarin (Mezab-el-Messaï) à *Hem. Fourneli*, *Cyphosoma Marcsi*, *Hol. serialis*, sont synchroniques des couches cénomaniennes de Batna.

Il y a, en effet, une certaine ressemblance d'aspect général et de taille entre l'*Hol. Chauveneti* et l'*Hol. serialis*, si commun au Tamarin ; mais cette ressemblance est toute superficielle, et les différences considérables qui existent dans la grandeur et la position du périprocte, dans la face supérieure non conique, dans la forme ronde et non polygonale, dans les tubercules moins nombreux, non scrobiculés en dessus, dans les granules non sériés, ne permettent pas de réunir spécifiquement les deux types.

M. Coquand nous a communiqué, sous le nom d'*Hol. anisopoda*, un exemplaire provenant de Batna, qui paraît être le même que celui que nous venons de décrire. Il est un peu usé, et les tubercules sont un peu moins accentués. Le dessous du reste est très mauvais, et le périprocte gratté et déformé ne permet pas de reconnaître le caractère essentiel de notre espèce. Nous laissons donc à celle-ci le nom que l'un de nous lui a donné, depuis dix ans, dans sa collection, et qui est celui d'un officier de mérite, zélé compagnon de ses excursions géologiques.

Localité. — Batna, Djebel-Iche-Ali. — Très rare.

Collection Peron.

Explication des Figures. — Pl. XIII, fig. 3, *Holectypus Chauveneti*, vu de côté ; fig. 4, face sup. ; fig. 5, face inf. ; fig. 6, plaques ambulacraires et interambulacraires grossies.

Résumé sur les Holectypus.

Dans l'étude que nous venons de faire sur quelques espèces du genre *Holectypus*, nous avons à signaler la même localisation que nous avons déjà fait remarquer pour d'autres genres. Les trois espèces que nous connaissons sont toutes spéciales aux gisements du sud. La bande cénomanienne du Nord n'en possède jusqu'ici aucun individu. Sur ces trois espèces, deux se retrouvent en France dans les grès du Maine ; ce sont les *Hol. Cenomanensis* et *excisus* ; la troisième est nouvelle et n'a encore été rencontrée qu'à Batna, où elle paraît rare. Les deux premières espèces sont très abondantes dans les hauts plateaux de de la province d'Alger ; la deuxième seule persiste dans l'est de nos possessions où on la recontre encore à Batna avec l'*Hol.*

Chauveneti et à Beccaria. Nous pensons que ces deux premières espèces existent en Palestine, où elles se retrouvent avec le même cortége de fossiles. Comme nous l'avons déjà dit, c'est très vraisemblablement à l'*Hol. Cenomanensis* que doivent être attribués les individus de Waddy Mojib et d'Aïn-Musa, qui ont été rapportés autrefois à l'*Hol. serialis* par l'un de nous. Ces exemplaires sont médiocrement conservés, ce qui a pu induire en erreur ; mais les espèces qui les accompagnent, *Ostrea Olisoponensis, O. Delettrei, O. flabella, Goniopygus Menardi*, etc., etc. sont absolument les mêmes qui, partout, accompagnent les *Hol. excisus* et *Cenomanensis* et non pas l'*H. serialis.*

ANORTHOPYGUS ORBICULARIS, Cotteau, 1859.

Nous déterminons ainsi, non sans réserves, un oursin recueilli à Batna par M. Jullien. Cet oursin est incomplet et mal conservé, et il n'est pas possible d'y distinguer l'emplacement et la forme du périprocte, caractères principaux du genre *Anorthopygus*. Mais l'ensemble des caractères visibles nous donne de grandes présomptions en faveur de la détermination que nous adoptons.

Forme circulaire, très surbaissée. Ambulacres saillants ; tubercules égaux, espacés, répartis également sur toute la surface du test ; péristome arrondi, central, de médiocre grandeur ; périprocte évidemment supra marginal, puisqu'il n'y en a pas trace à la partie inférieure ; tous ces caractères sont ceux de l'*Anorthopygus orbicularis.*

Nous espérons que de nouvelles découvertes nous permettront bientôt de préciser plus sûrement la détermination de cette intéressante espèce.

LOCALITÉ. — Batna. — Étage cénomanien.

Collection Jullien.

CIDARIS VESICULOSA, Goldfuss, 1826.

Individu de taille moyenne, renflé, subcirculaire, déprimé également en dessus et en dessous.

Zones porifères étroites et déprimées, composées de pores petits et ronds, séparés par un renflement granuliforme. Aires ambulacraires onduleuses, à suture médiane bien marquée. Le milieu de l'aire présente à l'ambitus six rangées de granules, qui se réduisent à quatre à la partie supérieure.

Aires interambulacraires larges, portant deux rangées de tubercules assez distants l'un de l'autre, au nombre de quatre par rangée. Ils sont perforés, non crénelés, à l'exception d'un seul qui, placé au-dessus de l'ambitus, est marqué de crénelures très nettement accusées, mais seulement sur le côté qui regarde le sommet. Le tubercule le plus rapproché de l'appareil apical est atrophié dans toutes les aires : il est alors dépourvu de mamelon, aplati, sans scrobicule, entouré seulement d'un cercle de granules à peine distincts des autres. Dans une des aires, les deux tubercules offrent cet aspect. Les autres sont scrobiculés, entourés d'un cercle de granules assez gros relativement. Une large bande granuleuse sépare les scrobicules. Zone miliaire peu élargie et couverte de granules homogènes.

Péristome subcirculaire. L'empreinte laissée par l'appareil apical est à peu près de même grandeur et également subcirculaire.

Nous ne possédons qu'un seul exemplaire de cette espèce. La rareté des tubercules interambulacraires, leur état atrophié à la partie supérieure, les six rangées de granules ambulacraires réduites à quatre en haut et en bas, sont bien les caractères distinctifs du *Cidaris vesiculosa*. Il y a toutefois un détail par lequel notre exemplaire diffère du plus grand nombre de ceux qu'on a rapportés à cette espèce ; la zone miliaire est peu développée, les gros tubercules ne laissant au milieu de l'aire qu'un espace restreint. Nous ne croyons pas néanmoins que cette différence suffise pour le séparer du type auquel nous l'avons assimilé. Nous avons trouvé en effet dans les exemplaires européens des variations assez sensibles sous ce rapport ; et même un des individus dessinés dans la *Paléontologie française* (1) montre une zone miliaire aussi étroite que celui que nous décrivons ici.

(1) Terrains crétacés, t. VII, pl. 1029, fig. 8-19.

Localité. — Aumale (Oued Moudjiana). — Très rare. Etage cénomanien.

Collection Peron.

Cidaris atropha, Peron et Gauthier, 1879.

Pl. XII, fig. 7-12.

Nous désignons sous ce nom un exemplaire mal conservé que nous ne pouvons rapporter à aucune espèce connue. Il est de petite taille, subcirculaire, pulviné à la face inférieure. Les zones porifères sont formées de pores assez distants l'un de l'autre dans chaque paire, presque comme dans les *Rhabdocidaris;* mais ils ne sont point réunis par un sillon ; ils sont même séparés par un léger renflement. Les aires ambulacraires sont à peu près droites, probablement un peu sinueuses à la partie supérieure qui manque dans notre exemplaire, fortement renflées à l'ambitus. Les granules ne nous semblent pas former plus de quatre rangées verticales, à peu près égales entre elles.

Les aires interambulacraires portent deux rangées de tubercules perforés, non crénelés, serrés l'un contre l'autre, au nombre de sept au moins par rangée. Les cinq inférieurs sont mamelonnés, entourés d'un scrobicule elliptique et d'un cercle incomplet de granules, les tubercules se touchant presque. Au-dessus du cinquième, ils sont atrophiés et sans scrobicules. La zone miliaire est peu élargie.

Il est regrettable que nous ne possédions pas un exemplaire plus complet. L'atrophie des tubercules supérieurs semble rapprocher notre espèce du *Cid. vesiculosa;* mais elle s'en distingue facilement par ses tubercules nombreux à la face inférieure, serrés les uns contre les autres, par ses aires ambulacraires renflées, garnies de quatre rangées de granules presqu'égaux, par ses zones porifères élargies. Nous avons essayé, à cause du grand nombre des tubercules, de comparer aussi le *Cid. atropha* au *Cid. Rhotomagensis* Cotteau et au *Cid. insignis* A. Gras; mais la taille est d'abord bien plus petite, moins élevée ; la zone miliaire, les ambulacres sont différents. Nous avons donc dû, pour utiliser tous nos matériaux, faire une espèce nouvelle, bien qu'avec un exemplaire insuffisant, espérant que nous pourrions quelque jour en donner une description plus complète.

Localité. — Bou-Saada. Zone à *Echinobrissus rotundus*, étage cénomanien. Très rare.

Collection Peron.

Explication des Figures. — Pl. XII, fig. 7, *Cidaris atropha*, vu de côté; fig. 8, face sup.; fig. 9, face inf.; fig. 10 et 11, portions des aires ambulacraires grossies; — fig. 12, aire interambulacraire grossie.

Cidaris angulata, Peron et Gauthier, 1879.

Pl. XII, fig. 13-16.

Dimensions : le plus long fragment	25 millim,
Epaisseur	2

Test inconnu.

Radiole grêle, long, présentant constamment trois arêtes qui divisent la surface du radiole en trois parties habituellement inégales. L'une de ces parties, la plus grande, est un peu arrondie, et, dans toute sa longueur, est couverte de stries formées par des lignes de très petits granules mousses, quelquefois distincts, souvent confondus. Les deux autres faces sont plates et portent également des séries longitudinales de granules émoussés, mais plus gros et plus irréguliers. Les arêtes sont saillantes, dentelées comme une scie. Le corps du radiole s'amincit à l'extrémité externe, sans cesser d'être triangulaire, et se termine par une pointe aplatie et assez mal définie. Bouton médiocrement saillant; facette articulaire lisse. Collerette à peine resserrée, peu étendue, couverte de stries longitudinales très fines. Sur presque tous les exemplaires, la collerette montre un anneau, large de près d'un millimètre, plus blanc que le reste du radiole.

Rapports et différences. — Nous ne connaissons aucune espèce crétacée à laquelle nous puissions rapporter le *Cidaris angulata*. Quelques-unes, le *Cid. serrata*, le *Cid. perornata*, ont bien la tige grêle et allongée de notre espèce; mais celle-ci s'en distingue bien facilement par sa forme triangulaire aux arêtes saillantes et acérées, et par les trois parties différentes de sa circonférence. Quelques radioles du *Cid. vesiculosa* pourraient lui être comparés ; mais ils sont exceptionnels et rares, et ne rappellent que de loin la forme parfaitement constante de l'espèce qui nous occupe.

Localité. — Bou-Saada. Cénomanien ; couche à *Pseudodiadema macilentum*. Cette couche est voisine de celle où a été recueilli le *Cid. atropha* ; mais nous n'avons aucune preuve que ce test et les radioles appartiennent à la même espèce.

Collections Peron, Gauthier, Cotteau.

Explication des Figures. — Pl. XII, fig. 13, radiole du *Cidaris angulata* ; fig. 14, le même grossi ; fig. 15, autre radiole ; fig. 16, le même grossi.

Cidaris Cenomanensis, Cotteau, 1865.

Nous rapportons à cette espèce quelques fragments recueillis à Bou Saada, mais sans pouvoir affirmer catégoriquement cette assimilation, vu l'insuffisance de nos matériaux. Les zones porifères sont déprimées, très flexueuses, composées de pores arrondis et séparés par un renflement granuliforme. L'aire ambulacraire est étroite et également très flexueuse. Elle porte quatre rangées de granules dont les deux externes sont plus accentuées et plus régulières. On remarque encore çà et là quelques verrues au milieu des granules. Les rares tubercules interambulacraires qui sont conservés sont entourés d'un scrobicule circulaire, peu déprimé, avec cercle complet de granules. Le mamelon est relativement assez gros, sans crénelures. Il ne nous a pas été possible de voir d'autres détails ; nous ne pouvons donc pas être bien certains du rapprochement que nous faisons, quoique tous les caractères connus le corroborent parfaitement.

Localité. — Bou-Saada. Cénomanien moyen.

Collection Peron.

Rhabdocidaris Pouyannei, Cotteau, 1863.

Rhabdocidaris Pouyannei, Cotteau, *Paléontologie française*, terr. crét., t. VIII, p. 346, pl. 1083, fig. 1-7, 1863.

Espèce de forme circulaire, assez grande, haute, renflée, à peu près également aplatie en dessus et en dessous.

Zones porifères non déprimées, à peine flexueuses, composées de pores arrondis, légèrement ovales, unis par un sillon, chaque paire séparée en outre par un bourrelet transversal. Aires ambulacraires relativement assez larges, subflexueuses, non déprimées, garnies de deux rangées régulières de petits granules serrés, égaux, mamelonnés, placés au bord des zones porifères, et en outre de granules beaucoup plus petits, abondants, homogènes, épars, remplissant l'espace intermédiaire.

Tubercules interambulacraires assez fortement développés, médiocrement saillants, surmontés d'un mamelon petit et perforé, au nombre de huit par série. Les tubercules sont ordinairement lisses ; cependant quelques-uns d'entre eux, aux approches de l'appareil apical, présentent des traces apparentes de crénelures. Scrobicules circulaires et espacés à la face supérieure, subelliptiques et plus serrés au-dessus de l'ambitus, médiocrement déprimés, entourés d'un cercle régulier de petits granules égaux, finement mamelonnés, un peu plus apparents que ceux qui occupent la zone miliaire. Près du sommet, les derniers tubercules se réduisent à de petits mamelons perforés et presque entièrement dépourvus de scrobicules. Zone miliaire large, non déprimée, couverte de granules abondants, fins, saillants, homogènes, disposés sans ordre, prenant quelquefois une forme oblongue vers la suture des plaques.

Péristome petit, à fleur du test, subpentagonal.

Appareil apical inconnu : l'empreinte est un peu plus grande que le péristome et subcirculaire.

Le *Rhabdocidaris Pouyannei* présente quelques variations. Dans les exemplaires recueillis à Moghrar Tahtania, la hauteur varie d'une manière assez sensible, et les plaques ambulacraires sont tantôt allongées et subflexueuses, tantôt moins longues et presque droites. M. Jullien a recueilli à Batna un exemplaire fort mal conservé, mais qui nous paraît bien appartenir à cette espèce. C'est la même largeur d'ambulacres, la même granulation de la zone miliaire. Un autre individu, recueilli dans la même localité par M. Papier, nous paraît devoir être également rapporté à ce type, quoiqu'il offre des différences un peu plus considérables.

Les aires ambulacraires sont un peu plus sinueuses et plus étroites, les granules intermédiaires paraissent moins nombreux. La zone miliaire est moins développée, bien que la granulation ait la même physionomie. Cet exemplaire d'ailleurs est de plus petite taille et nous n'en voyons que la face inférieure. Nous ferons observer en outre que, l'espèce n'étant connue jusqu'ici que par deux individus complets et des fragments, on ne peut apprécier sûrement l'étendue des variations qu'elle a pu subir ; et malgré quelques caractères dont l'identité semble contestable, il nous paraît plus facile de réunir au *Rh. Pouyannei* l'échantillon recueilli par M. Papier que de l'en séparer.

LOCALITÉ. — Le *Rhabd. Pouyannei* a été recueilli par M. Dastugue à l'oasis de Moghrar Tahtania, sur la rive orientale de l'Oued Namous, au sud du département d'Oran, au milieu de couches renfermant aussi l'*Heterodiadema Libycum*. Le gisement précis de l'espèce à Batna ne nous est pas connu. Il pourrait se faire qu'elle appartînt à l'étage turonien, car nous rapportons à cette époque la plupart des couches voisines de l'Abattoir, où M. Papier a trouvé son exemplaire. Néanmoins, à cause de la présence simultanée de l'*Heterod. Libycum* à Moghrar Tahtania, nous croyons l'espèce cénomanienne.

Collections Cotteau, Jullien, Papier.

SALENIA CLAVATA, Peron et Gauthier, 1878.

Pl. XIII, fig. 1-6.

Dimensions :	Diamètre	15 millim.
	Hauteur	9
	Diamètre du péristome.	7.5

Espèce de forme arrondie, de hauteur moyenne, hémisphérique et légèrement déprimée à la face supérieure, à peu près plate en dessous.

Appareil apical relativement peu étendu. Il est composé de cinq plaques ocellaires, granuleuses, irrégulièrement triangulaires, et de cinq plaques génitales bien plus grandes, pentagonales. Une plaque supplémentaire occupe le centre de l'appareil, et rejette en arrière et à droite le périprocte qui l'échancre assez sensiblement. Tout l'appareil paraît couvert de petits granules, et les impressions suturales sont peu sensibles. Nous ne pouvons du reste rien affirmer de très précis à ce sujet, notre unique exemplaire n'étant que d'une conservation médiocre.

Zones porifères déprimées, onduleuses, formées de pores se superposant par simples paires, très petits et serrés, paraissant à peine s'écarter de la ligne droite sur les bords du péristome. Aires ambulacraires très étroites, sinueuses. Les granules sont très peu développés et forment deux rangées rapprochées l'une de l'autre au point que, même à l'ambitus, elles n'occcupent pas plus d'un demi-millimètre en largeur. On distingue néanmoins, avec une bonne loupe, quelques granules intermédiaires.

Aires interambulacraires assez larges, portant de gros tubercules crénelés, imperforés, au nombre de quatre ou cinq dans chacune des deux rangées. Ces tubercules larges à la base, fortement scrobiculés, couvrent l'aire presque entière ; la zone miliaire est réduite à deux très étroites rangées de petits granules homogènes. Une simple rangée de granules sépare aussi les scrobicules.

Périprocte assez grand, ovale, compris, comme nous l'avons dit, dans l'appareil apical et rejeté à droite de l'axe antéro-postérieur.

Péristome grand, subcirculaire, très visiblement échancré.

Rapports et différences. — Le *Salenia clavata* se distingue de toutes les espèces connues par ses aires ambulacraires à granules extrêmement petits et serrés, par les larges tubercules des aires interambulacraires et l'absence à peu près complète de zone miliaire. La seule espèce qui puisse lui être comparée est le *Salenia rugosa* d'Archiac, qui a aussi les ambulacres très étroits et garnis de fins granules. Dans notre espèce les aires ambulacraires sont un peu moins droites, les granules n'augmentent point de volume à la face inférieure, la zone miliaire est moins large. L'appareil apical est moins pentagonal, moins étendu, et les impressions suturales sont beaucoup moins marquées.

Toutefois, comme nous ne possédons qu'un exemplaire, et que

le *Salenia rugosa* n'est lui-même représenté que par un peti nombre d'individus (deux seulement en France) qui offrent déjà entre eux quelques différences sensibles, il peut se faire que notre espèce algérienne ne soit qu'une variété, que des intermédiaires permettront de réunir un jour au type de d'Archiac. La plupart des *Salenia* présentent, en effet, des variations assez nombreuses dans chaque groupe spécifique, et il est possible que le *Sal. rugosa* embrasse quelques variétés auxquelles se rapporterait notre exemplaire. Dans l'état actuel de nos connaissances, il ne nous paraît pas possible de ne pas tenir compte des différences qui existent et nous avons cru devoir désigner notre *Salenia* sous un nom spécifique nouveau.

Localité. — Bou-Saada. Etage cénomanien. Zone supérieure à *Pedinopsis Desori*.

Collection Peron.

Explication des Figures. — Pl. XIII, fig. 1, *Salenia clavata*, vu de côté ; fig. 2, face sup. ; fig. 3, face inf. ; fig. 4, aire ambulacraire grossie ; fig. 5, aire interambulacraire grossie ; fig. 6, appareil apical grossi.

Salenia Batnensis, Peron et Gauthier, 1879.

Pl. XIII, fig. 7-13.

Salenia petalifera, Coquand, *Mém. de la Soc. d'émul. de la Provence*, t. II, p. 65, 66 et 299, 1862.

Dimensions :				
Exemplaire très élevé.	Diam. 19 mill.	Haut. 17 mill.	Périst.
Taille ordinaire.	— 17	— 13	— 8 mill.

Espèce d'assez grande taille, de forme généralement élevée, quoique quelques exemplaires soient plus déprimés, circulaire, parfois pentagonale, légèrement aplatie en dessus et en dessous. Les grands exemplaires ont un aspect presque cylindrique.

Appareil apical arrondi, peu étendu, composé de cinq plaques ocellaires petites et subtriangulaires, et de cinq plaques génitales assez irrégulières et granuleuses. La plaque suranale, en forme de croissant, fortement échancrée par le périprocte, ne rejette que légèrement cette ouverture à droite. Les sutures des plaques, peu distinctes elles-mêmes, sont marquées d'impressions profondes, nombreuses, variables, qui s'allongent dans quelques exemplaires et dont les bords forment, en se croisant en différents sens, comme des cloisons géométriquement disposées. Un caractère particulier à cette espèce, c'est de porter sur la plaque antérieure de droite un corps madréporiforme assez grand, spongieux et bien distinct. Ce caractère est beaucoup moins accentué dans la plupart des espèces du genre, au point que tout d'abord on avait cru que les salénies étaient dépourvues de cet organe.

Zones porifères étroites, onduleuses, composées de pores ronds, très petits, disposés par simples paires. Aires ambulacraires déprimées, sinueuses, relativement assez larges. Les granules forment deux rangées légèrement écartées l'une de l'autre et qui ne s'élargissent pas à la face inférieure. Un grand nombre de granules fins, homogènes et disposés sans ordre, remplissent l'intervalle.

Aires interambulacraires médiocrement larges, surtout dans les exemplaires élevés. Elles portent deux rangées de tubercules assez gros, crénelés, imperforés, au nombre de six à sept par série, ou même huit dans les grands individus. Scrobicules entourés d'un cercle complet de granules. Zone miliaire assez large, couverte d'une grande quantité de granules très fins.

Péristome à fleur du test, de médiocre grandeur, subcirculaire, marqué d'entailles profondes.

Périprocte irrégulièrement arrondi, grand, avec bords saillants et formant bourrelet.

Rapports et différences. — M. Coquand a réuni les exemplaires que nous venons de décrire au *Salenia petalifera*; mais des différences très sensibles séparent les deux espèces. La nôtre est bien plus haute en général ; l'appareil apical est beaucoup moins étendu, marqué d'impressions suturales plus profondes, et porte un corps madréporiforme très nettement accusé, tandis qu'il est à peine sensible dans le *Salenia petalifera*. Les tubercules interambulacraires sont plus nombreux, plus gros et plus saillants ; enfin la granulation est toute différente.

Localité. — Le *Salenia Batnensis* est assez abondant à Batna; mais nous ne l'avons recueilli dans aucune autre localité. On le rencontre principalement au sud de la ville, près de la mosquée, dans les ravins du Djebel Iche-Ali, avec l'*Heterodiadema Libycum*. Cénomanien.

Collections Peron, Cotteau, Gauthier, Coquand, Jullien, de Loriol, le Mesle, de la Sorbonne.

Explication des Figures. — Pl, XIII, fig. 7, *Salenia Batnensis*, vu de côté; fig. 8, face sup.; fig. 9, face inf.; fig. 10, autre exemplaire moins élevé, vu de côté; fig. 11, aire ambulacraire grossie; fig. 12, plaques interambulacraires grossies; fig. 13, appareil apical grossi.

Peltastes acanthoides, Agassiz, 1846.

Forme circulaire, peu élevée, arrondie en dessus, plate en dessous.

Appareil apical très fortement pentagonal, à bords onduleux, composé de cinq plaques génitales perforées au milieu, qui pénètrent profondément dans les aires interambulacraires et de cinq plaques ocellaires, très petites, intercalées dans les angles rentrants. La plaque suranale est semi-lunaire. Toutes les sutures sont marquées d'impressions nombreuses.

Zones porifères droites, composées de pores très petits, directement superposés par simples paires. Aires ambulacraires assez étroites, portant deux rangées de granules très fins, entre lesquelles on distingue un grand nombre d'autres granules encore plus fins, et quelques verrues disséminées sans ordre.

Aires interambulacraires assez larges, portant deux rangées principales de tubercules crénelés et imperforés, petits près du péristome, disparaissant aux approches du sommet, au nombre de cinq ou six par rangée. D'assez gros granules occupent le reste de l'aire, ainsi que la zone miliaire qui est large, vu la médiocre dimension des tubercules.

Péristome petit, dans une dépression du test.

Périprocte au milieu de l'appareil apical, rejeté en arrière par la plaque suranale.

Le *Peltastes acanthoïdes* est en France une espèce commune aux trois grands bassins parisien, aquitanien, provencien. Elle se trouve en même temps dans la craie de Rouen et dans les grès du Maine. En Algérie, nous ne connaissons encore que l'exemplaire dont nous venons de parler, qui paraît provenir des couches moyennes du cénomanien. Il est de petite taille, mais il est parfaitement conforme à ceux que l'on recueille en Europe ; et il n'y a d'autre observation à faire que celle de la rareté de cette espèce de l'autre côté de la Méditerranée.

LOCALITÉ. — Aumale. Etage cénomanien, zone à *R. Nicaisei.* Collection Coquand.

PELTASTES CLATHRATUS, Cotteau, 1861 (Agassiz, sp., 1843.)

PELTASTES CLATHRATUS, Coquand, *Mém. de la Soc. d'émul. de la Provence*, t. II, p. 293, 1862.

Il n'a été recueilli jusqu'à ce jour qu'un exemplaire de cette espèce. Il est de taille petite, mais élevée, de forme circulaire, subconique, plate en dessous. L'appareil apical, relativement assez grand, porte de nombreuses impressions suturales, dont les bords en bourrelets se croisent en différents sens, et forment des triangles ou autres figures plus ou moins régulières.

Aires ambulacraires très étroites, subonduleuses ; elles portent deux rangées de granules assez gros, serrés, au milieu desquels se trouvent quelques rares verrues qu'on ne distingue bien qu'à la loupe.

Aires interambulacraires larges, munies de deux rangées de gros tubercules crénelés, imperforés, au nombre de quatre par série. Zone miliaire étroite, couverte de fins granules.

Péristome à fleur du test, marqué d'entailles bien visibles.

Périprocte au milieu de l'appareil apical, dans l'axe antéro-postérieur, mais rejeté en arrière par la plaque suranale.

Il en est du *Peltastes clathratus* comme du *Peltastes acanthoïdes* que nous avons décrit précédemment : l'espèce paraît être très rare en Algérie. Notre exemplaire se rapporte parfaitement dans tous ses détails aux types européens. Il est comme eux de petite taille, et les ornements du disque apical sont ceux qu'on retrouve dans la variété la plus répandue en France.

LOCALITÉ. — Aumale (Oued Moudjiana). Etage cénomanien. Collection Coquand.

GONIOPHORUS LUNULATUS, Agassiz, 1838.

Nous avons entre les mains deux exemplaires de cette espèce, bien différents comme proportions, car, avec un diamètre à peu près égal, l'un n'a guère que sept millimètres de hauteur, tandis que l'autre en a dix.

Nous allons décrire d'abord l'exemplaire le moins élevé, qui se rapproche mieux des figures données dans la *Paléontologie française* (1).

Test circulaire, médiocrement élevé, déprimé à la face supérieure, légèrement concave en dessous.

Appareil apical fort remarquable : il est grand, pentagonal, festonné sur les bords. Les cinq plaques ocellaires assez développées occupent une partie du pourtour et s'intercalent par un côté arrondi dans les angles des plaques génitales. Celles-ci, au nombre de cinq, sont larges, perforées à peu près au milieu, de forme irrégulière Une grande plaque suranale occupe le sommet de l'appareil, et rejette le périprocte en arrière, comme dans les *Peltastes*, sans le faire dévier de l'axe antéro-postérieur. Les plaques qui aboutissent au périprocte ont le bord relevé en bourrelet autour de cette ouverture. D'autres bourrelets couvrent en outre tout l'appareil apical et se croisent en tous sens, d'une manière géométrique en quelque sorte, et formant surtout des losanges. Ces bourrelets sont complétement indépendants des sutures, et c'est souvent à l'intersection de plusieurs d'entre eux que s'ouvre le pore oviducal. Le madréporide, peu développé, d'apparence spongieuse, occupe la place ordinaire.

Zones porifères légèrement onduleuses, très étroites, composées de pores arrondis et obliques, disposés par simples paires et

(1) Terrains crétacés, t. VII, pl. 1029, fig. 8-19.

se multipliant autour du péristome. Aires ambulacraires étroites, flexueuses, portant deux rangées de petits granules très serrés. A la face inférieure et à l'ambitus, les aires offrent en outre de petites fossettes, très rapprochées des zones porifères, et dans lesquelles se trouvent deux pores supplémentaires microscopiques.

Aires interambulacraires larges, portant deux rangées de gros tubercules crénelés et imperforés, au nombre de six par série, mais dont trois seulement atteignent une grande taille. Entre les deux rangées court verticalement une double ligne de granules; d'autres s'étendent aussi autour des plus gros tubercules.

Péristome dans une légère dépression du test, subcirculaire, marqué de dix entailles.

Périprocte en forme de losange, assez grand, situé au milieu de l'appareil apical, mais rejeté un peu en arrière par la plaque suranale.

L'exemplaire plus élevé doit à sa grande hauteur une physionomie particulière, et à première vue on serait tenté d'en faire une espèce à part. L'appareil apical est conique, mais les détails sont les mêmes que dans l'autre individu; le périprocte offre moins régulièrement la forme d'un losange. Le nombre des tubercules interambulacraires n'est pas augmenté; seulement, l'espace étant plus grand, ces tubercules sont plus éloignés et entourés d'un cercle de granules plus complet. Leur base porte en outre des radiations plus visibles. Les fossettes qui, à la partie inférieure de l'aire ambulacraire, contiennent les petits pores caractéristiques du genre sont très difficiles à distinguer. Tous les autres détails sont identiques à ceux que nous venons de décrire. Nous ne croyons donc pas pouvoir séparer spécifiquement ce second exemplaire, qui, de plus, a été recueilli dans la même localité que le premier. La principale divergence serait la plus grande hauteur, et nous savons trop combien ce caractère est variable pour en faire la base d'une espèce nouvelle, représentée par un seul individu.

Comparé aux exemplaires européens, celui que nous avons

décrit en premier lieu n'offre aucune différence appréciable, sauf peut-être dans la forme du périprocte qui paraît un peu plus anguleux. L'autre exemplaire se rapproche beaucoup de la fig. 11 de la *Paléontologie;* il a à peu près la même hauteur, mais le diamètre est moins considérable.

LOCALITÉ. — Aumale (El Moudjiana). Etage cénomanien ; zone à *Radiolites Nicaisei.*

Collections Peron, Coquand.

HEMICIDARIS BATNENSIS, Cotteau, 1867.

Pl. XIII, fig. 14.

HEMICIDARIS BATNENSIS, Cotteau, *Echinides nouveaux ou peu connus*, p. 128, pl. XVII, fig. 8-9, 1867.

L'exemplaire que nous allons décrire n'est pas celui qui a servi de type à la première description donnée par l'un de nous ; ils se compléteront ainsi mutuellement.

Forme circulaire, déprimée en dessus et en dessous, assez épaisse. Appareil apical très étendu. Les cinq plaques génitales sont d'assez grande taille, pentagonales, terminées en fer de lance, et pénètrent profondément dans l'aire interambulacraire. Elles sont perforées au milieu ; toutes sont granuleuses, et la plaque antérieure de droite porte le corps madréporiforme, d'apparence spongieuse, et placé entre le pore oviducal et le périprocte. Les cinq plaques ocellaires, assez grandes également, presque quadrangulaires, s'intercalent entre les plaques génitales qu'elles séparent complétement.

Aires ambulacraires assez étroites au sommet, s'élargissant à l'ambitus où elles sont un peu sinueuses. Elles portent à partir du péristome deux séries de tubercules beaucoup moins gros que ceux des aires interambulacraires et qui vont s'agrandissant régulièrement. Chaque série en compte de dix à onze. Au-dessus de l'ambitus, ils diminuent tout-à-coup de volume, et sont remplacés par de simples granules. Zones porifères étroites, à fleur du test, droites près du sommet, onduleuses à l'endroit où commencent les gros tubercules.

Aires interambulacraires larges, portant deux rangées de tubercules crénelés et perforés, peu développés près du péristome, augmentant considérablement de volume au pourtour, pour diminuer de nouveau près du sommet. Ils sont au nombre de dix à onze par série. Zone miliaire assez large, couverte d'un grand nombre de granules irréguliers. Les plaques supérieures de l'aire sont fortement disjointes par la plaque génitale qui, comme nous l'avons dit, pénètre dans l'interambulacre et rejette à droite et à gauche, en les déformant un peu, les plaques voisines du sommet.

Péristome grand, très enfoncé, marqué de dix entailles assez sensibles.

Périprocte ovale régulièrement, très grand, entouré par les dix plaques de l'appareil apical.

Observation. — La disposition des plaques de l'appareil apical, dans l'*Hemicidaris Batnensis*, est fort remarquable. Non-seulement, comme nous l'avons signalé, les plaques génitales s'enfoncent assez profondément dans l'aire interambulacraire, mais elles sont complétement séparées l'une de l'autre par les plaques ocellaires, dont le bord fait ainsi partie du pourtour du périprocte. Ce caractère, bien qu'indiqué dans quelques espèces du genre, n'existe dans aucune à un tel degré. Il est même assez rare dans les autres échinides fossiles; on ne le trouve guère que dans les *Glyphocyphus*, dont les plaques génitales ont d'ailleurs une forme toute différente, et dans quelques *Stomechinus*, dont l'appareil est annulaire. Nous croyons devoir insister davantage sur ce fait parce que l'*Hemicid. Batnensis* est, dans l'état actuel des connaissances paléontologiques, le dernier représentant authentique du genre *Hemicidaris*. Les terrains crétacés inférieurs en renferment encore quelques rares espèces, et nous-même avons décrit l'*Hemicid. Meslei* dans le Néocomien de l'Algérie; mais dans la craie moyenne on n'en a jamais rencontré d'autre exemple. Il est donc intéressant de constater que cette espèce ainsi dépaysée présente, au moment de la disparition complète du genre, un caractère qui est toujours moins accentué dans ses congénères antérieurs, rare ou partiel seulement dans les autres genres fossiles, et que nous ne retrouvons bien que dans quelques échinides de l'époque actuelle, dans les diadèmes, par exemple, et spécialement dans les *Echinothrix*. Sans doute, nous nous garderons bien de rien conclure de cette modification ; mais nous avons cru devoir la signaler particulièrement.

LOCALITÉ. — Batna. Etage cénomanien. Rare.

Collections Cotteau, Peron, Papier, Jullien.

EXPLICATION DES FIGURES. — Pl. XIII, fig. 14, appareil apical de l'*Hemicidaris Batnensis*, grossi.

PSEUDODIADEMA VARIOLARE, Cotteau, 1864.

Nous avons déjà rapporté à cette espèce, dans notre 3e fascicule (1), un *Pseudodiadema* recueilli à Bou Saada dans des couches très inférieures que nous avons, avec doute, attribuées à l'étage albien. Ce *Pseudodiadema* des couches inférieures est plus haut, plus renflé que celui des couches supérieures et présente avec lui des différences assez accentuées. Ce dernier se rapproche davantage du type de l'espèce.

Nous possédons un assez grand nombre d'exemplaires du *P. variolare*, de taille variée, provenant de l'étage cénomanien de Bou-Saada, et un exemplaire de grande taille provenant d'Aumale. Ce dernier diffère très sensiblement des autres. Nous allons parler d'abord de ceux qu'on a recueillis à Bou-Saada. L'individu que nous décrivons a 35 millimètres de diamètre.

Test pentagonal, peu élevé, fortement déprimé à la partie supérieure, concave en dessous.

L'appareil apical n'a laissé que son empreinte ; il était large de 14 millimètres et fortement pentagonal.

Zones porifères droites, composé de paires de pores entièrement bigéminées sur toute la face supérieure. A l'ambitus et à la face inférieure les paires sont simples, mais elles se multiplient de nouveau près du péristome. Aires ambulacraires un peu ren-

(1) Troisième fascicule, p. 89.

Aires interambulacraires larges, portant deux rangées de tubercules crénelés et perforés, peu développés près du péristome, augmentant considérablement de volume au pourtour, pour diminuer de nouveau près du sommet. Ils sont au nombre de dix à onze par série. Zone miliaire assez large, couverte d'un grand nombre de granules irréguliers. Les plaques supérieures de l'aire sont fortement disjointes par la plaque génitale qui, comme nous l'avons dit, pénètre dans l'interambulacre et rejette à droite et à gauche, en les déformant un peu, les plaques voisines du sommet.

Péristome grand, très enfoncé, marqué de dix entailles assez sensibles.

Périprocte ovale régulièrement, très grand, entouré par les dix plaques de l'appareil apical.

Observation. — La disposition des plaques de l'appareil apical, dans l'*Hemicidaris Batnensis*, est fort remarquable. Non-seulement, comme nous l'avons signalé, les plaques génitales s'enfoncent assez profondément dans l'aire interambulacraire, mais elles sont complétement séparées l'une de l'autre par les plaques ocellaires, dont le bord fait ainsi partie du pourtour du périprocte. Ce caractère, bien qu'indiqué dans quelques espèces du genre, n'existe dans aucune à un tel degré. Il est même assez rare dans les autres échinides fossiles ; on ne le trouve guère que dans les *Glyphocyphus*, dont les plaques génitales ont d'ailleurs une forme toute différente, et dans quelques *Stomechinus*, dont l'appareil est annulaire. Nous croyons devoir insister davantage sur ce fait parce que l'*Hemicid. Batnensis* est, dans l'état actuel des connaissances paléontologiques, le dernier représentant authentique du genre *Hemicidaris*. Les terrains crétacés inférieurs en renferment encore quelques rares espèces, et nous-même avons décrit l'*Hemicid. Meslei* dans le Néocomien de l'Algérie ; mais dans la craie moyenne on n'en a jamais rencontré d'autre exemple. Il est donc intéressant de constater que cette espèce ainsi dépaysée présente, au moment de la disparition complète du genre, un caractère qui est toujours moins accentué dans ses congénères antérieurs, flées, étroites, rétrécies surtout près du sommet par le développement extraordinaire des zones porifères. Elles portent deux rangées de tubercules crénelés et perforés, au nombre de quinze ou seize par série. Entre les deux rangées court une ligne anguleuse de petits granules qui s'étendent parfois horizontalement entre les tubercules et leur forment une ceinture.

Aires interambulacraires larges, portant quatre rangées de tubercules principaux, semblables à ceux des aires ambulacraires, un peu plus écartés. Les deux rangées internes atteignent seules le sommet, et aboutissent au bord des zones porifères. Les deux rangées externes ne vont pas complétement jusqu'en haut. En dehors de ces quatre rangées principales, il existe de chaque côté une ligne de tubercules secondaires, plus petits que les autres, mais comme eux crénelés et perforés; ces rangées dépassent l'ambitus, sans cependant aller aussi loin que la seconde ligne de gros tubercules. Zone miliaire assez large au pourtour, plus large encore et déprimée près du sommet. Elle est couverte de granules assez abondants, dont quelques-uns plus développés à l'ambitus. A la partie supérieure l'aire est à peu près nue; mais des rangées horizontales s'étendent entre les tubercules.

Péristome dans une dépression du test, de dimensions variables selon les individus. Il est grand dans l'exemplaire que nous étudions, et n'a pas moins de 14 millimètres de diamètre.

Les autres exemplaires provenant de la même localité conservent assez bien la même physionomie. La grandeur du péristome varie un peu; mais les rangées de tubercules restent identiques, en tenant compte toutefois des variations qu'amène nécessairement la taille de l'individu.

Nous avons dit que des différences considérables distinguaient l'exemplaire d'Aumale. Nous n'hésiterions même pas à en faire le type d'une espèce nouvelle, si nous pouvions constater que les caractères différentiels se reproduisent sur un grand nombre d'individus. Malheureusement nous n'en avons qu'un entre les mains, et l'on a signalé tant de variétés dans les exemplaires européens rapportés au *Pseudodiadema variolare* que provisoirement nous y rapportons aussi celui-ci.

Le diamètre est de 35 millimètres : cet oursin a donc la même taille que celui de Bou-Saada. Les zones porifères sont parfaitement semblables, l'appareil apical est également grand et pentagonal. Le test est très sensiblement plus renflé, moins déprimé à la face supérieure, convexe en dessous. Les aires ambulacraires sont semblables; toutefois à l'ambitus, deux ou trois des granules sont métamorphosés en vrais tubercules, aussi gros que ceux des rangées principales, qu'ils semblent doubler. Mais ce détail est peut-être individuel ; nous ne sommes pas même certains qu'il se reproduise sur toutes les aires.

Les aires interambulacraires portent six rangées principales de tubercules au lieu de quatre, et deux rangées de tubercules secondaires. La granulation est aussi beaucoup plus développée, et tous les tubercules sont entourés d'une ceinture de granules qui affecte une forme pentagonale.

Tous ces caractères donnent à l'exemplaire d'Aumale une physionomie sensiblement différente de ses congénères. Aucun de ceux qui ont été figurés dans la *Paléontologie française* (1), quoique plusieurs atteignent un diamètre plus considérable, ne présente une telle abondance de tubercules ; et nous ne sommes pas éloignés de croire que la découverte de nouveaux matériaux obligera à désigner les exemplaires d'Aumale sous un nouveau nom spécifique.

Nous rapportons au *Pseud. variolare*, mais avec quelque incertitude, un exemplaire de petite taille, fortement écrasé, qui nous est parvenu trop tard pour être figuré, mais qui nous paraît mériter une mention spéciale. Cet individu, qui ne mesure guère que quinze millimètres de diamètre, a été recueilli à Bou-Saada avec les autres exemplaires que nous venons de décrire. Les pores sont fortement bigéminés à la partie supérieure, tandis que les rangées secondaires de tubercules ne sont encore représentées que par quelques tubercules inégaux et insuffisamment alignés. Cet exemplaire, qu'il appartienne ou non à l'espèce qui nous occupe, est intéressant pour deux raisons : à la face supérieure, une par-

(1) Terrains crétacés, t. VII, pl. 1117, 1118, 1119.

tie de l'appareil apical, notamment la plaque madréporiforme, est conservée ; et en dessous, on peut voir, avec quelques radioles, l'appareil masticatoire parfaitement intact, et projeté en dehors par suite de l'écrasement du test. Le corps madréporiforme est assez développé et d'apparence spongieuse ; il n'occupe guère que les deux tiers de la plaque qui le porte. Les radioles de la face inférieure sont relativement assez longs, d'apparence lisse, ou très délicatement striés, subcylindriques à la base, aplatis à l'extrémité externe. Le bouton est saillant et crénelé. L'appareil masticatoire n'offre aucune différence sensible, pour les proportions et la forme, avec l'appareil des échinides vivants de la même famille. Les cinq dents nacrées sont attachées à l'extrémité de supports triangulaires, qu'on a désignés sous le nom de pyramides, saillants au milieu, creusés en gouttières de chaque côté. Nous avons cru devoir insister sur ces détails qui, la plupart du temps, font complétement défaut, même dans les exemplaires les mieux conservés.

LOCALITÉ. — Bou-Saada, Aumale. Etage cénomanien.

Collections Peron, Gauthier, Cotteau.

PSEUDODIADEMA ALGIRUM, Peron et Gauthier, 1879, (Coquand, sp. 1862.)

Pl. XIV, fig. 1-5

PHYMOSOMA ALGIRUM, Coquand, *Mém. de la Soc. d'émul. de la Prov.*, t. II, p. 328, pl. XXIX, fig. 40-42. 1862.

PSEUDODIADEMA TENUE, Peron, *Notice sur les envir. d'Aumale. — Bull. de la Soc. géol.* t. XXIII, p. 695 et suivantes, 1866.

— — Nicaise, *Catal. des anim. foss. de la Prov. d'Alger*, p. 66, 1870.

Dimensions :	Diamètre, 14 mill.	Haut., 7 mill.	Péristome, 5 mill.
Autre exempl.	— 15	— 9	

Test plus ou moins renflé, déprimé en dessus et en dessous, circulaire et parfois subpentagonal.

Zones porifères à fleur de test, presque droites, formées de pores superposés par simples paires. Ils sont arrondis, médiocrement serrés, au nombre de quatre paires pour chaque tubercule. Aires ambulacraires légèrement renflées, portant deux rangées de tubercules crénelés et perforés, assez distants l'un de l'autre, et, vers l'ambitus, radiés à la base. Ils sont au nombre de dix par série.

Aires interambulacraires un peu plus larges que les aires ambulacraires, portant deux séries de tubercules principaux, semblables à ceux des ambulacres, radiés et un peu plus gros au pourtour, au nombre de dix. Des tubercules secondaires assez serrés, médiocrement développés, forment de chaque côté, sur les bords de l'aire, une rangée externe qui ne dépasse guère l'ambitus. Zone miliaire assez large près du sommet, où elle est légèrement déprimée et presque nue. Au pourtour elle porte des granules nombreux inégaux et grossiers.

L'appareil apical était grand et pentagonal; mais nous n'en avons que l'empreinte.

Péristome de moyenne grandeur, subcirculaire.

Rapports et différences. — Ce n'est pas sans hésitation que nous décrivons ces exemplaires sous un nom spécifique nouveau. L'un de nous les a rapportés au *Pseudodiadema tenue;* M. de Loriol les avait désignés en collection sous le nom de *Ps. Michelini* Desor. Ils tiennent, en effet, le milieu entre ces deux espèces, et c'est à cause de la difficulté de les attribuer solidement à l'une ou à l'autre, que nous nous sommes décidés à reprendre le nom que leur avait déjà donné M. Coquand. Par sa zone miliaire assez large et parfois déprimée, par ses pores ambulacraires peu serrés, par la forme un peu renflée de quelques individus, le *Pseudodiadema Algirum* ressemble au *Ps. Michelini*. Il s'en éloigne par ses tubercules bien moins abondants, plus écartés, par ses zones porifères plus droites. Ce dernier caractère l'éloigne aussi du *Ps. tenue*, dont les paires de pores sont en outre beaucoup plus nombreuses; il a de commun avec cette dernière espèce le nombre et la disposition des tubercules. Quant à la forme, quelques exemplaires sont plus élevés, comme le *Ps. Michelini*; d'autres plus déprimés offrent la physionomie du *Ps. tenue*. En résumé, ce n'est exactement ni l'une ni l'autre de ces deux espèces, mais comme un type intermédiaire qui semble les réunir,

M. Coquand a rapporté cet oursin au genre *Phymosoma*. Le mauvais état des rares exemplaires qu'il a pu étudier l'avait induit en erreur, car la perforation des tubercules n'est pas douteuse.

Localité. — Tous les exemplaires connus proviennent du cénomanien du nord et ont été recueillis à Aumale (Oued-Moudjiana), au Djebel-Guessa et à El-Goya, à dix kilomètres sud-ouest de Berouaguiah.

Collections Peron, Coquand, Thomas, Gauthier.

Explication des Figures. — Pl. XIV, fig. 1, *Pseudodiadema Algirum*, vu de côté; fig. 2, face sup.; fig. 3, face inf.; fig. 4, sommet des aires ambulacraires grossi; fig. 5, plaque interambulacraire grossie.

Pseudodiadema macilentum, Peron et Gauthier, 1879.

Pl. XIV, fig. 6-11.

Dim. Taille ordinaire. .	Diam. 7 mill.	haut. 3.50	Péristome, 4.
Grand exempl. .	— 14	— 4	— 6.

Espèce de petite taille, très déprimée, concave à la partie inférieure.

Zones porifères droites, composées de pores arrondis, disposés par simples paires obliques et peu serrées. Ces paires de pores dévient un peu de la ligne droite près du péristome, et ont une tendance à se multiplier près du sommet.

Aires ambulacraires un peu saillantes, relativement assez larges, car elles atteignent les deux tiers des aires interambulacraires, à peine rétrécies près du sommet. Elles portent deux rangées de petits tubercules, crénelés et perforés, assez homogènes, au nombre de douze à treize par série. L'espace intermédiaire est occupé par des granules abondants.

Aires interambulacraires portant deux rangées principales de tubercules semblables à ceux des ambulacres, un peu moins serrés, au nombre de onze à douze par série. De chaque côté, sur les bords mêmes de l'aire, on aperçoit une rangée de tubercules secondaires, plus petits que les autres, remontant assez haut, sans cependant atteindre le sommet. Zone miliaire large, granuleuse, ne s'élargissant pas près du sommet, où elle est un peu déprimée et presque nue.

Péristome de moyenne grandeur, situé dans une dépression du test; il est subcirculaire et sensiblement entaillé. L'appareil apical n'a laissé qu'une empreinte très grande relativement et pentagonale.

Rapports et différences. — On peut comparer le *Pseudodiadema macilentum* au *Ps. macropygus* Cotteau. La taille est la même; il en diffère par l'empreinte de son appareil apical plus pentagonale, par sa zone miliaïre moins élargie à la partie supérieure, par ses tubercules plus nombreux, et surtout par les rangées secondaires de tubercules interambulacraires, qui semblent faire défaut dans le *Ps. macropygus*. Il se rapproche également beaucoup du *Ps. Deshayesi* Cotteau. Il est certainement moins élevé, les tubercules sont un peu plus nombreux, l'empreinte de l'appareil apical est plus pentagonale et la face inférieure est bien plus concave. Il est plus voisin encore du *Ps. pastillus*, que nous avons décrit dans l'étage aptien de la même localité. Les seules différences bien appréciables consistent dans la zone miliaire beaucoup moins élargie près du sommet, dans le nombre des tubercules un peu plus considérable, dans la face inférieure plus rentrante. En somme, nous ne parvenons à identifier notre espèce nouvelle avec aucune des trois que nous lui comparons, mais on comprendra que leur petite taille augmente singulièrement la difficulté d'établir nettement les caractères différentiels, d'autant plus que les exemplaires du *Ps. macilentum* que nous possédons, quoique nòmbreux, sont tous médiocrement conservés.

Localité. — Bou-Saada, Bou-Khaïl. Etage cénomanien moyen. Abondant; nous en possédons plus de cinquante exemplaires.

Collections Peron, Cotteau, Gauthier.

Explication des figures. — Pl. XIV, fig. 6, *Pseudodiadema macilentum*, vu de côté; fig. 7, face sup.; fig. 8, face inf.; fig. 9, sommet de l'aire ambulacraire grossi; fig. 10, plaque interambulacraire grossie; fig. 11, autre individu plus grand, vu sur la face supérieure.

PSEUDODIADEMA CONCINNUM, Peron et Gauthier, 1879.
Pl. XIV, fig. 12-15,

Dimensions : Diamètre, 15 millim. — Hauteur, 6. — Péristome, 6.

Espèce de petite taille, circulaire, de moyenne épaisseur, déprimée également en dessus et en dessous, bien proportionnée dans sa physionomie générale.

Zones porifères droites, composées de paires de pores bigéminées à la partie supérieure, simplement superposées à l'ambitus, déviant de la ligne droite et se multipliant près du péristome. Aires ambulacraires relativement assez larges, portant deux rangées régulières de petits tubercules homogènes, crénelés et perforés, au nombre de douze à treize par série. L'espace intermédiaire, assez large, est couvert par une granulation abondante et irrégulière, qui s'étend aussi en lignes horizontales entre les tubercules. Aires interambulacraires médiocrement élargies, portant deux rangées principales de tubercules semblables à ceux des aires ambulacraires, crénelés et perforés, un peu plus distants l'un de l'autre, augmentant légèrement de volume à l'ambitus, au nombre de onze à douze par série. Ils sont situés au milieu des plaques, et laissent entre eux et les zones porifères un espace assez grand qui, à la base et à l'ambitus, est occupé par des tubercules beaucoup plus petits que les autres, formant de chaque côté une rangée secondaire qui disparaît à la face supérieure. La zone miliaire est couverte, à la partie inférieure, de gros granules irréguliers, qui diminuent de volume à mesure qu'ils sont plus haut placés sur le test, et qui, près du sommet, laissent l'aire presque nue. D'autres s'étendent entre les tubercules et les entourent d'une ceinture incomplète.

Péristome médiocrement développé, presque à fleur du test, marqué d'entailles bien visibles.

L'empreinte laissée par l'appareil apical est grande et régulièrement pentagonale.

Rapports et différences. — Le *Pseudodiadema concinnum* est voisin du *Ps. tenue;* il a la même taille et à peu près la même épaisseur. Il s'en distingue par ses tubercules moins développés, plus homogènes et plus rapprochés, par sa forme symétriquement déprimée en dessus et en dessous, et surtout par ses pores ambulacraires nettement bigéminés à la face supérieure. Ce dernier caractère l'éloigne aussi du *Ps. Michelini.* Comparé à notre *Ps. maculentum,* le *Ps. concinnum* est plus épais ; les tubercules secondaires sont plus réguliers et moins nombreux, quoique l'espace qu'ils occupent soit plus grand ; enfin la disposition des pores ambulacraires, bigéminés dans l'un, simples dans l'autre, suffit pour les distinguer facilement.

Localité. — Bou-Saada. Etage cénomanien. Rare.

Collection Peron.

Explication des Figures. — Pl. XIV, fig. 12, *Pseudodiadema concinnum,* vu de côté ; fig. 13, face sup., fig. 14, face inf. ; fig. 15, aire ambulacraire grossie ; fig 16, aire interambulacraire grossie.

Pseudodiadema margaritatum, Peron et Gauthier, 1879.

Pl. XV, fig. 1-4.

Dimensions : Diamètre, 17 mill. — Hauteur, 6. — Péristome, 6.

Espèce de petite taille, circulaire, très peu élevée, déprimée à la partie supérieure, plate en dessous, sauf une légère dépression autour du péristome.

Zones porifères droites, larges près du sommet, composées de paires de pores fortement bigéminées à la face supérieure, chaque paire étant entourée d'un bourrelet. A l'ambitus les paires deviennent simples à l'endroit où commencent les gros tubercules. Aires ambulacraires étroites et acuminées à la partie supérieure, élargies très sensiblement au pourtour. Elles portent deux rangées de tubercules crénelés et perforés très inégaux. Peu développés près du péristome, ils sont fortement saillants à l'ambitus, puis diminuent tout-à-coup de volume, et sont très petits près du sommet. Il y en a treize par série. L'espace intermédiaire est couvert d'une granulation grossière.

Aires interambulacraires de médiocre largeur, portant deux rangées de tubercules crénelés et perforés. Deux ou trois au pourtour sont beaucoup plus gros que les autres. Ils sont au nombre de onze ou douze. A la face inférieure on aperçoit de chaque côté une petite rangée de tubercules secondaires, placés sur le bord même de l'aire, et qui ne s'élèvent pas au-dessus de l'ambitus. Zone miliaire resserrée par les gros tubercules, et portant en cet endroit deux rangées sinueuses de gros granules. A la face supérieure où les rangées de tubercules sont écartées, la zone miliaire s'élargit et parait à peu près nue et déprimée.

Péristome petit, circulaire, placé dans une légère dépression du test. Périprocte inconnu, l'appareil apical n'ayant laissé que son empreinte, qui est de médiocre étendue.

Rapports et différences. — Le *Pseudodiadema margaritatum* a une physionomie particulière qui le fait facilement reconnaître. La disproportion des tubercules, les pores bigéminés, la forme aplatie en font un type à part. Le *Ps. elegantulum* Cotteau, dont les aires ambulacraires et interambulacraires présentent à peu près la même disposition, a les pores simples, une forme beaucoup moins large, des tubercules moins nombreux. Le *Ps. Normanniæ,* qui porte aussi de gros tubercules à l'ambitus, diminuant tout à coup de volume, diffère complétement de notre espèce par sa forme plus élevée, sa granulation, et la disposition si curieuse des tubercules à la face inférieure. Le *Ps. tenue* a les tubercules plus homogènes, moins serrés, et les pores simples. Il est donc impossible de rapporter le type que nous venons de décrire à aucun de ceux que nous connaissons, et nous n'avons pas hésité à le désigner sous une dénomination spécifique nouvelle, bien que nous n'en possédions qu'un exemplaire et même médiocrement conservé.

Localité. — Bou-Saada. Etage cénomanien. Très rare. Collection Peron.

Explication des Figures. — Pl. XV, fig. 1, *Pseudodiadema margaritatum,* vu de côté ; fig. 2, face sup.; fig. 3, sommet de l'aire ambulacraire grossi ; fig. 4, plaques interambulacraires grossie.

RÉSUMÉ SUR LES PSEUDODIADEMA

L'étage cénomanien nous a fourni cinq espèces appartenant au genre *Pseudodiadema*.

Une de ces espèces, le *Ps. Algirum*, est particulier aux gisements du nord.

Une, le *Ps. variolare*, est commune aux deux régions du nord et du midi, mais rare dans les terrains du nord ; et de plus, l'exemplaire unique recueilli dans le Tell présente des différences très sensibles, quand on le compare aux exemplaires des régions plus méridionales.

Trois espèces enfin, les *Ps. macilentum*, *Ps. concinnum*, *Ps. margaritatum* n'ont encore été rencontrées qu'à Bou-Saada et au Bou-Khaïl, c'est-à-dire dans les terrains du midi de l'Algérie.

En comparant ces cinq espèces à celles du même genre recueillies dans l'étage cénomanien de France, nous voyons que le seul *Ps. variolare* se retrouve de l'autre côté de la Méditerranée, où il éprouve aussi, selon les régions, des variations sensibles. Le *Ps. Algirum* semble servir de terme moyen entre deux espèces voisines, le *Ps. Michelini* et le *Ps. tenue*. Les autres types, qui ne se rencontrent que dans les terrains méridionaux, sont en même temps spéciaux à l'Algérie ; mais tous ont une physionomie peu différente des espèces européennes, et ont dû vivre dans des conditions analogues.

HETERODIADEMA LIBYCUM, Cotteau 1864 (Desor 1846).

Pl. XV, fig. 5.

PSEUDODIADEMA BATNENSE, Coquand, *Mém. de la Soc. d'émul. de la Prov.* t. II, p. 257, pl. XXVIII, fig. in-4, 1862.
PYGASTER BATNENSIS, Coquand, *Mém. de la Soc. d'émul. de la Prov.*, supplément, p. 328.
HETERODIADEMA LIBYCUM, Cotteau, *Paléont. franç.*, Terrains crétacés, t. VII, p. 522, pl. 1124, 1864.
— — Brossard, *Géol. subdiv. de Sétif*, p. 227, 1867.
PYGASTER BATNENSIS, Hardouin, *Bull. Soc. géol. de Fr.*, t. XXV, p. 340, 1868.

Test de taille moyenne, atteignant quelquefois d'assez grandes dimensions. Forme ordinairement circulaire, pentagonale dans quelques individus, plus ou moins renflée à la face supérieure, à peu près plate en dessous.

Appareil apical inconnu ; mais l'empreinte qu'il a laissée est très remarquable. L'ensemble est grand et pentagonal ; quatre des plaques génitales entamaient à peine l'aire interambulacraire ; la cinquième, probablement la postérieure, pénétrait profondément dans l'aire, entre les deux rangées de tubercules qui dévient de la ligne droite pour lui livrer passage. Cette grande entaille varie un peu de largeur, selon les individus ; et elle est souvent plus grande que le diamètre du reste de l'appareil.

Zones porifères légèrement déprimées, formées de pores arrondis, disposés par simples paires depuis le sommet jusqu'au péristome. Aires ambulacraires larges, portant deux rangées de tubercules crénelés et perforés, entourés d'un scrobicule circulaire, placés sur le bord des zones porifères, en nombre variable selon la taille des exemplaires, mais toujours assez considérable. Ces tubercules augmentent régulièrement de volume depuis le péristome ; au-dessus de l'ambitus ils diminuent très sensiblement. L'espace intermédiaire, qui est large, est couvert par une granulation fine, homogène, plus abondante à la partie supérieure.

Aires interambulacraires étroites au sommet, larges à l'ambitus, portant deux rangées de tubercules crénelés et perforés, un peu plus gros que ceux des aires ambulacraires et par conséquent un peu moins nombreux. Ils diminuent moins vite de volume à la partie supérieure, sauf dans certains exemplaires dont nous parlerons plus bas. Ils n'occupent pas exactement le milieu des plaques qui les portent, mais ils sont un peu plus rapprochés du bord interne. De chaque côté extérieurement, l'espace assez large qui reste est occupé par une granulation fine et serrée. Les granules sont un peu plus gros près du bord : il n'y a point de tubercules secondaires. Zone miliaire large, couverte de granules identiques à ceux dont nous venons de parler. A la partie supérieure, les abords de la suture médiane sont nus.

Péristome petit, presque à fleur du test, circulaire. Les aires ambulacraires sont en cet endroit presque aussi larges que les aires interambulacraires, et celles-ci sont marquées de dix entailles très bien dessinées. Dans ces entailes on remarque facilement un petit repli du test, qui forme comme une gouttière nettement détachée du côté interne. Au-dessus de chaque entaille est un léger sillon lisse, qui monte jusqu'au cinquième tubercule.

Périprocte irrégulièrement circulaire, s'ouvrant au milieu de l'appareil apical.

Observations. — Cette place du périprocte a été longtemps méconnue ; et la longue entaille que fait dans l'aire interambulacraire une des plaques génitales a donné lieu à quelques méprises et à quelques hypothèses hasardées. L'appareil apical, absolument caduc, n'est conservé dans aucun exemplaire, quoique nous en ayons pu étudier plusieurs centaines, généralement en bon état. Aussi M. Coquand, qui comparait poétiquement l'empreinte à la figure d'une comète, crut voir dans cet empiétement de la plaque postérieure sur l'aire interambulacraire le périprocte d'un *Pygaster*. M. de Loriol et plusieurs auteurs avec lui supposent, non sans une certaine vraisemblance, que des plaques suranales rejetaient l'anus en arrière, et que dès lors il est fort possible qu'on doive rapporter les espèces au genre *Acrosalenia* (1). Il n'en est rien. Un de nos exemplaires, un seul, nous montre très nettement la place du périprocte, sans avoir cependant conservé son appareil apical ; et le périprocte est placé comme dans les Pseudodiadèmes. C'est donc du genre *Pseudodiadema* que les *Heterodiadema* se rapprochent le plus, comme l'avait fort bien pressenti depuis longtemps celui de nous qui leur a donné leur nom générique. Est-ce à dire pour cela que l'on doive les réunir aux Pseudodiadèmes ? Nous ne le croyons pas. Même en ne tenant pas compte du prolongement inusité de la plaque génitale postérieure, particularité qui, comme nous le dirons plus loin, peut varier, il reste encore des caractères suffisants pour justifier le maintien du genre *Heterodiadema* : les pores absolument simples du sommet au péristome, l'absence complète de tubercules secondaires, les entailles du péristome ornées d'une sorte de gouttière, et ce sillon remarquable qui s'élève au-dessus de l'entaille

(1) *Echinologie helvétique*, Terrains jurassiques, p. 182.

jusqu'au pourtour. On peut y ajouter la forme bizarre des radioles que portent les granules; ce qui devait donner à l'animal vivant, vu le grand développement de la granulation sur toute la surface du test, une physionomie toute particulière.

Ces radioles sont bien visibles sur un de nos exemplaires. Les tubercules n'ont pas conservé les leurs; mais un très grand nombre de granules en sont encore garnis, à la face inférieure et à la face supérieure. Le bouton de ces petits radioles est très saillant; au-dessus se trouve une collerette mince, souvent plus longue que tout le reste, partout d'égal diamètre, très fortement striée. Puis subitement, sans aucune transition, le diamètre se trouve doublé. Une sorte de capsule, moins fortement striée que la collerette, semble en recouvrir l'extrémité et forme le corps du radiole qui se termine d'une manière obtuse. Cette capsule est souvent très courte (1), au point que nous avons cru d'abord y voir la tête d'un pédicellaire; mais nous n'avons pu découvrir aucune ouverture à l'extrémité; et d'ailleurs cette partie s'allonge trop dans certains radioles pour pouvoir être confondue avec l'organe dont nous venons de parler.

Nous avons rencontré dans les nombreux sujets que nous avons eus à notre disposition plusieurs variétés qui ne nous ont point paru assez importantes pour que nous les désignions par des noms spécifiques nouveaux, et qui d'ailleurs se relient au type principal par des termes intermédiaires. Les exemplaires d'Aïn Baïra et du Bou-Thaleb sont souvent caractérisés par une diminution plus brusque et plus sensible des tubercules interambulacraires à la face supérieure. Au premier abord cette différence frappe les yeux; mais ce caractère local n'a pas de limites fixes, et insensiblement on passe au type général. D'autres individus affectent une forme pentagonale assez accentuée; d'autres sont plus déprimés ou plus renflés; mais il n'y a là que des variations fréquentes dans tous les genres analogues. L'un de nous a recueilli à Bou-Saada, dans une couche inférieure au niveau ordinaire de l'*Het. Libycum*, quelques individus dont l'en-

(1) Elle est loin d'être toujours aussi allongée que dans les trois figures données dans la *Paléontologie française*, pl. 1124, fig. 12-14.

taille apicale est singulièrement restreinte, et qui se rapprochent beaucoup sous ce rapport des Pseudodiadèmes. Nous nous sommes demandé, vu la différence d'horizon, s'il n'y avait pas lieu d'y voir un nouveau type spécifique. Nous avons renoncé à cette idée, d'abord parce que les quelques exemplaires dont nous parlons sont d'une taille au-dessous de la moyenne, et que dans ces conditions la plaque envahissante est toujours moins développée; ensuite parce que tous les autres caractères sont parfaitement conformes au type qu'on rencontre dans les couches supérieures.

Nous pourrions aussi signaler quelques fragments de l'appareil masticatoire visibles sur un de nos exemplaires. Ce sont les pièces triangulaires auxquelles sont attachées les dents. Elles n'offrent rien de particulier, étant entièrement semblables à celles des genres voisins qui ont été décrites. Ces fragments sont d'ailleurs très incomplets, et ne suffiraient pas à donner une idée de l'appareil masticatoire de l'*H. Libycum*.

Localité. — Batna, Tebessa, Col de Sfa, Bou-Saada, Djebel Bou-Thaleb, Dj. Bou Khaïl, Aïn Baïra, Bordj du scheik Messaoud, Guelt-es-Stel (dép. d'Alger), Oasis de Moghrar Tahtania (dép. d'Oran). Etage cénomanien. Très abondant.

L'*H. Libycum* a été rencontré également en Egypte et en Palestine. En France nous l'avons recueilli à la Gueule d'Enfer, près des Martigues (Bouches-du-Rhône) et à Turben (Var); partout dans l'étage cénomanien, et non dans le turonien, comme on l'a dit à tort.

Toutes les collections algériennes.

Explication des Figures. — Pl. XV, fig. 5, empreinte de l'appareil apical de l'*Heterodiadema Libycum*, montrant la place occupée par le périprocte.

Glyphocyphus radiatus, Desor, 1856.

Temnopleurus pulchellus, Coquand, *Mém. de la Soc. d'Émul. de la Prov.*, t. II, p. 294, 1862.
Glyphocyphus radiatus, Peron, *Bull. de la Soc. géol.*, t. XXIII, p. 697 et suiv., 1866.
— — Nicaise, *Cat. des anim. foss. de la Prov. d'Alger* .p. 67, 1870.
Temnopleurus pulchellus, Nicaise, *Cat. des anim. foss. de la Prov. d'Alger*, p. 66, 1870.

Taille petite, forme plus ou moins renflée, circulaire, déprimée en dessus, concave en dessous.

Appareil apical annulaire. Les cinq plaques génitales sont étroites, allongées dans le sens de la circonférence, granuleuses. Elles sont séparées l'une de l'autre par les cinq plaques ocellaires, à peu près de même dimension et de même forme, qui s'intercalent complétement entre elles, et concourent à former le bord du périprocte.

Zones porifères droites, un peu déprimées, composées de simples paires de pores directement superposées, et séparées par un fort bourrelet. Aires ambulacraires larges, portant deux rangées de tubercules crénelés et perforés, placés très près des zones porifères, régulièrement distants l'un de l'autre, au nombre de onze ou douze par série. L'espace intermédiaire est couvert par une granulation assez grossière. On remarque quelques impressions dans le test, surtout sur la suture médiane.

Aires interambulacraires de médiocre largeur relativement, portant deux rangées de tubercules crénelés et perforés, ne dépassant guère en grosseur les plus saillants de l'aire ambulacraire, au nombre de dix à onze par série. Ces tubercules sont réunis verticalement par un petit bourrelet ; et de plus les gros granules qui forment autour d'eux la couronne scrobiculaire s'allongent en forme de larmes vers le mamelon central, ce qui donne aux aires un aspect rayonné très caractéristique. Quelques impressions, visibles surtout aux angles internes des plaques, se remarquent entre les tubercules.

Péristome arrondi, placé dans un renfoncement du test, marqué d'entailles sensibles.

Périprocte entouré par l'anneau apical ; il est assez grand et à peu près ovale.

On ne rencontre le *Glyphocyphus radiatus* que dans les gisements du nord, où il occupe plusieurs zones et se montre en assez grande abondance. Les exemplaires algériens nous ont présenté à peu près toutes les variétés signalées en France ; néanmoins, c'est la forme légèrement déprimée qui paraît la plus fréquente. Ceux qu'on trouve à Aumale dans les couches à *Radiolites Nicaisei* sont toujours sensiblement de plus grande taille que les autres, ainsi que l'un de nous l'a déjà fait remarquer. Les exemplaires du Djebel Guessa ont un aspect plus rugueux que ceux d'Aumale, et les radiations de leurs tubercules interambulacraires sont plus accentuées. Mais il n'y a là qu'une variation locale, qui d'ailleurs n'est pas absolue, et qui n'est due peut-être qu'à des conditions particulières de la fossilisation. Nous ne saurions dire si cette légère différence ne serait pas la cause qui a poussé Nicaise à indiquer à la fois dans son *Catalogue*, comme nous l'avons vu à la synonymie, le *Temnopleurus pulchellus* et le *Glyphocyphus radiatus*, qui font double emploi, et ne sont que deux dénominations d'une même espèce.

LOCALITÉ. — Aumale, Djebel Guessa, Berouaguiah.

Etage cénomanien. — Assez commun, et généralement bien conservé.

Collections Peron, Gauthier, Cotteau, Coquand, Thomas, service des mines à Alger.

PEDINOPSIS DESORI, Cotteau, 1865.

MAGNOSIA DESORI, Coquand, *Mém. de la Soc. d'Émul. de la Prov.*, t. II, p. 254, pl. XXVII, fig. 13-15, 1862.

PEDINOPSIS DESORI, Cotteau, *Paléont. franç.*, Terrains crétacés, t. VII, p. 826, pl. 1196, fig. 6-16, 1865.

MAGNOSIA DESORI, Brossard, *Géol subdiv. de Sétif*, p. 227, 1867.

Test de taille moyenne, forme renflée à la partie supérieure, circulaire, quelquefois globuleuse, à pourtour très arrondi, presque plate en dessous.

L'appareil apical n'a laissé que son empreinte sur tous nos exemplaires; il était peu développé et subcirculaire.

Zones porifères droites, larges, composées à la face supérieure de deux rangées de pores régulièrement bigéminés. Elles se rétrécissent au-dessous de l'ambitus, où les deux rangées sont réduites à une seule, dont cependant les paires de pores ne sont jamais bien alignées; puis les paires se multiplient de nouveau près du péristome. Aires ambulacraires assez larges, portant deux rangées de petits tubercules très faiblement crénelés et perforés, augmentant à peine de volume au pourtour et à la face inférieure, où ils atteignent leur plus grand développement. Ils sont placés près de la zone porifère, et au nombre de vingt-trois ou vingt-quatre dans l'exemplaire que nous avons sous les yeux, et qui est de grande taille. Entre ces deux rangées principales s'en trouvent deux autres assez distinctes dans la partie la plus large de l'aire, mais qui, dans les endroits plus retrécis, sont remplacés par des tubercules épars et inégaux. Des granules fins et rares se voient çà et là entre les tubercules.

Aires interambulacraires larges, portant de huit à dix rangées de tubercules semblables à ceux des aires ambulacraires. Deux de ces rangées, reléguées sur les bords de l'aire, atteignent seules le sommet et sont bien régulières ; les autres plus indécises, plus irrégulières, ne se voient bien qu'à l'ambitus. Zone miliaire indistincte : quelques granules seulement apparaissent entre les tubercules.

Péristome de grandeur moyenne, presque à fleur du test, subcirculaire et marqué d'entailles médiocres.

Radioles grêles, allongés, subcylindriques, aigus à l'extrémité, pourvus de lignes de granules très fins qui forment des stries longitudinales. Bouton assez large; collerette indistincte.

Les caractères que nous venons de signaler ont été surtout observés sur un exemplaire recueilli à Batna ; mais ce type n'est pas invariable. D'autres individus, provenant de la même localité, présentent des différences sensibles : ainsi les rangées de tubercules sont moins nombreuses et mieux dessinées ; la hauteur du test varie beaucoup ; et, sur quelques échantillons, les pores sont bigéminés dans toute la longueur de la zone porifère. Les exemplaires recueillis à Bou-Saada sont aussi dignes d'être remarqués : la forme est généralement peu globuleuse ; les pores ambulacraires ont une tendance bien plus prolongée à ne former qu'une rangée à l'ambitus, ce qu'il est facile de constater, en comparant des exemplaires de même taille des deux localités. Nous ne voulons point parler ici des jeunes chez lesquels le dédoublement des pores est toujours moins considérable, mais bien des adultes, qui diffèrent assez sensiblement sous ce rapport. Nous possédons même un individu dont les pores ne sont bigéminés qu'à la partie supérieure. Les rangées principales de tubercules sont plus accentuées, ce qui tout d'abord donne au test une physionomie particulière ; les rangées de tubercules secondaires sont moins nombreuses dans les aires interambulacraires; enfin le péristome est généralement un peu plus renfoncé. Ces caractères semblent assez persistants à Bou-Saada; mais à Batna on trouve les deux types réunis et passant insensiblement de l'un à l'autre. Il n'y a donc pas lieu de voir dans ces différences autre chose que des variations individuelles.

LOCALITÉ. — Batna, Bou-Saada.

Etage cénomanien. — Assez commun.

Collections Peron, Cotteau, Jullien, Coquand, Gauthier.

GENRE COPTOPHYMA, Peron et Gauthier, 1879.

Test de petite taille, du moins dans la seule espèce connue jusqu'à ce jour.

Zones porifères composées de simples paires de pores directement superposées. L'aire ambulacraire porte en outre à l'ambitus et à la face inférieure, vers la base des granules, de petites fossettes où se trouvent des pores supplémentaires microscopiques.

Aires ambulacraires dépourvues de vrais tubercules, ne portant que des granules plus ou moins régulièrement alignés.

Aires interambulacraires portant deux rangées de tubercules, crénelés et imperforés, sans tubercules secondaires. A la base de chaque gros tubercule se trouve une incision horizontale, large et profonde, qui entame le tubercule lui-même : c'est ce caractère remarquable qui nous a fourni le nom générique (1).

Appareil apical largement développé, composé de cinq plaques génitales et de cinq plaques ocellaires, sans plaques supplémentaires.

Périprocte central, au milieu de l'appareil apical.

Péristome subcirculaire, portant dix entailles.

OBSERVATIONS. — Le genre *Coptophyma* a des rapports étroit

(1) Κόπτω, je coupe, et φῦμα, tubercule.

avec les Cidaridées et les Diadématidées. Il tient aux premiers par son appareil apical composé de dix plaques bien développées, et surtout par l'étroitesse des aires ambulacraires. La structure du péristome, muni d'entailles, ne permet pas de le ranger dans cette famille, et le reporte parmi les Diadématidées à pores simples. Par sa petite taille, par sa forme arrondie, il ressemble aux *Glyphocyphus;* mais il en diffère par tant d'autres caractères qu'il ne peut supporter une plus longue comparaison avec ce genre à tubercules perforés et aussi bien développés sur les aires ambulacraires que sur les aires interambulacraires. Il se place plus facilement dans le voisinage des *Echinocyphus* Cotteau. Il a de commun avec eux les impressions suturales des plaques interambulacraires, la nature de ses tubercules crénelés et imperforés ; mais il s'en éloigne par sa forme, par ses ambulacres pourvus seulement de gros granules et ornés de fossettes porifères, par son appareil apical solide et composé de grandes plaques.

L'un de nous (1) a déjà décrit un des exemplaires qui nous occupent, et l'a rapporté avec doute au genre *Goniophorus*. M. Cotteau n'avait alors entre les mains qu'un seul individu, et il avait été entraîné à ce rapprochement générique par la physionomie générale, par la nature des tubercules et surtout par la présence de pores supplémentaires, renfermés dans des fossettes, à la base des ambulacres. Il y a, en effet, dans ces détails, un élément de ressemblance très frappant entre ces deux genres. L'absence de plaques suranales dans l'appareil apical était bien une objection ; mais on pouvait supposer, vu l'ensemble des caractères, que cette plaque avait existé, et que le seul exemplaire connu avait pu la perdre par accident. Aujourd'hui cette supposition n'est plus possible : nous connaissons une douzaine d'individus, et dans tous l'appareil apical, toujours conservé, est complétement dépourvu de plaques supplémentaires ; le périprocte est parfaitement central, et dès lors notre genre ne peut plus rester dans le groupe des Salénidées.

En réunissant cet oursin aux *Goniophorus*, M. Cotteau n'avait

(1) Cotteau, *Ech. nouv. ou peu connus*, p. 121, pl. XVI, fig. 7-12.

pas néanmoins complétement méconnu un détail d'une grande importance, je veux dire les empreintes suturales placées à la base des tubercules interambulacraires, et les entamant parfois sensiblement. Mais peu sûr de la conservation sincère de son exemplaire unique, il n'avait pas osé s'appuyer sur un caractère qui ne lui paraissait pas solidement établi; et la figure même, donnée dans les *Echinides nouveaux*, n'a pas reproduit ces empreintes. Tous nos exemplaires bien conservés portent ces incisions larges et allongées. Or ce caractère, s'il eût été bien intact sur l'exemplaire type, eût suffi pour rendre impossible tout rapprochement avec les *Goniophorus*.

Nous avons donc dû créer un genre nouveau, facilement reconnaissable aux quatre caractères suivants :

1° L'appareil apical n'a point de plaque suranale.

2° Les ambulacres ne portent que de gros granules ;

3° Ils sont pourvus à la base de fossettes porifères.

4° Les tubercules interambulacraires, crénelés et imperforés, sont ornés d'incisions horizontales sur la suture des plaques.

Le genre *Coptophyma* ne renferme jusqu'à présent qu'une seule espèce.

Coptophyma problematicum, Peron et Gauthier, 1879.
(Cotteau sp., 1866.)

Pl. XV, fig. 6-11.

Goniophorus problematicus, Cotteau, *Ech. nouv. ou peu connus*, p. 121, pl. XVI, fig. 7-12, 1866.

Dimensions : Diamètre, 10 mill. — Haut., 8. — Péristome, 4,50.

Espèce de petite taille, circulaire, renflée, arrondie et subdéprimée à la face supérieure, plane ou légèrement pulvinée en dessous.

Appareil apical largement développé, solide, composé de dix plaques : cinq plaques génitales d'assez grande dimension, portant au milieu une légère protubérance, au sommet de laquelle s'ouvre le pore oviducal, qui est très apparent; et cinq plaques ocellaires également bien développées, quoique moins étendues que les plaques génitales, dans les angles desquelles elles s'intercalent. Tout l'appareil a un aspect finement chagriné et porte quelques granules très délicats.

Zones porifères très étroites, s'étendant en ligne droite du sommet au péristome, composées de simples paires de pores directement superposées et ne se multipliant ni à la face supérieure ni à la face inférieure. Les pores sont arrondis, obliques et séparés par un renflement granuliforme. Aires ambulacraires étroites, portant deux rangées de granules assez irrégulièrement disposées, sans espace intermédiaire. A la partie inférieure, on distingue, à la base des granules, de petites fossettes arrondies, dans lesquelles s'ouvrent deux pores difficilement visibles; il y a cinq ou six fossettes par rangée de granules. L'aire ambulacraire ne se retrécit pas près du péristome, où elle est aussi large que l'interambulacre.

Aires interambulacraires bien développées à l'ambitus, portant deux rangées de gros tubercules dont les crénelures, fortement accusées, semblent formées par une couronne de sept granules. Cette couronne entoure un mamelon petit et imperforé. Les tubercules sont au nombre de huit à neuf par série. Sur la suture de chaque plaque coronale se trouve une forte incision horizontale, qui coupe la base du tubercule, et donne au scrobicule un aspect allongé et rectangulaire. Zone miliaire étroite, montrant deux séries distinctes de granules inégaux qui serpentent entre les tubercules.

Péristome subdécagonal, placé dans une légère dépression du test, portant des entailles bien visibles.

Périprocte situé au milieu de l'appareil apical, grand et de forme pentagonale.

Rapports et différences. — Le *Coptophyma problematicum* est jusqu'à présent la seule espèce du genre : les caractères distinctifs sont donc compris dans la diagnose générique même. La physionomie générale est celle des Salénies ; nous avons fait connaître dans les observations qui précèdent pourquoi il est impossible de le rattacher à cette famille.

LOCALITÉ. — Le premier exemplaire connu a été recueilli par M. Brossard à Aïn Halmon, chez les Ouled Ayades, dans la subdivision de Sétif; les autres proviennent du Batem-bou-Redim, à cinq kilomètres à l'est de la Smalah de Berouaguiah, où M. Thomas les a recueillis.

Etage cénomanien.

Le genre *Coptophyma* n'a pas encore été rencontré en Europe.

Collections Coquand, Thomas, Peron.

Explication des Figures. — Pl. XV, fig. 6, *Coptophyma problematicum*, vu de côté ; fig. 7, face sup.; fig. 8, face inf.; fig. 9, portion inférieure de l'aire ambulacraire grossie, montrant les pores de la base des tubercules; fig. 10, plaques interambulacraires grossies ; fig. 11, appareil apical grossi.

Orthopsis miliaris, Cotteau, 1864.

Exemplaires de taille variée. Forme circulaire, médiocrement renflée en dessus, plate en dessous, sauf pour quelques individus dont le périprocte est dans une légère dépression.

Appareil apical à peine saillant, de médiocre dimension. Les cinq plaques génitales sont pentagonales, largement perforées près de l'extrémité externe; les plaques ocellaires plus petites s'intercalent dans les angles, sans arriver jusqu'au périprocte.

L'ensemble de l'appareil est granuleux.

Zones porifères rectilignes, formées de pores simples, petits et arrondis, se multipliant à peine autour du péristome. Aires ambulacraires droites, de médiocre largeur, garnies de deux rangées de petits tubercules perforés, non crénelés, augmentant un peu de volume à l'ambitus. Ils sont assez rapprochés verticalement; mais le nombre varie nécessairement selon la taille de l'individu. Dans certains exemplaires de grande taille, deux rangées internes de tubercules secondaires, plus petits que les autres, se confondant avec les granules, s'élèvent jusqu'au pourtour.

Aires interambulacraires assez larges, pourvues de deux rangées de tubercules principaux perforés, non crénelés, semblables à ceux des aires ambulacraires, sauf qu'ils sont un peu plus gros à l'ambitus et plus distants. Ils sont placés sur le bord inférieur de la plaque qui les porte et non au milieu. Tubercules secondaires plus ou moins régulièrement alignés, mais toujours nombreux. Ils sont plus petits que les tubercules principaux, et forment ordinairement deux rangées externes, très près du bord de l'aire, et deux rangées internes qui ne s'élèvent pas au-dessus de la moitié du test. Tout le reste de l'aire est couvert d'une granulation abondante, plus ou moins régulière, variable selon les individus et surtout selon leur état de conservation, et présentant à l'œil des différences assez sensibles.

Péristome assez grand, à fleur du test, quelquefois un peu déprimé, marqué d'entailles bien visibles.

Périprocte circulaire, parfois ovale, s'ouvrant au milieu de l'appareil apical.

Observations. — La plupart des auteurs ont désigné l'*Orthopsis* qu'on rencontre dans l'étage cénomanien sous le nom d'*O. granularis*, et celui de la craie supérieure, sous le nom d'*O. miliaris*. Mais il a toujours été extrêmement difficile de distinguer ces deux espèces ; car les caractères distinctifs sur lesquels on s'appuie ordinairement sont variables, et se retrouvent également sur des individus de chaque terrain. L'un de nous, tout en maintenant la séparation dans la *Paléontologie française* (1), a déjà fait remarquer combien ces deux espèces sont voisines. Les différences signalées s'effacent en effet, ou plutôt passent indifféremment de l'une à l'autre, quand on examine un certain nombre d'exemplaires. L'étude attentive de nos échantillons algériens nous a conduits à réunir les *Orthopsis granularis* et *miliaris* en une seule espèce, à laquelle nous conservons le nom le plus ancien. L'aspect plus granuleux des exemplaires cénomaniens n'est pas un fait constant. Parmi ceux que nous avons sous les yeux, les individus recueillis à Bou Saada sont complétement identiques à ceux qu'on rencontre dans la craie supérieure en Europe ; les tubercules sont fins et paraissent moins abondants, le test a une physionomie plus nue. Les exemplaires recueillis à Aïn Baïra sont plus granuleux ; le test a un aspect plus chagriné, les

(1) Terrains crétacés, t. VII, p. 561.

tubercules semblent plus gros : c'est la variété *granularis*. Il n'y a là qu'une différence locale, qui même n'est pas absolue ; car un des exemplaires provenant de Bou-Saada, plus épais que les autres, à péristome plus enfoncé, reproduit la variété granuleuse. Il ne nous semble donc pas possible de distinguer les deux espèces. Aux individus dont nous parlons nous en avons comparé d'autres recueillis dans la craie supérieure de l'Algérie ; les mêmes variétés se représentent partout ; et si nos échantillons n'avaient pas été soigneusement numérotés, nous ne serions point parvenus à les reconnaître.

Nous possédons un exemplaire de grande taille (44 millimètres de diamètre), trouvé à Bou-Saada, que nous ne rapportons qu'avec réserves à l'*Orthopsis miliaris* : peut-être devait-il être réuni à l'*Ort. ovata*. Il nous a paru moins tuberculeux que les individus appartenant à cette dernière espèce ; sa forme était certainement moins élevée, bien que nous ne puissions pas en préciser exactement la hauteur, le test étant écrasé par accident. Nous croyons y voir l'ensemble des caractères de l'*O. miliaris*. Sa grande taille ne peut pas être une objection, car l'un de nous a rencontré en France, à la Gueule d'Enfer, près des Martigues, un *Orthopsis miliaris* dont le diamètre atteint cinquante millimètres. Toutefois cet exemplaire algérien n'étant pas d'une conservation parfaite, nous laisse quelques doutes, et nous n'osons pas nous prononcer catégoriquement.

LOCALITÉ. — Bou-Saada ; assez commun. — Aïn Baïra ; assez rare. Batna.

Etage cénomanien.

Collections Peron, le Mesle, Jullien.

ORTHOPSIS OVATA, Cotteau 1864. (Coquand sp., 1862).

PSEUDODIADEMA OVATUM, Coquand, *Mém. de la Soc. d'Émul. de la Prov.*, t. II, p. 256, pl. XXVII, fig. 12-21, 1862.

ORTHOPSIS OVATA, Cotteau, *Paléont. franç.*, Terrains crétacés, t. VII, p. 564, pl. 1132, fig. 1-6, 1864.

— — Cotteau, *Echin. nouv. ou peu connus*, p. 145, pl. XIX, fig. 11-12, 1869.

Espèce de grande taille, circulaire, très renflée au pourtour, hémisphérique en dessus, subdéprimée en dessous.

Appareil apical subpentagonal, peu étendu, superficiel, légèrement granuleux. Les deux plaques ocellaires postérieures aboutissent directement au périprocte; les trois autres sont insérées aux angles des plaques génitales.

Zones porifères droites, formées de pores simples, ronds, très ouverts, rapprochés les uns des autres, directement superposés. Ils ne paraissent pas se multiplier près du péristome. Aires ambulacraires étroites, presque partout d'égale largeur, garnies de deux rangées de tubercules perforés, non crénelés, serrés, homogènes, entourés d'un sillon subelliptique plus ou moins prononcé, apparent surtout à l'ambitus et dans la région inframarginale. Ils sont placés sur le bord des zones porifères. L'espace qui sépare les deux rangées est assez large et occupé par des granules abondants, inégaux, épars, le plus souvent mamelonnés. Plaques porifères droites, régulières, marquées de sutures toujours visibles.

Aires interambulacraires relativement très étendues, garnies, vers l'ambitus, de huit rangées de tubercules de même structure que ceux qui couvrent les ambulacres, mais moins serrés et plus gros. Ces huit rangées disparaissent successivement à la face supérieure, s'élevant plus ou moins haut, selon les individus. Deux seulement formées de tubercules un peu plus développés que les autres persistent jusqu'au sommet. Les deux rangées du milieu sont les moins longues et ne s'élèvent pas au-dessus de l'ambitus. Les tubercules interambulacraires occupent la partie inférieure des plaques, et non le milieu, surtout à la partie la plus large de l'oursin; ils sont en outre disposés de manière à former, indépendamment des lignes verticales, des séries obliques assez régulières. De petits tubercules secondaires inégaux, et placés un peu au hasard, se montrent sur le bord des zones porifères et disparaissent à la face supérieure. Granules intermédiaires inégaux, épars, partout assez abondants, tendant à se grouper en cercle autour des tubercules, et affectant dans la région inframarginale une disposition hexagone plus ou moins prononcée. Plaques coronales larges et droites à la face supérieure, longues, étroites et onduleuses vers l'ambitus, visiblement chagrinées dans tout l'espace laissé libre par les granules et les tubercules.

Péristome presque à fleur du test, muni de fortes entailles. Les bords interambulacraires paraissent aussi larges que ceux qui correspondent aux aires ambulacraires.

Périprocte grand, subcirculaire, un peu elliptique.

Rapports et différences. — L'*Orthopsis ovata* n'est connu authentiquement jusqu'à ce jour que par deux exemplaires. L'un, appartenant à la collection Coquand, atteint 48 millimètres de diamètre et 30 de hauteur ; l'autre est à l'Ecole des Mines et ne mesure pas moins de 70 millimètres de diamètre et 54 de hauteur. Cette grande taille, et surtout la hauteur considérable de l'espèce, suffisent pour les distinguer de leurs congénères. Toutefois la disposition des tubercules est remarquablement la même dans toutes les espèces du genre ; les variations sous ce rapport sont plutôt individuelles que spécifiques.

Localité. — Tebessa, Beni-Meloul, près Nifencer.

Etage cénomanien. — Rare.

Collection Coquand, Ecole des Mines à Paris.

Micropedina Cotteaui, Coquand, 1866.

Codiopsis Cotteaui, Coquand, *Mém. de la Soc. d'Émul. de la Prov.*, t. II, p. 254, pl. XXVII, fig. 10-12, 1862.

Micropedina Cotteaui, Coquand *in* Cotteau, *Paléont. franç.*. Terrains crétacés, t. VII, p. 823, pl. 1197, fig. 1-9, 1866.

Taille moyenne ; forme circulaire, quelquefois légèrement pentagonale, renflée à la face supérieure, plus ou moins plate en dessous.

Appareil apical, médiocrement développé, légèrement granuleux, subcirculaire, anguleux et échancré sur les bords. Trois des plaques génitales sont spongieuses et occupées par le corps madréporique, et la plaque antérieure de droite n'est pas plus développée que les autres.

Zones porifères droites, composées de pores bigéminés, formant deux rangées de paires dans toute la longueur. Toutefois la zone se rétrécit un peu au-dessous de l'ambitus, et les paires de pores ont une tendance à s'aligner en une seule rangée, surtout dans les exemplaires de petite taille. Aires ambulacraires pourvues de quatre ou six rangées de tubercules, très peu développés, augmentant à peine de volume au pourtour, perforés, non crénelés. Les deux rangées externes seulement persistent jusqu'au sommet; et même les tubercules à la partie supérieure s'espacent et deviennent un peu irréguliers. Les autres rangées n'ont aucune constance, et montent tantôt plus, tantôt moins, même sur un seul individu. Un grand nombre de granules inégaux, dispersés sans ordre, occupent l'espace laissé libre par les tubercules.

Aires interambulacraires garnies de tubercules semblables à ceux des aires ambulacraires, formant comme eux des rangées plus nombreuses à l'ambitus, où l'on en compte douze ou quatorze. Deux seulement atteignent le sommet : ce sont celles qui occupent le milieu des plaques. Les autres s'arrêtent en chemin, sans règle fixe, parfois même elles ne sont pas symétriques, c'est-à-dire qu'il y en a un plus grand nombre d'un côté de l'aire que de l'autre. Les tubercules sont disposés aussi de manière à former des rangées horizontales, et souvent même elles sont plus régulières dans ce sens que dans le sens vertical. Les granules intermédiaires sont nombreux, très petits, disposés généralement sans ordre, et ont une tendance à dessiner des cercles autour des tubercules. Les plaques coronales sont étroites et allongées.

Péristome petit, subcirculaire, à fleur du test, marqué de faibles entailles. Les lèvres ambulacraires sont plus grandes que celles qui correspondent aux interambulacres.

Périprocte subelliptique, avec une tendance à devenir carré.

Observations. — Le *Micropedina Cotteaui* offre un assez grand nombre de variations. La forme générale est tantôt plus élargie et moins haute, tantôt plus élevée et plus étroite. Un de nos exemplaires, admirablement conservé, est sensiblement convexe à la face inférieure, au lieu d'être presque plat comme les autres ; ce qui lui donne un aspect ovoïde. Le nombre des rangées de tubercules est très inconstant : ainsi, en comparant deux individus de même taille, nous avons trouvé que l'un portait à l'ambitus quinze rangées de tubercules, tandis que l'autre n'en avait que dix. La disposition des pores ambulacraires varie aussi selon la forme plus ou moins large du sujet, et surtout selon l'âge; ils sont à peine bigéminés chez les jeunes, où, sauf près du sommet, les paires s'alignent une par une, mais irrégulièrement; ils le sont très fortement dans les exemplaires de grande taille; mais à la face inférieure ils ont toujours une tendance à se rétrécir en une seule ligne. Un des échantillons recueillis au Bou Thaleb mérite une mention spéciale. Le test est presque partout couvert de petites stries verticales, mal dessinées, variables dans leurs proportions, semblables à celles des *Codiopsis*. Bien qu'il soit de taille médiocre, les pores sont fortement bigéminés à la face supérieure; les tubercules interambulacraires sont un peu plus gros à la face inférieure. Tous les autres détails concordent avec le type, et il ne nous a point paru possible de séparer cet exemplaire spécifiquement.

L'un de nous a signalé (1) un exemplaire très jeune dont les pores semblent disposés par simples paires du sommet au péristome. Le fait est exact; mais il est bien difficile de discerner si cet individu doit être rapporté au *Micropedina Cotteaui* ou au *Pedinopsis Desori*.

Localité. — Batna, Aïn Baïra, Djebel Bou-Thaleb.

Etage cénomanien.

Collections Coquand, Cotteau, Peron, Gauthier.

Goniopygus Menardi, Agassiz, 1838.

Goniopygus Brossardi, Coquand, *in* Cotteau, *Paléont. franç.* Terrains crétacés, t. VII, p. 732, pl. 1179, fig. 1-7, 1865.

— — Brossard, *Géol. subdiv. de Sétif*, p. 227, 1867.

Test de moyenne taille. circulaire, parfois subpentagonal, médiocrement élevé, à peu près plat en dessous.

Appareil apical assez grand, quoique moins développé que dans certaines espèces du genre, à pourtour fortement découpé, à surface lisse. Le corps madréporiforme entoure la plaque antérieure de droite comme une étroite bande spongieuse; et trois

(1) *Paléont. franç.*, t. VII, p. 825.

des plaques génitales portent à la base un petit granule placé dans une échancrure. Les pores oviducaux s'ouvrent à l'extrémité interne des plaques.

Zones porifères droites, composées de pores petits, arrondis, disposés obliquement par simples paires, séparés dans chaque couple par un fort renflement granuliforme. Ils se multiplient près du péristome. Aires ambulacraires très étroites, garnies de deux rangées de tubercules serrés, homogènes, peu développés, augmentant à peine de volume vers l'ambitus, au nombre de quinze à seize dans les grands exemplaires. L'espace qui sépare les deux rangées est restreint et à peu près nu, sauf quelques petits granules au pourtour.

Aires interambulacraires assez larges, pourvues de deux rangées de tubercules imperforés, sans crénelures, gros à l'ambitus, diminuant beaucoup de volume à la partie supérieure, au nombre de huit par série. Granules intermédiaires assez abondants et assez développés au pourtour et à la face inférieure. Plus haut, ils deviennent très fins, de sorte que la zone miliaire parait lisse, si peu que le test soit usé.

Péristome grand, subcirculaire, situé dans une très légère dépression du test. Il est marqué de dix entailles bien sensibles.

Périprocte irrégulièrement triangulaire, à angles arrondis et formés, comme nous l'avons dit, par l'échancrure de trois plaques génitales.

L'un de nous a décrit cette espèce dans la *Paléontologie française* en lui conservant le nom de *Goniopygus Brossardi*, que M. Coquand lui avait donné en collection. Les exemplaires étudiés à cette époque provenaient tous du Djebel-Mahdid, près de Sétif, et offraient quelques caractères particuliers peu importants sans doute, qui avaient engagé M. Coquand à en faire une espèce particulière. Nous avons pu depuis en recueillir un assez grand nombre d'autres, dans diverses localités, et nous n'hésitons pas à les rapporter au *Goniop. Menardi*. Cette réunion a d'ailleurs déjà été faite par M. Cotteau dans sa description des échinides du Hainaut (1). Les différences signalées ne sont pas constantes ; et la

(1) *Bull. Soc. géol.*, 1874, p. 647.

plupart des exemplaires sont tellement identiques à ceux qu'on a trouvés en France, qu'il n'est pas possible d'en faire une espèce particulière. La forme plus pentagonale et plus déprimée des individus du Djebel-Mahdid ne se retrouve pas dans ceux qui proviennent de Bou-Saada; les aires ambulacraires sont aussi larges dans ces derniers que dans ceux qu'on recueille au Mans; aussi sommes-nous persuadés aujourd'hui que le *G. Brossardi* doit être supprimé de la nomenclature.

Localité. — Djebal-Mahdid, au sud-est de Sétif; Bou-Saada; Bordj du Scheik Messaoud; Aïn-Baïra; Batna.

Etage cénomanien. — Assez commun.

Collections Coquand, Peron, Cotteau, Gauthier, Jullien.

Goniopygus Coquandi, Cotteau, 1865.

Goniopygus Coquandi, Cotteau, *Paléont. franç.*, t. VII, p. 746, pl, 1185, fig. 1-7, 1865.

L'exemplaire unique qui, jusqu'à présent, représente cette espèce, ayant déjà été décrit par l'un de nous, et aucune notion nouvelle n'étant venue s'ajouter à la description donnée, nous croyons devoir tout simplement la reproduire.

Espèce de taille moyenne subcirculaire, haute, renflée, très légèrement subconique en dessus, presque plane en dessous.

Appareil apical relativement peu étendu, épais, rugueux, d'un aspect chagriné, marqué de sillons plus ou moins profonds qui aboutissent au centre des plaques, et présentent, sur le bord du périprocte, une série distincte de renflements granuliformes. Plaques génitales anguleuses et perforées comme toujours à leur extrémité externe.

Zones porifères droites, composées de pores petits, séparés par un renflement granuliforme plus large et plus apparent à la face supérieure que vers l'ambitus et dans la région inframarginale, se multipliant à peine autour du péristome.

Aires ambulacraires garnies de deux rangées de tubercules espacés, assez fortement mamelonnés, malgré leur petite taille, homogènes à la face supérieure, augmentant très sensiblement de volume au-dessus de l'ambitus et dans la région inframarginale, au nombre de dix-sept à dix-huit par série. L'espace qui sépare les deux rangées est occupé par de petits granules assez abondants, mais dont le nombre diminue à la face inférieure, où les tubercules plus développés, remplissent presque entièrement l'aire ambulacraire.

Aires interambulacraires pourvues de deux rangées de tubercules assez gros, saillants, serrés, entourés de scrobicules larges, subelliptiques et se touchant par la base, diminuant rapidement de volume près du sommet et du péristome, au nombre de dix à onze par série. Granules intermédiaires abondants, inégaux, mamelonnés, formant, dans la zone miliaire, deux rangées subsinueuses, apparentes surtout vers l'ambitus, se montrant également sur le bord des interambulacres. Ces granules sont accompagnés de verrues microscopiques et éparses, qui, à la face supérieure, sont répandues autour des scrobicules et remplacent les granules.

Péristome médiocrement développé, subcirculaire, un peu enfoncé, muni d'entailles relevées sur les bords.

Périprocte grand, subelliptique, vaguement triangulaire.

Rapports et différences. — Le *Goniopygus Coquandi* se distingue nettement de ses congénères par sa forme élevée, ses aires ambulacraires garnies de tubercules qui augmentent sensiblement de volume vers l'ambitus, ses tubercules interambulacraires plus abondants que dans les autres espèces, son périprocte largement ouvert et granuleux sur les bords, son appareil apical rugueux, sillonné et relativement très étroit. L'ensemble de ses caractères le rapproche un peu des individus très jeunes du *G. major;* cependant il sera toujours très facilement reconnaissable à sa forme moins conique à ses tubercules interambulacraires plus gros, à son appareil apical beaucoup moins étoilé, à son périprocte plus grand et subtriangulaire.

Localité. — Djebel-Zarouga, au sud de Sétif.

Etage cénomanien. — Très rare.

Collection Coquand.

GONIOPYGUS MESLEI, Peron et Gauthier, 1879.

Pl. XVI, fig. 1-4.

Dimensions : Diamètre, 28 mill. — Hauteur, 12.

Espèce circulaire, large, assez élevée, déprimée à la partie supérieure, plate en dessous.

Appareil apical médiocrement étendu ; plaques génitales pentagones, d'apparence lisse, perforées à l'extrémité externe ; plaques ocellaires plus petites, s'intercalant dans les angles. L'appareil est d'ailleurs assez mal conservé dans notre exemplaire.

Zones porifères droites, composées de paires simples de pores arrondis et très rapprochés l'un de l'autre, quoique séparés par un renflement granuliforme. Aires ambulacraires saillantes, de même largeur partout, excepté près du sommet, où elles se rétrécissent légèrement. Tubercules ambulacraires homogènes, peu développés, formant deux rangées régulières, au nombre de seize par série. L'espace qui sépare les deux rangées est assez grand, et il est occupé par des granules assez développés, bien visibles, et nombreux à l'ambitus. L'intervalle étant plus resserré à la face supérieure, ils sont nécessairement moins abondants ; mais ils ne diminuent pas de volume, sauf tout près de la plaque ocellaire. Ces granules sont accompagnés de petites verrues abondantes et inégales.

Aires interambulacraires larges, portant deux rangées de tubercules scrobiculés, sans crénelures ni perforation, au nombre de neuf, dont les quatre du milieu beaucoup plus développés que les autres. La zone miliaire est occupée par deux rangées régulières de granules, qui persistent à la face supérieure et ne disparaissent que près du sommet. Sur les bords de l'aire, près de la zone porifère, on ne voit qu'un seul granule entre les quatre plus gros tubercules, tout l'espace étant occupé par ceux-ci.

Péristome assez grand, à fleur du test.

Périprocte largement ouvert, au milieu des plaques génitales, à peu près ovale.

Rapports et différences. — Nous ne possédons qu'un exemplaire du *Goniopygus Meslei*, et même la conservation n'en est point parfaite. Il nous a paru se distinguer de tous ses congénères par des caractères précis. Il diffère du *G. Menardi* par sa forme plus haute et plus cylindrique en quelque sorte, par ses aires ambulacraires et interambulacraires plus granuleuses, par son appareil apical un peu moins étendu, par une physionomie toute particulière. L'espèce dont il se rapproche le plus est le *G. Coquandi* que nous venons de décrire. Toutefois, nous n'hésitons pas à les séparer, car il existe des caractères différentiels bien tranchés. Notre espèce est un peu moins haute et plus élargie ; l'appareil apical est tout différent, puisqu'il est lisse, tandis qu'il est marqué de fortes impressions dans le *G. Coquandi* ; les plaques génitales sont plus grandes et plus acuminées extérieurement. Les granules ambulacraires sont plus homogènes dans le *G. Meslei*, l'aire est plus uniformément large, les petits granules intermédiaires sont plus nombreux et plus saillants à l'ambitus. L'aire interambulacraire offre aussi une différence en ce que la granulation de la zone miliaire est plus régulière et monte plus haut ; les granules externes sont en outre réduits à trois pour tout l'ambitus, tandis que dans le *G. Coquandi* cette partie est couverte de nombreux granules qui forment même plusieurs lignes. Nous croyons donc les deux espèces bien distinctes, malgré quelques caractères communs, comme, par exemple, le nombre et la disposition des tubercules interambulacraires.

Localité. — L'exemplaire que nous venons de décrire a été recueilli par M. Le Mesle dans l'est du bordj du Scheik Messaoud.

Etage cénomanien. — Très rare.

Collection Gauthier.

Description des Figures. — Pl. XVI, fig. 1, *Goniopygus Meslei*, vu de côté ; fig. 2, face sup. ; fig. 3, face inf. ; fig. 4, aire ambulacraire grossie.

Goniopygus Messaoud, Peron et Gauthier, 1879.

Pl. XV, fig. 12-15.

Dimensions : Diamètre, 29 mill. — Hauteur, 18.

Espèce de grande taille, de forme circulaire, médiocrement

élevée, déprimée à la partie supérieure, à peu près plate en dessous.

Appareil apical saillant, épais, relativement peu développé, très anguleux au pourtour. Les plaques génitales sont en fer de lance, mais ne pénètrent que très peu dans l'aire interambulacraire; elles sont perforées à l'extrémité externe, et trois d'entre elles offrent à la base, où elles forment le contour du périprocte, une légère sinuosité dans laquelle est logé un assez fort granule. Le corps madréporiforme est digne de remarque : il est placé à la suite de la pointe externe de la plaque antérieure de droite, renflé comme elle, effilé, de sorte qu'il la prolonge sensiblement dans l'aire interambulacraire. Plaques ocellaires aussi grandes que les plaques génitales, saillantes et séparées par de profondes sutures non marquées d'impressions. Tout l'appareil est d'apparence lisse.

Zones porifères onduleuses, composées de paires simples de pores obliques et réunis par un sillon, se multipliant peu autour du péristome. Aires ambulacraires renflées, étroites, portant deux rangées de tubercules très saillants, sans crénelure ni perforation, paraissant alterner à cause de l'étroitesse de l'aire qu'ils occupent entièrement sans laisser d'espace pour des granules intermédiaires. C'est à peine si à l'ambitus on en distingue quelques-uns. Les tubercules sont au nombre de onze par série.

Aires interambulacraires larges, portant deux rangées de tubercules imperforés, non crénelés, extrêmement saillants à l'ambitus, assez distants l'un de l'autre, au nombre de sept ou huit par rangée. Ils laissent entre eux un espace assez considérable, qui est presque nu à la face supérieure, sauf de très petites verrues qu'on distingue parfois sur la suture médiane. A l'ambitus on trouve de gros granules mamelonnés, très peu nombreux, qui forment des cercles imparfaits autour des tubercules les plus saillants.

Péristome largement ouvert, à fleur du test, visiblement entaillé.

Périprocte triangulaire, mais à pourtour sinueux et irrégulier.

On trouve avec cette espèce de gros radioles, conformes à ceux que portent ordinairement les *Goniopygus*, et qui vraisemblablement doivent appartenir au *G. Messaoud*. Ils sont épais, longs de près de deux centimètres, à facette articulaire lisse, à bouton assez saillant, à collerette peu rétrécie et courte. L'extrémité de chacun d'eux est marquée de six ou sept arêtes longitudinales, bien accusées. Les plus saillantes se prolongent, mais d'une manière à peine sensible, sur tout le corps du radiole jusqu'au bouton. Toute la surface paraît lisse.

Rapports et différences. — Il suffit d'avoir vu un seul exemplaire du *G. Messaoud* pour le distinguer facilement de toutes les autres espèces. Sa grande taille, ses plaques apicales renflées et séparées par de profondes sutures, bien que l'appareil soit peu étendu relativement, les tubercules très saillants qui couvrent les aires ambulacraires et interambulacraires, la nudité du test presque dépourvu de granulation, lui donnent une physionomie particulière, qui ne permet pas de le confondre avec ses congénéres. Comme taille, il se rapproche du *G. major*; mais il n'y a guère que ce caractère de commun entre ces deux espèces si différentes quand on les met en parallèle. On ne saurait non plus le rapprocher du *G. Menardi*, qui atteint quelquefois un développement assez considérabte, mais dont les détails ne concordent nullement avec ceux que nous venons de signaler. Aucun type européen ne reproduit cet aspect rugueux et hérissé qui est propre à notre espèce algérienne.

LOCALITÉ. — Bordj du Scheik Messaoud, à 45 kilomètres sud de Sétif.

Etage cénomanien. — Assez commun.

Collections Peron, Gauthier, Cotteau.

EXPLICATION DES FIGURES. — Pl. XV, fig. 12, *Goniopygus Messaoud*, vu de côté; fig. 13, face sup.; fig. 14, face inf.; fig. 15, radiole.

GONIOPYGUS IMPRESSUS, Peron et Gauthier, 1879.

Pl. XVI, fig. 5-9,

Dimensions. . . .	Diamètre, 14	— Hauteur, 7	— Péristome, 7.
Taille ordinaire. .	— 9	— 4 50	— 5

Espèce de petite taille, circulaire, peu élevée, deprimée à la partie supérieure, à peu près plate, quelquefois légèrement concave en dessous.

Appareil apical de moyenne grandeur, circulaire, dentelé sur les bords. Les plaques génitales sont beaucoup plus grandes que les plaques ocellaires; elles portent au milieu une impression bien marquée. Le pore oviducal, difficilement visible, est à la pointe extérieure de la plaque. Les plaques ocellaires s'intercalent dans les angles rentrants. Dans les exemplaires jeunes, l'appareil est marqué d'un grand nombre d'impressions qui lui donnent un aspect tout déchiré; dans les exemplaires moyens, les impressions suturales sont moins larges et moins nombreuses; elles diminuent encore dans les grands individus, chez qui, par contre, l'impression médiane de chaque plaque génitale est plus accentuée.

Zones porifères droites, composées de pores arrondis et disposés par simples paires, paraissant à peine se multiplier autour du péristome. Aires ambulacraires relativement assez larges, portant deux rangées de petits tubercules qui diminuent sensiblement de volume près du sommet, au nombre de douze ou treize par série dans le plus grand exemplaire. Des granules très fins occupent l'espace resté libre entre les deux rangées, sans former des lignes régulières.

Aires interambulacraires médiocrement larges, portant deux rangées de tubercules peu développés, sans crénelures ni perforation, plus gros à l'ambitus qu'à la partie supérieure ou inférieure, au nombre de huit à neuf. Zone miliaire étroite, offrant des rangées mal dessinées de petits granules. Quelques-uns s'étendent horizontalement entre les tubercules, autour desquels ils forment des cercles incomplets.

Péristome presque à fleur du test, assez grand, circulaire, sensiblement entaillé.

Périprocte grand et presque rond, entouré par les plaques génitales, dont les échancrures sont peu accentuées.

Rapports et différences. — Les impressions suturales et autres que porte l'appareil apical du *Goniopygus impressus* le font distinguer facilement de ses congénères. Le *G. Coquandi*, dont l'appareil est aussi déchiré, s'en éloigne par un grand nombre de caractères importants : il atteint une taille beaucoup plus grande, il est bien plus élevé ; l'appareil apical est moins developpé relativement, la disproportion entre les tubercules ambulacraires et interambulacraires est plus considérable. L'espèce la plus voisine est le *Goniopygus Loryi* de l'étage aptien du Dauphiné. Les impressions suturales de l'appareil apical sont moins nombreuses dans notre espèce algérienne et autrement disposées ; l'ensemble est plus déprimé, le périprocte est plus arrondi, les granules qui entourent les tubercules sont plus nombreux. Il est facile de distinguer les deux espèces, quoiqu'elles aient un air de ressemblance.

Localité. — Bou-Saada.

Etage cénomanien supérieur. — Assez commun.

Collections Peron, Gauthier, Cotteau.

Explication des Figures. — Pl. XVI, fig. 5, *Goniopygus impressus*, vu de côté; fig. 6, face sup.; fig. 7, portion des aires ambulacraires grossie ; fig. 8, plaques interambulacraires grossies ; fig. 9, appareil apical grossi.

Goniopygus conicus, Peron et Gauthier, 1879.

Pl. XVI, fig. 10-12.

Dimensions : Diam. 18 mill. — Haut. 13 mill. — Périst. 9 mill.

Espèce de taille moyenne, circulaire, élargie au pourtour, déprimée dans son ensemble ; la partie supérieure se retrécit beaucoup et s'allonge en un petit cône, large à la base et couronné par l'appareil apical. Partie inférieure à peu près plate.

Appareil apical médiocrement développé, dentelé sur les bords, d'apparence lisse. Les cinq plaques apicales sont pentagonales, et trois d'entre elles, entourant le périprocte, présentent de ce côté un sinus qui renferme un petit granule. Le corps madréporiforme borde à droite et à gauche la plaque qui le porte. Les cinq plaques ocellaires, plus petites que les autres, s'intercalent dans les angles des plaques génitales.

Zones porifères droites, formées de paires de pores directement superposées et obliques. Aires ambulacraires portant deux rangées de petits tubercules, rapprochés, homogènes, augmentant à peine de volume à l'ambitus. Entre les deux rangées on distingue un grand nombre de granules fins et délicats, disposés sans ordre apparent.

Aires interambulacraires larges, portant deux rangées de tubercules, sans perforation ni crénelures, au nombre de sept ou huit. Ils sont petits près du péristome, augmentant rapidement de volume jusqu'au cinquième, qui est le plus gros, puis diminuant brusquement, les plus élevés étant très petits. Autour des gros tubercules et surtout sur la suture médiane de l'aire, on distingue des granules rares et disséminés.

Péristome de grandeur moyenne, à fleur du test.

Périprocte irrégulièrement triangulaire.

Rapports et différences. — Nous ne possédons qu'un exemplaire de cette espèce; mais il a une physionomie si différente de tous ceux que nous venons de décrire, que nous n'hésitons pas à en faire le type d'une nouvelle coupe spécifique. Le peu d'élévation du test par rapport au diamètre, la forme conique et rétrécie que prend la partie supérieure, la diminution brusque des tubercules interambulacraires suffisent pour faire facilement distinguer le *Goniopygus conicus* de tous ses congénères.

LOCALITÉ. — Beccaria, département de Constantine.

Etage cénomanien. — Très rare.

Collection Peron.

EXPLICATION DES FIGURES. — Pl. XVI, fig. 10, *Goniopygus conicus*, vu de côté; fig. 11, face sup.; fig. 12, appareil apical grossi.

RÉSUMÉ SUR LES GONIOPYGUS.

L'étage cénomanien nous a fourni six espèces appartenant au genre Goniopygus. Ce sont les *G. Menardi*, *G. Coquandi*, *G. Meslei*, *G. Messaoud*, *G. impressus*, *G. conicus*.

De ces six espèces les deux premières ont déjà été décrites ailleurs; les quatre autres sont nouvelles et sont signalées pour la première fois.

Elles présentent une localisation de faune remarquable, car

toutes appartiennent aux gisements de l'Algérie méridionale; aucune espèce n'a encore été rencontrée dans le Tell.

Toutes sont spéciales à l'étage cénomanien; les étages inférieurs ne nous ont rien donné que nous puissions leur rapporter.

Une seule de ces espèces, le *G. Menardi*, a été recueillie en Europe; la plupart des exemplaires algériens n'offrent aucune différence avec ceux qu'on a trouvés en France; les quelques divergences qu'on a pu remarquer sont tout individuelles.

Les cinq autres sont jusqu'à présent spéciales à l'Algérie, et même chacune d'elles a une seule localité. Cette dernière remarque n'a évidemment rien d'absolu, et peut être modifiée par des recherches ultérieures.

Codiopsis doma, Agassiz, 1850.

Cadiopsis doma, Cotteau, *Paléont. franç.*, Terrains crétacés, t. VII, p. 785.
— — Brossard, *Géol. sub. de Sétif*, p. 227.

Taille variable, le plus souvent assez grande; forme tantôt haute et rétrécie à la base, tantôt moins élevée, mais plus large à l'ambitus, pentagonale.

Appareil apical à fleur du test, composé de cinq plaques génitales larges et perforées près du bord externe, et de cinq plaques ocellaires qui s'intercalent dans les angles. Le corps madréporiforme, non saillant, d'apparence spongieuse, occupe presque toute la plaque génitale antérieure de droite.

Zones porifères droites, composées de simples paires de pores directement superposées dans presque tous les exemplaires. Ils changent d'aspect dans la partie inférieure; la zone se rétrécit, les pores sont plus petits et se multiplient autour du péristome. Aires ambulacraires renflées légèrement à l'ambitus, étroites à la partie supérieure, puis gardant une largeur à peu près égale sur toute la surface du test. A la partie inférieure, elles sont garnies de deux rangées de petits tubercules, sans crénelures ni perforation, qui deviennent plus gros à mesure qu'ils s'élèvent, mais n'atteignent pas l'ambitus. Ces deux rangées, près du péristome, occupent le milieu de l'aire ambulacraire, laissant de chaque côté un espace assez large couvert de petits granules, au milieu desquels s'ouvrent, dans de petites impressions, les pores multipliés de la zone porifère. Au-dessus des tubercules, l'aire change tout à coup d'aspect ; le test est couvert de stries longitudinales, onduleuses, très fines, au milieu desquelles on aperçoit quatre rangées plus ou moins régulières de gros granules, et, sur les exemplaires bien conservés, de petits mamelons, saillants, disséminés au hasard. Ces mamelons, facilement caducs, ne doivent être au complet sur aucun de nos exemplaires, et paraissent avoir été assez nombreux.

Aires interambulacraires très larges, déprimées surtout dans les individus dont la forme pentagonale est plus accentuée. Elles portent à la base six rangées de tubercules, semblables à ceux de l'ambulacre, les rangées externes étant les plus grandes, mais n'excédant pas l'ambitus ; elles s'élargissent en éventail, puis cessent tout à coup, et le test présente alors le même aspect que dans les aires ambulacraires. Les stries délicates qui le couvrent sont également parsemées de granules, et portent des mamelons disposés sans aucun ordre apparent.

Péristome peu développé, pentagonal, à fleur du test, dépourvus d'entailles comme chez les *Cidaris*.

Périprocte circulaire, assez grand.

Rapports et différences. — Nos exemplaires sont parfaitement conformes à ceux qu'on rencontre en Europe, et comme eux offrent deux variétés, l'une élancée, rétrécie à l'ambitus, très haute, au point que parfois la hauteur est égale au diamètre ; l'autre plus déprimée, plus large, plus pentagonale. Mais des termes intermédiaires conduisent de l'une à l'autre forme extrême, et il n'est pas possible de les séparer spécifiquement. Le *Codiopsis doma* semble avoir atteint une taille plus considérable en Algérie qu'en France. L'un de nos exemplaires ne mesure pas moins de 38 millimètres de diamètre et 33 millimètres de hauteur. A ce point de développement, les zones porifères subissent une modification importante. Les paires de pores, au lieu d'être directement superposées, prennent une disposition oblique par groupe de trois, c'est-à-dire sur chaque plaque ambulacraire.

Il ne s'agit point ici d'un simple dédoublement, comme dans certains *Pseudodiadema*, mais d'un arrangement presque analogue à celui des *Psammechinus*. Ce caractère, très fortement accusé à la face supérieure de notre grand exemplaire, se continue sur toute la longueur du test, jusqu'à l'endroit où, près du péristome, les zones porifères s'élargissent notablement par la multiplication des pores. Nous avons pu constater la même particularité, naturellement moins accentuée, sur un exemplaire de taille bien inférieure, puisqu'il ne mesure que 24 millimètres de diamètre et 19 de hauteur. Ce dernier individu appartient à la variété élargie ; notre plus grand à la variété élancée ; le fait est donc général et mérite l'attention.

Localité. — Bordj du Scheik Messaoud, dans les premières assises calcaires qui surmontent les marnes grises inférieures. M. Brossard l'a recueilli au Djebel-Mahdid, à peu près dans la même région.

Etage cénomanien. — Assez commun.

Collections Peron, Gauthier, Coquand, Le Mesle.

Codiopsis Aïssa, Peron et Gauthier, 1879.

Pl. XVI, fig. 13-17.

Dimensions : Diamètre, 11 mill. — Haut. 6 mill.

Espèce de petite taille, subcirculaire, légèrement pentagonale à l'ambitus, presque hémisphérique, plate en dessous, avec bord à demi-tranchant.

Appareil apical assez grand, formant une légère saillie. Les cinq plaques génitales sont couvertes d'un grand nombre de granules, dont les plus gros forment comme une couronne autour du périprocte. Ces granules, parfois irréguliers, sont facilement caducs et ne sont visibles que sur les exemplaires assez bien conservés. Le corps madréporiforme est d'apparence spongieuse. Le pore oviducal, situé presque au milieu de la plaque, est entouré d'un petit bourrelet. Les plaques ocellaires sont plus petites et intercalées dans les angles.

Zones porifères droites, composées de pores disposés par simples paires et séparés par un renflement granuliforme.

Aires ambulacraires un peu renflées, portant près du péristome deux rangées de petits tubercules, sans crénelures ni perforation, au nombre de quatre par série. Ces tubercules n'occupent guère que la face inférieure. Au-dessus du bord, ils sont remplacés par des empreintes allongées, irrégulières, au milieu desquelles on aperçoit de place à autre des tubercules semblables à ceux de la partie inférieure, fort variables selon les exemplaires, et complétement absents quand le test est un peu usé.

Aires interambulacraires portant à la face inférieure une ligne presque horizontale de tubercules semblables à ceux des ambulacres, et formant comme un feston autour du péristome. Au-dessus du bord, le test est couvert d'empreintes striées, de légers sillons onduleux, très rapprochés, au milieu desquels se trouvent aussi des tubercules irréguliers et disséminés sans ordre.

Péristome grand, à fleur du test, subcirculaire.

Périprocte arrondi, placé au milieu de l'appareil apical.

Rapports et différences. — Le *Codiopsis Aïssa* a la plus grande ressemblance avec le *C. Arnaudi*, qu'on trouve en France dans l'étage sénonien ; et, tout en désignant les exemplaires algériens par un nom spécifique nouveau, nous ne sommes pas très certains de la valeur des caractères différentiels que nous avons pu remarquer. Dans l'espèce sénonienne, la forme est ordinairement plus pentagonale, le bord paraît un peu plus tranchant; on compte un tubercule ambulacraire de plus à la face inférieure, et les pores oviducaux, dans l'appareil apical, paraissent un peu plus éloignés du périprocte. Pour tout le reste, il y a identité parfaite. Le *Codiopsis Arnaudi* porte, comme le *C. Aïssa*, des tubercules irréguliers et facilement caducs sur les aires ambulacraires et interambulacraires. Le sommet montre également une couronne de granules autour du périprocte. Ces détails ne ressortent pas bien dans la figure qu'en a donnée l'un de nous dans la *Paléontologie française* (1) par suite de l'insuffisance des matériaux quand cette espèce fut décrite. Nous avons pu nous procurer depuis des exemplaires plus complets et plus grands, et, sauf les

(1) Terrains crétacés, t. VII, pl. 1192, fig. 12-18.

quelques différences indiquées plus haut la physionomie est complétement celle du *C. Aïssa.*

Localité. — Bou-Saada.

Etage cénomanien moyen. — Rare.

Collection Peron.

Expication des Figures. — Pl. XVI, fig. 13, *Codiopsis Aïssa*, vu de côté; fig. 14, face sup.; fig. 15, face inf.; fig. 16, partie inférieure de l'aire interambulacraire grossie; fig. 17, appareil apical grossi.

Cottaldia Benettiæ, Cotteau, 1859.

Exemplaire unique, médiocrement conservé, mais dont l'assimilation aux exemplaires européens ne saurait être mise en doute.

La taille est très grande relativement; la forme renflée, subcirculaire, arrondie à l'ambitus.

Appareil apical de médiocre dimension, très granuleux. Les plaques génitales, largement perforées au milieu, occupent la plus grande place; les plaques ocellaires sont petites et intercalées dans les angles.

Zones porifères droites, composées de simples paires de pores directement superposées. Les pores sont petits et ronds; ils se multiplient près du péristome.

Aires ambulacraires légèrement renflées, portant un grand nombre de petits tubercules dépourvus de crénelures et de perforation, formant dix rangées verticales irrégulières. Ces mêmes tubercules se trouvent également disposés de manière à former des séries horizontales. Des lignes de granules très fins accompagnent les tubercules dans les deux sens.

Aires interambulacraires larges, couvertes, comme les aires ambulacraires, de très nombreuses rangées, à la fois verticales et horizontales de petits tubercules. Des granules intermédiaires garnissent tout l'espace resté libre; ce qui contribue à donner au test un aspect finement rugueux très caractéristique.

Périprocte anguleux, situé au milieu de l'appareil apical.

Péristome de médiocre grandeur, trop déformé dans notre exemplaire pour que nous puissions donner d'autres détails.

Localité. — Bordj du Scheik Messaoud, couche à *Codiopsis doma*.

Etage cénomanien. — Rare.

Collection Peron.

Erratum. — La première ligne de texte de la page 97 doit être reportée à la fin de la même page.

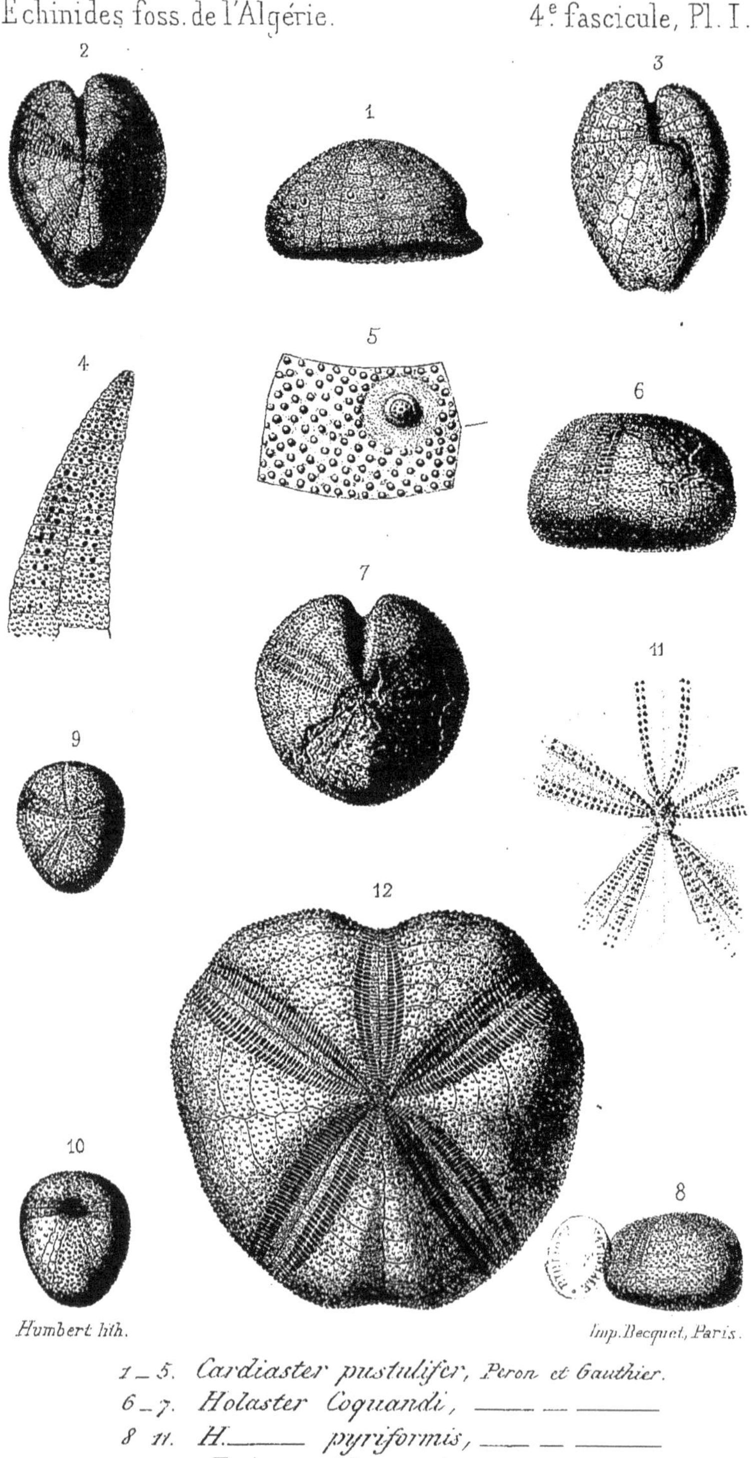

Humbert lith. Imp. Becquet, Paris.

1 _ 5. *Cardiaster pustulifer*, Peron et Gauthier.
6 _ 7. *Holaster Coquandi*, _____ _ _____
8 11. *H.____ pyriformis*, _____ _ _____
12. *Epiaster Vatonnei*, Coquand.

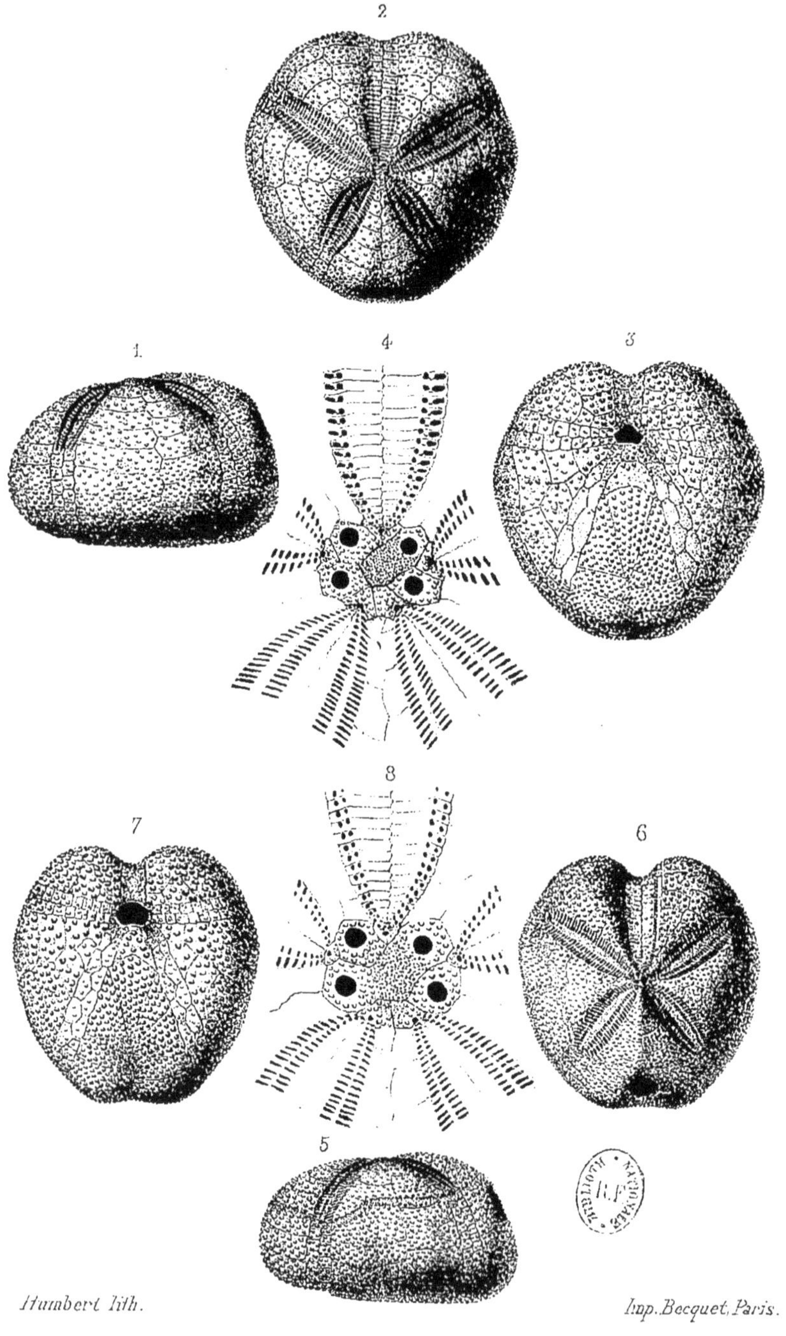

Humbert lith. Imp. Becquet, Paris.

1 _ 4. *Epiaster Henrici*, Peron et Gauthier.
5 _ 8. *Hemiaster Meslei*, ——— — ———

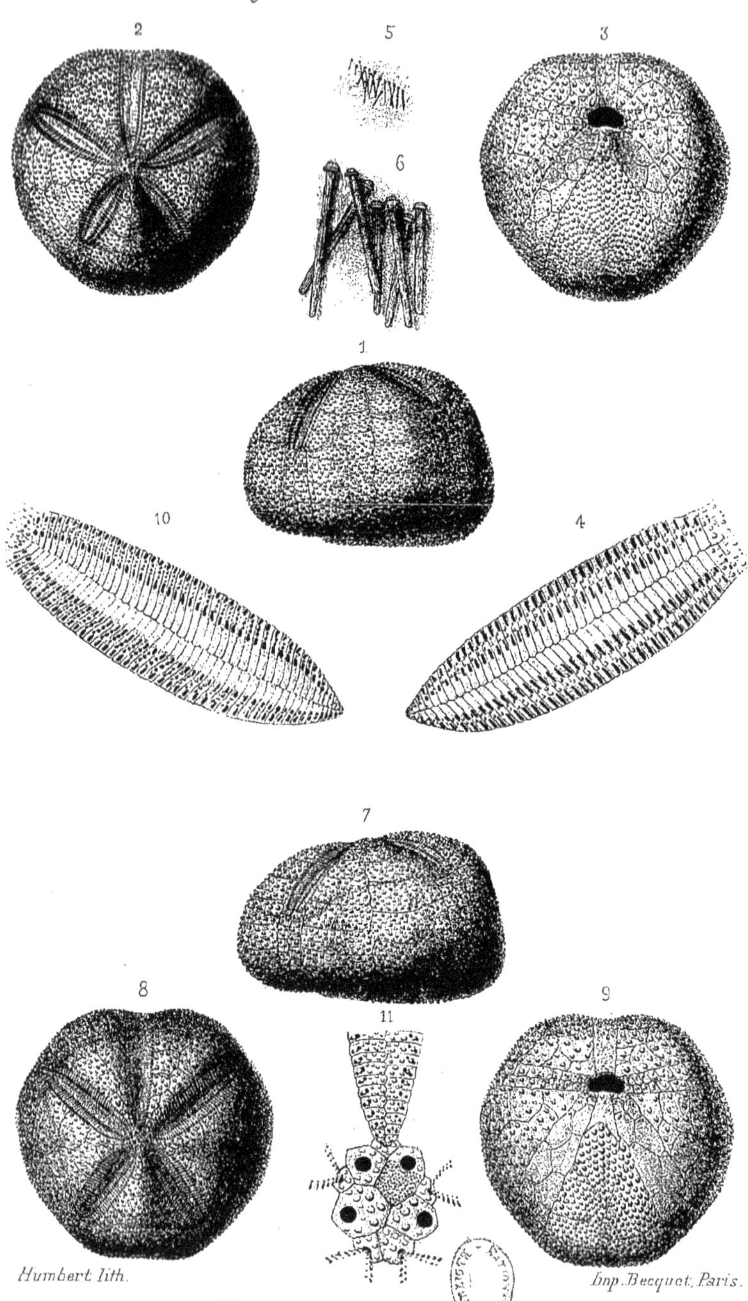

Humbert lith. Imp. Becquet, Paris.

1-6. *Hemiaster Nicaisei*, Coquand.
7-11. *H. ——— Ameliæ*, Peron et Gauthier.

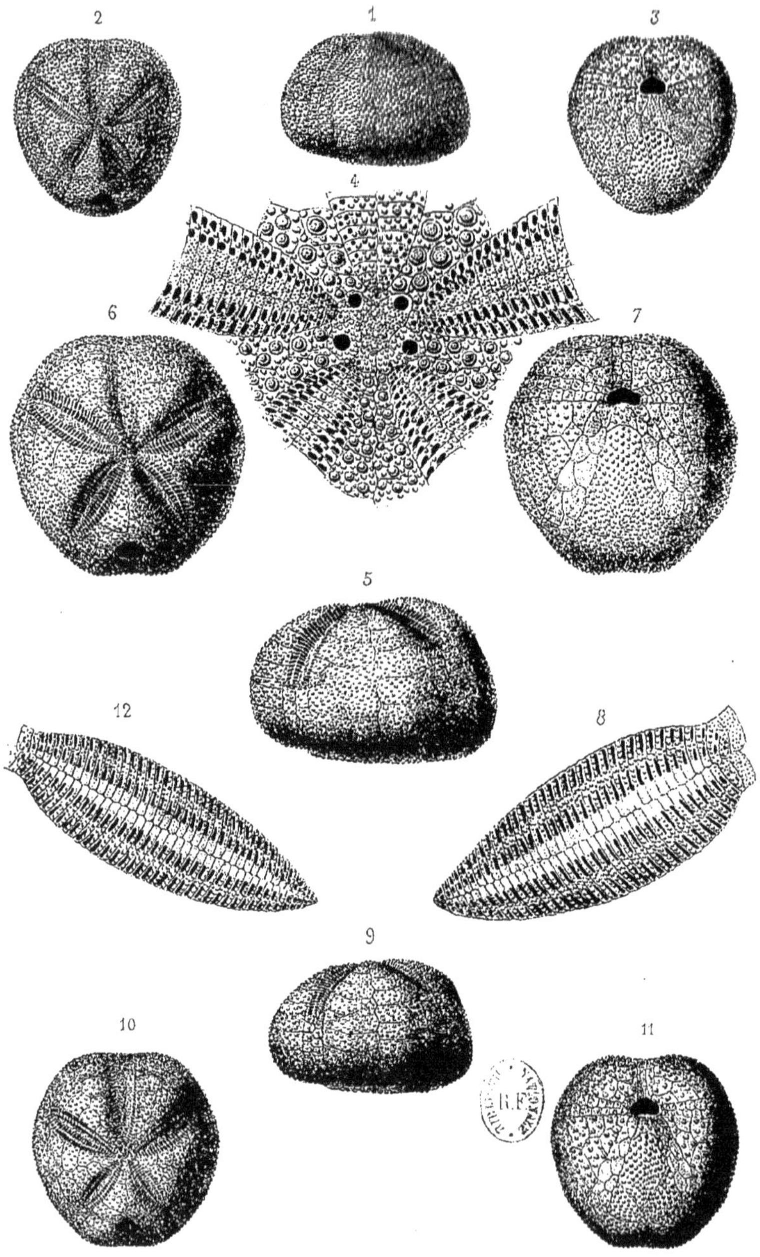

Humbert lith. Imp. Becquet, Paris.

1–4. *Hemiaster granosus*, Coquand.
5–8. *H. —— pseudofourneli*, Peron et Gauthier.
9–12. *H. —— Gabrielis*, —— —— ——

Echinides foss. de l'Algérie. 4e Fascicule, Pl. V.

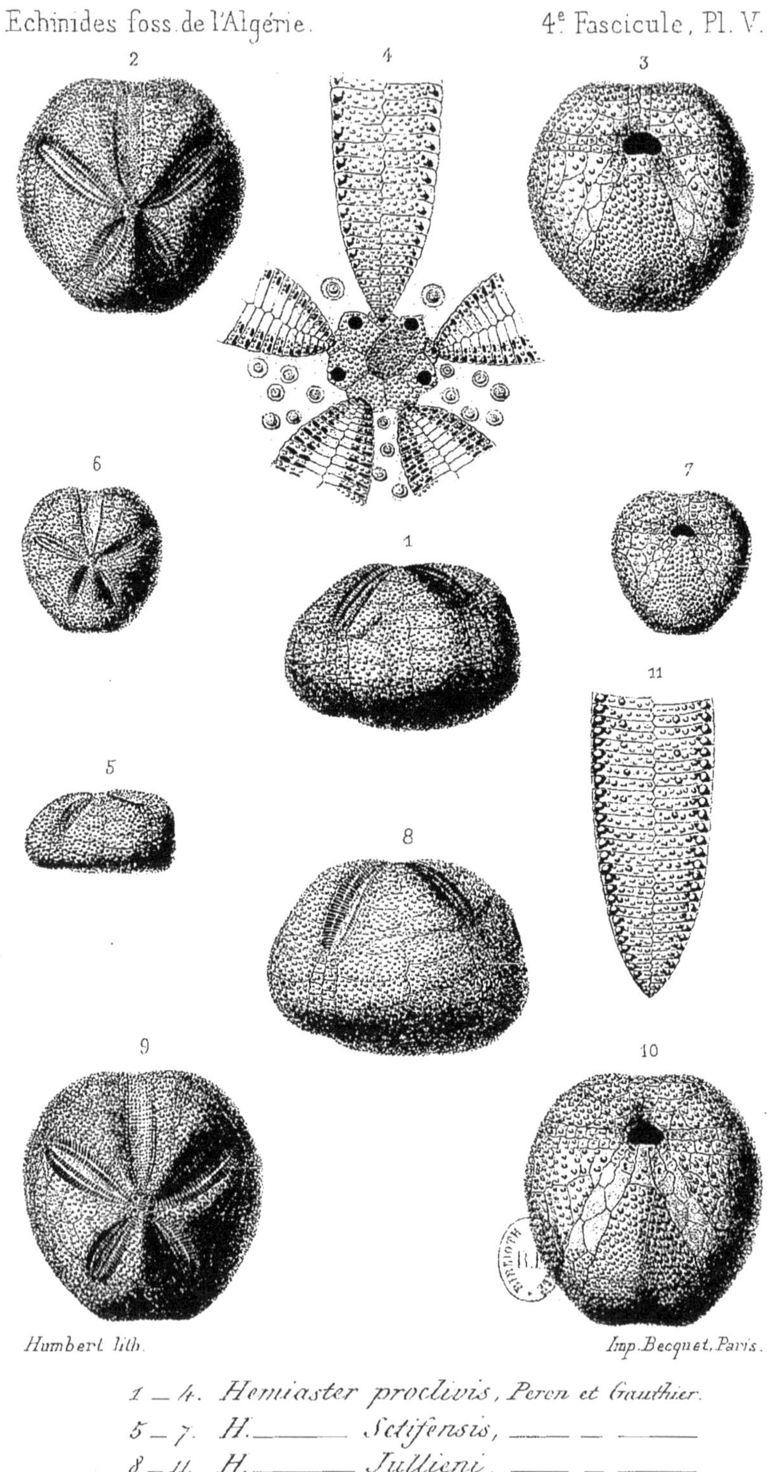

Humbert lith. Imp. Becquet, Paris.

1 – 4. Hemiaster proclivis, Peron et Gauthier.

5 – 7. H. —— Setifensis, —— — ——

8 – 11. H. —— Jullieni, —— — ——

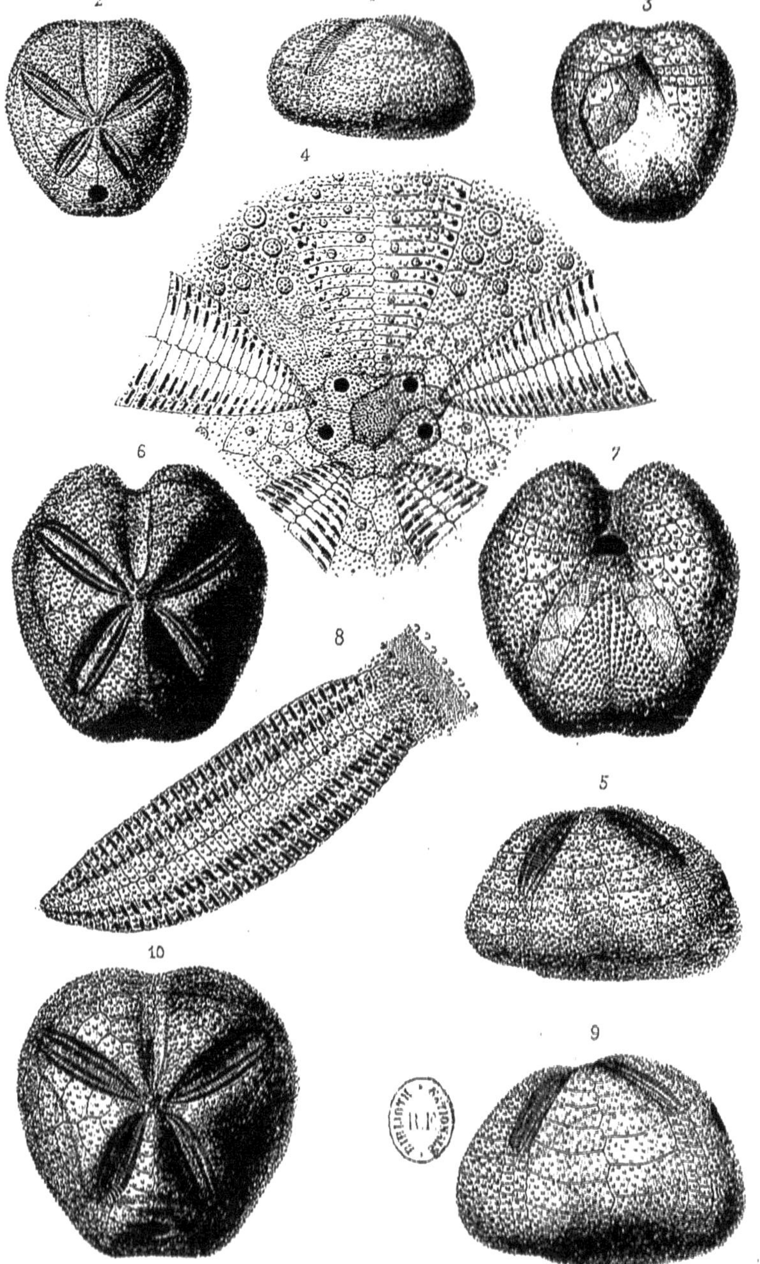

Humbert lith. Imp. Becquet, Paris.

1–4. *Hemiaster Saadensis*, Peron et Gauthier.
5–8. *H.* ——— *Lorioli*, ——— ———
9–10. *H.* ——— *Bourguignati*, ——— ———

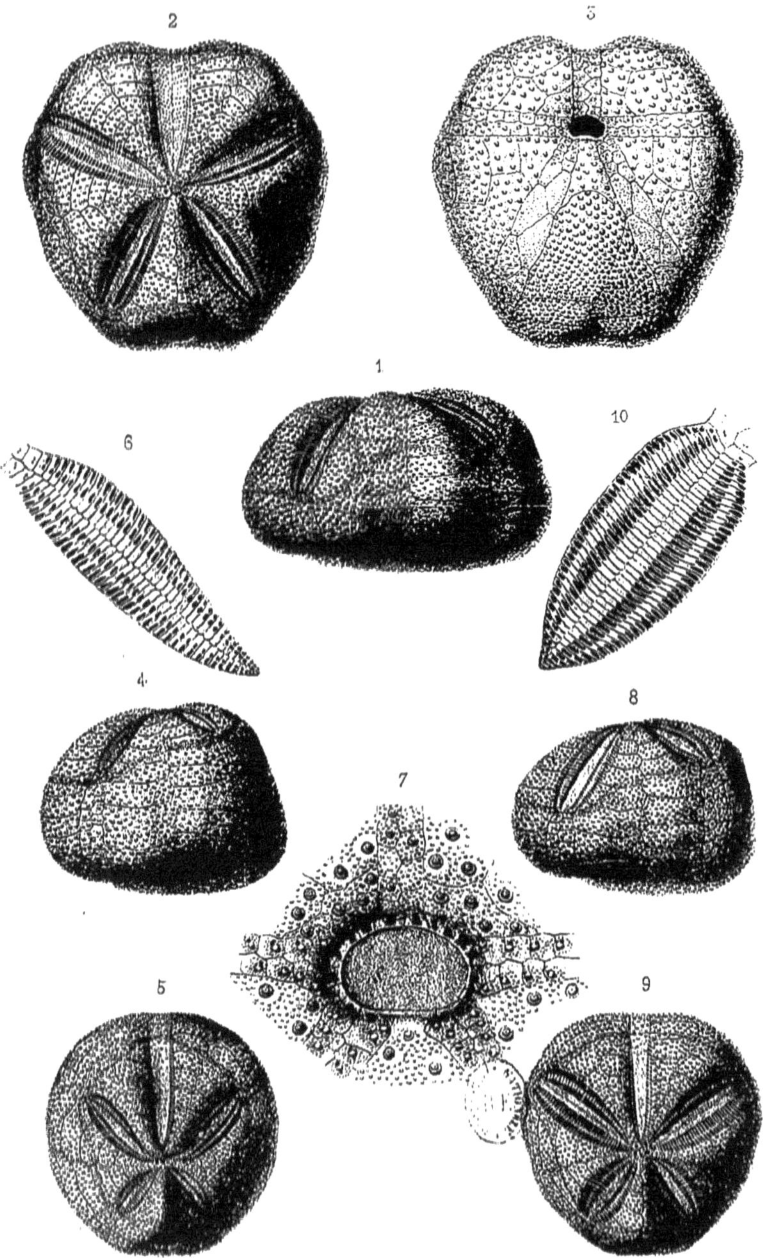

Humbert lith. Imp. Becquet, Paris.

1-3. *Hemiaster Heberti*, Peron et Gauthier.
4-7. *H. —— Desvauxi*, Coquand.
8-10. *H. —— Aumalensis*, Coquand.

Echinides foss. de l'Algérie. 4e fascicule, Pl. VIII.

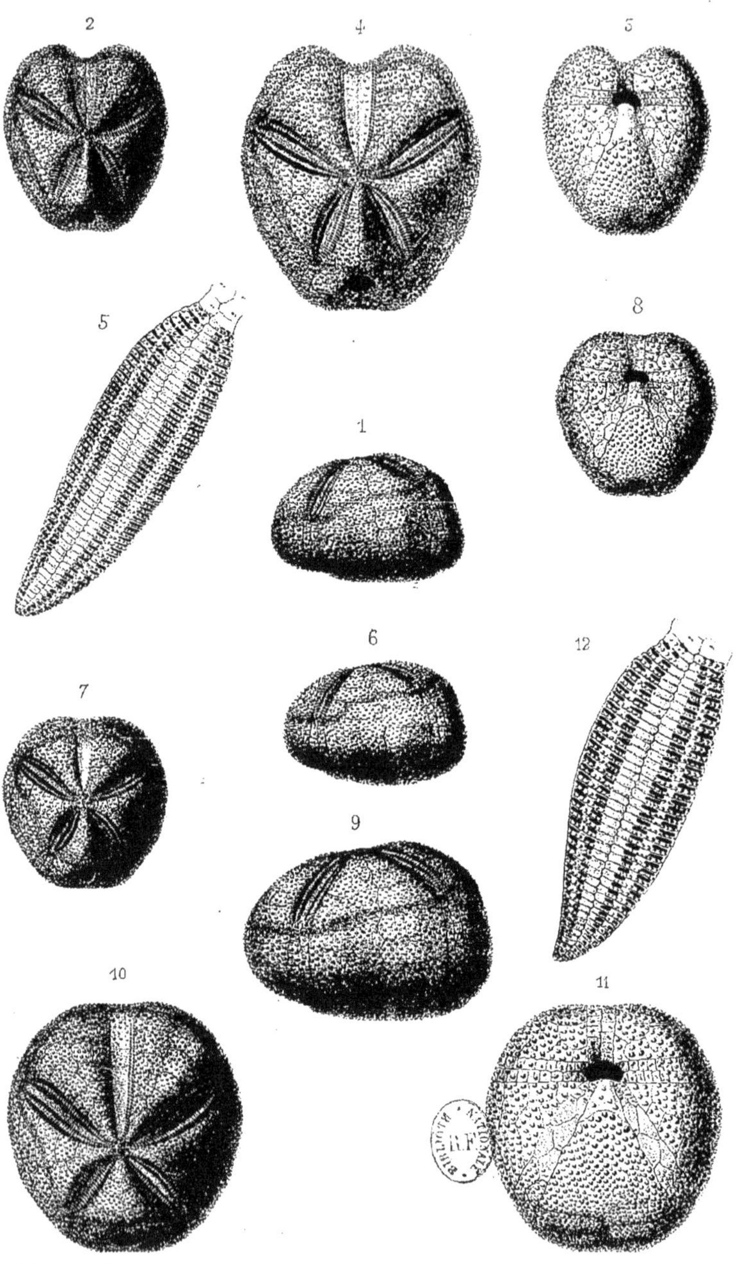

Humbert lith. Imp. Becquet, Paris.

1–3. *Hemiaster Chauveneti*, Peron et Gauthier.
6–8. *H.* —— *Zitteli*, Coquand.
9–12. *H.* —— *hippocastanum*, Coquand.

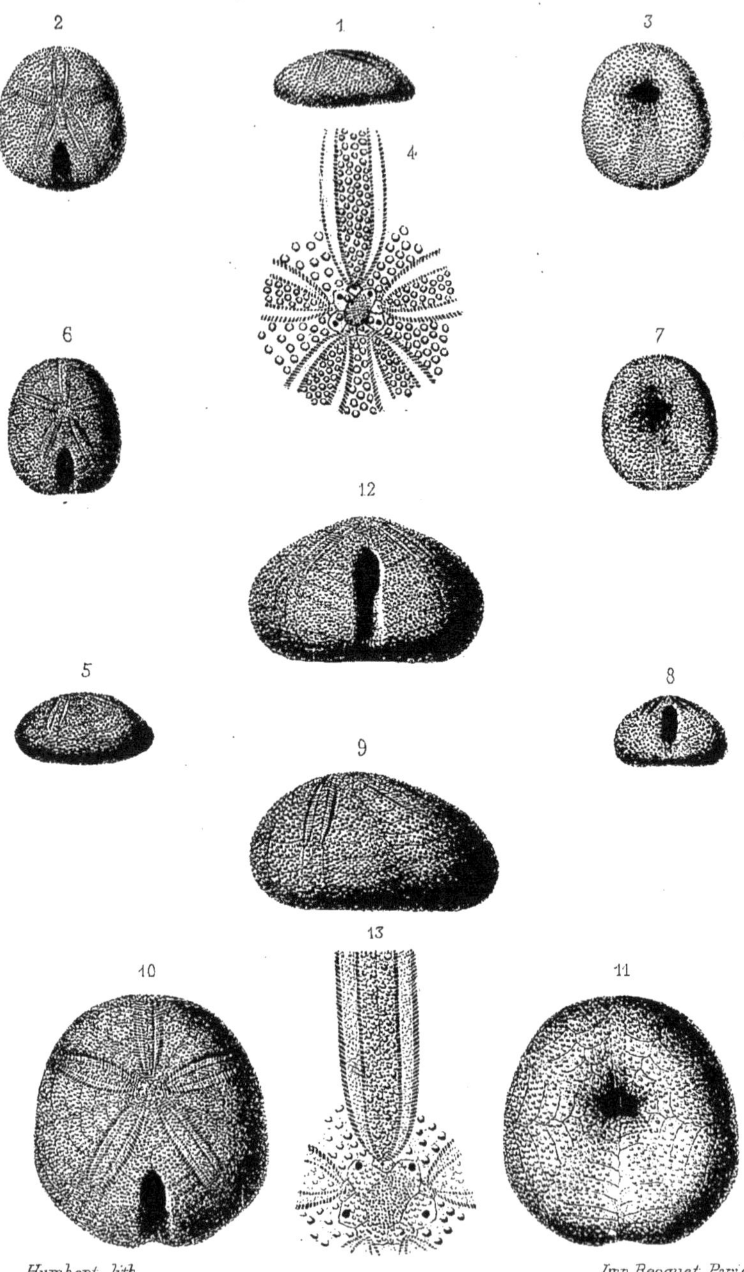

Humbert lith. Imp. Becquet, Paris.

1 _ 8. Echinobrissus angustior, Gauthier.
9 _ 13. E.———— rotundus, Peron et Gauthier.

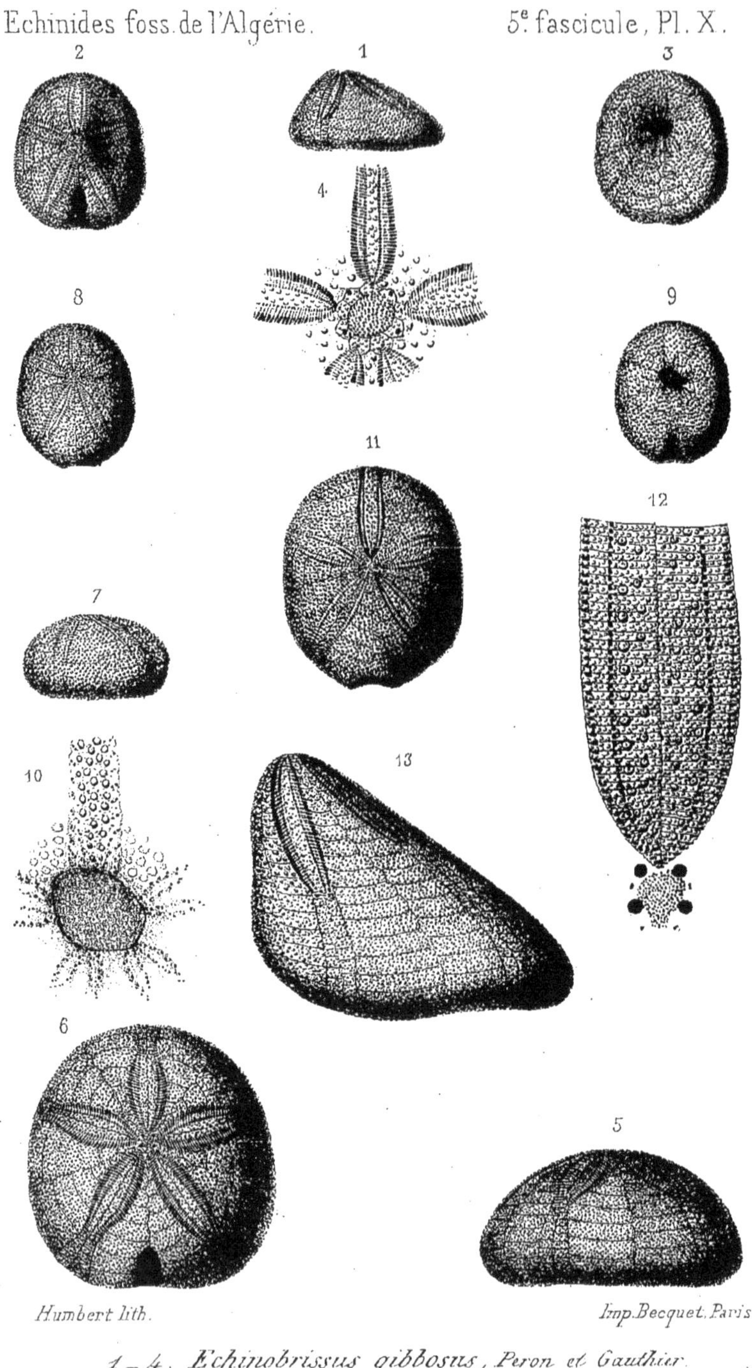

Humbert lith. Imp. Becquet. Paris.

1_4. *Echinobrissus gibbosus*, Peron et Gauthier.
5_6. *E.___ _____ Gemellaroi*, Coquand.
7_12. *Phyllobrissus floridus*, Peron et Gauthier.
13. *Archiacia sandalina*, Agassiz.

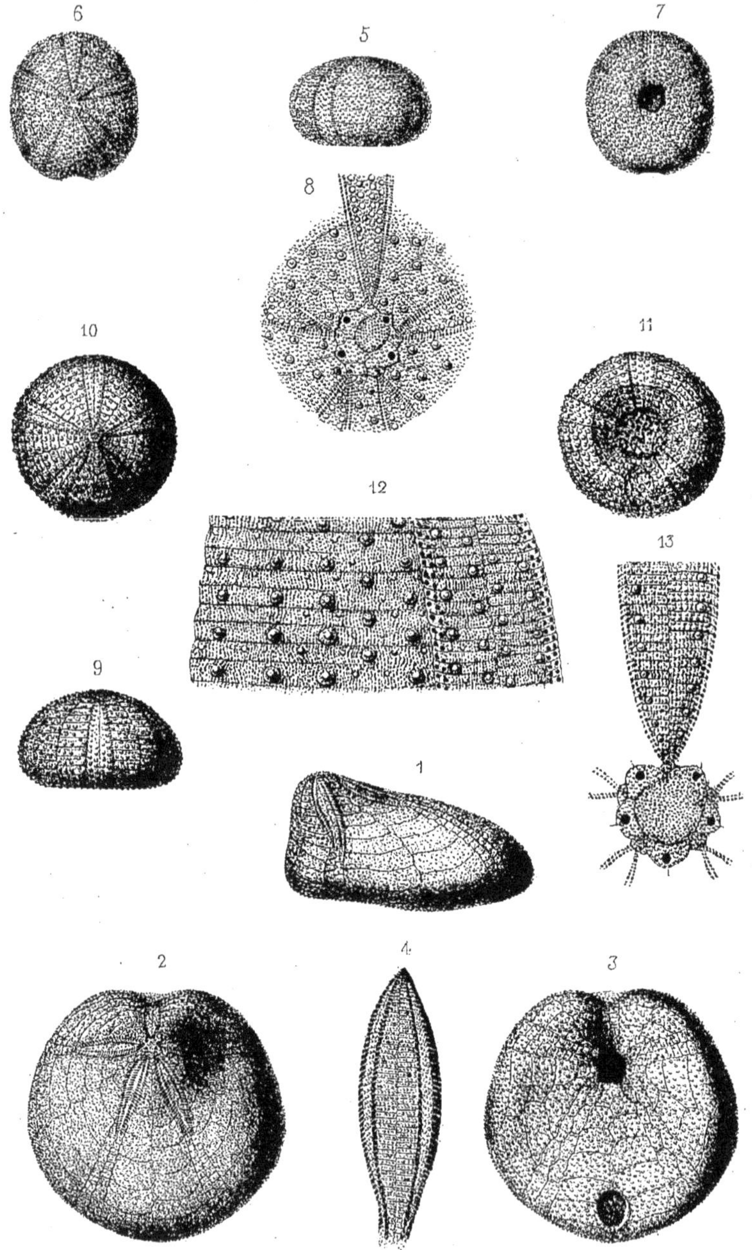

Humbert lith. Imp. Becquet, Paris.

1 _ 4. *Archiacia Saadensis*, Peron et Gauthier.
5 _ 8. *Pyrina crucifera*, ———
9 _ 13. *Discoïdea Jullieni*, ———

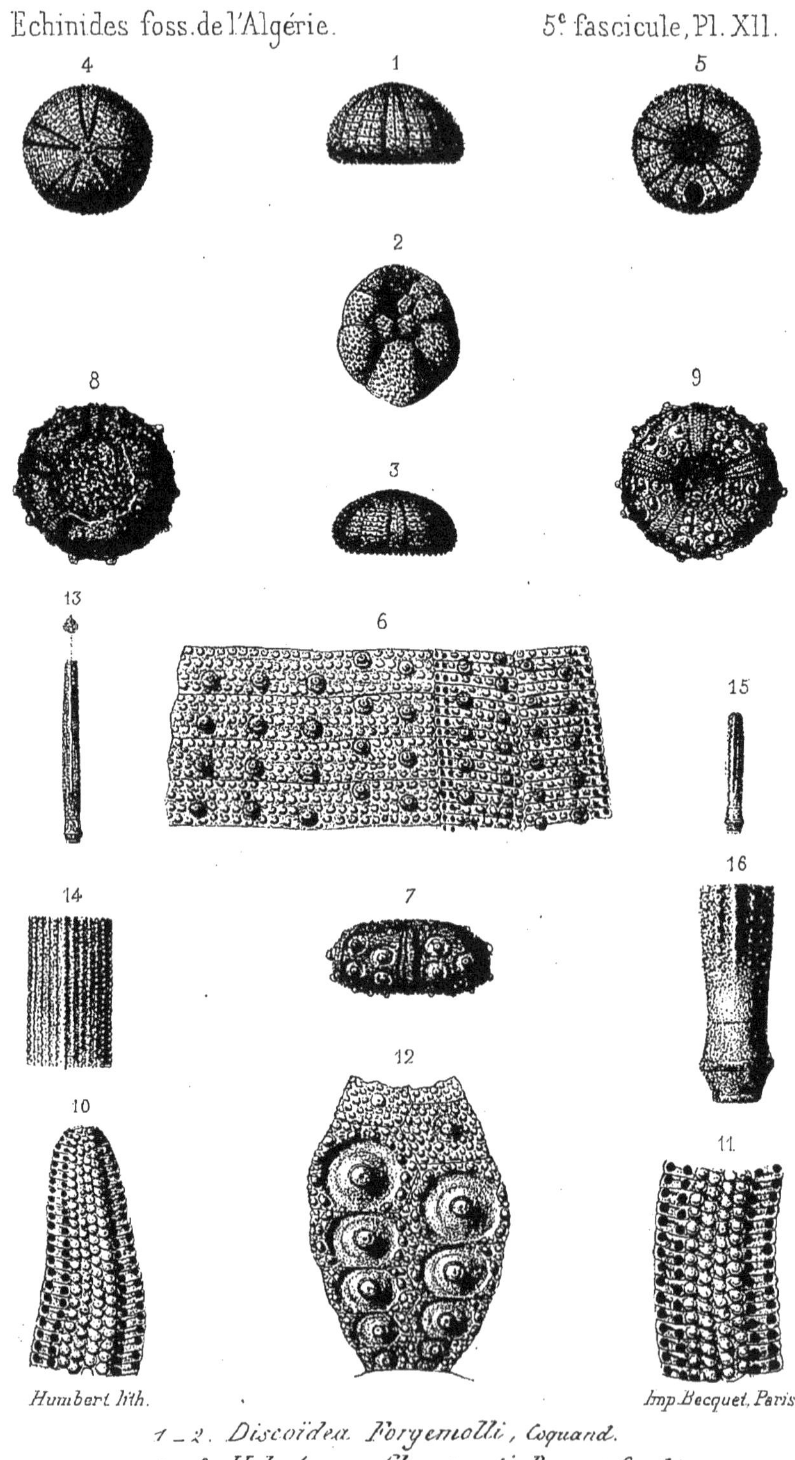

Humbert lith. Imp. Becquet, Paris.

1 _ 2. *Discoïdea Forgemolli*, Coquand.
3 _ 6. *Holectypus Chauveneti*, Peron et Gauthier.
7 _ 12. *Cidaris atropha*, ——
13 _ 16. *C.* —— *angulata*, ——

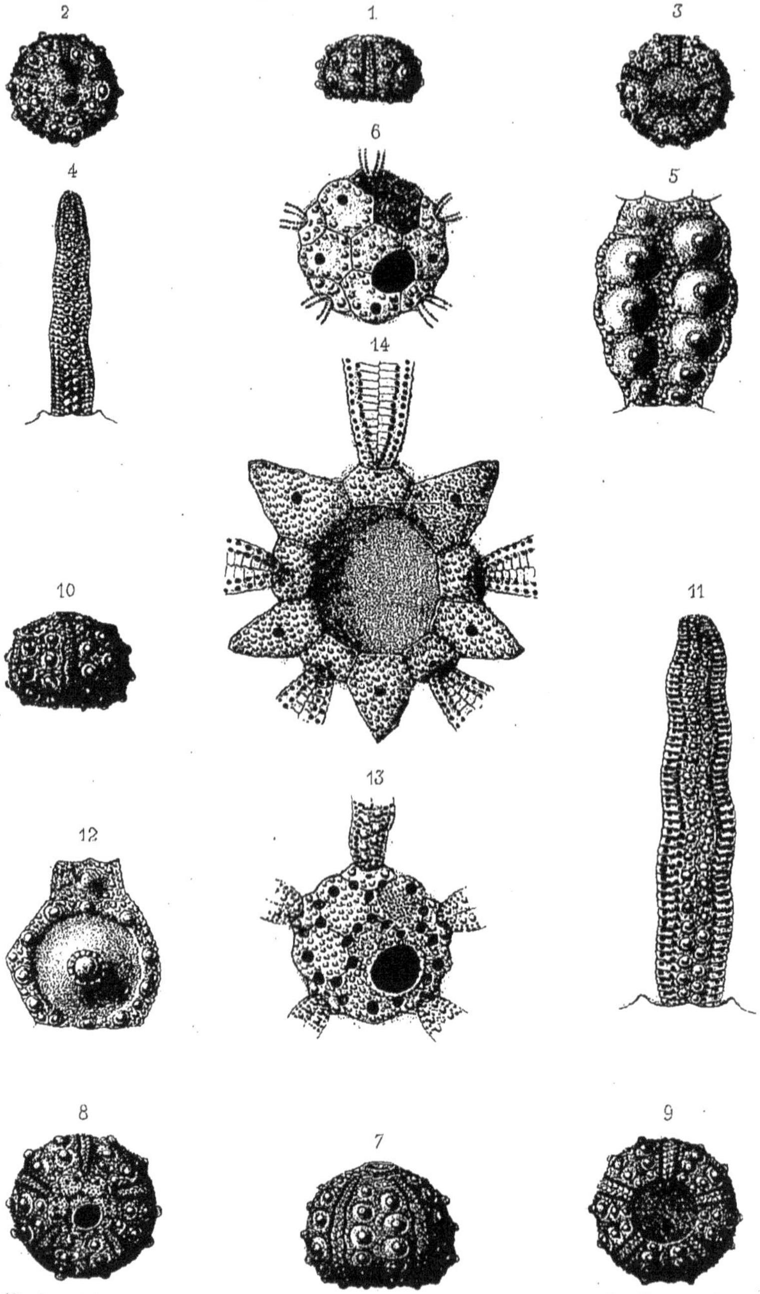

2 1 3

6

4 5

14

10 11

13

12

8 7 9

Humbert lith. Imp. Becquet, Paris.

1 _ 6. *Salenia clavata*, Peron et Gauthier.
7 _ 13. *S.* ——— *Batnensis*, ——— ———
14. *Hemicidaris Batnensis*, Cotteau.

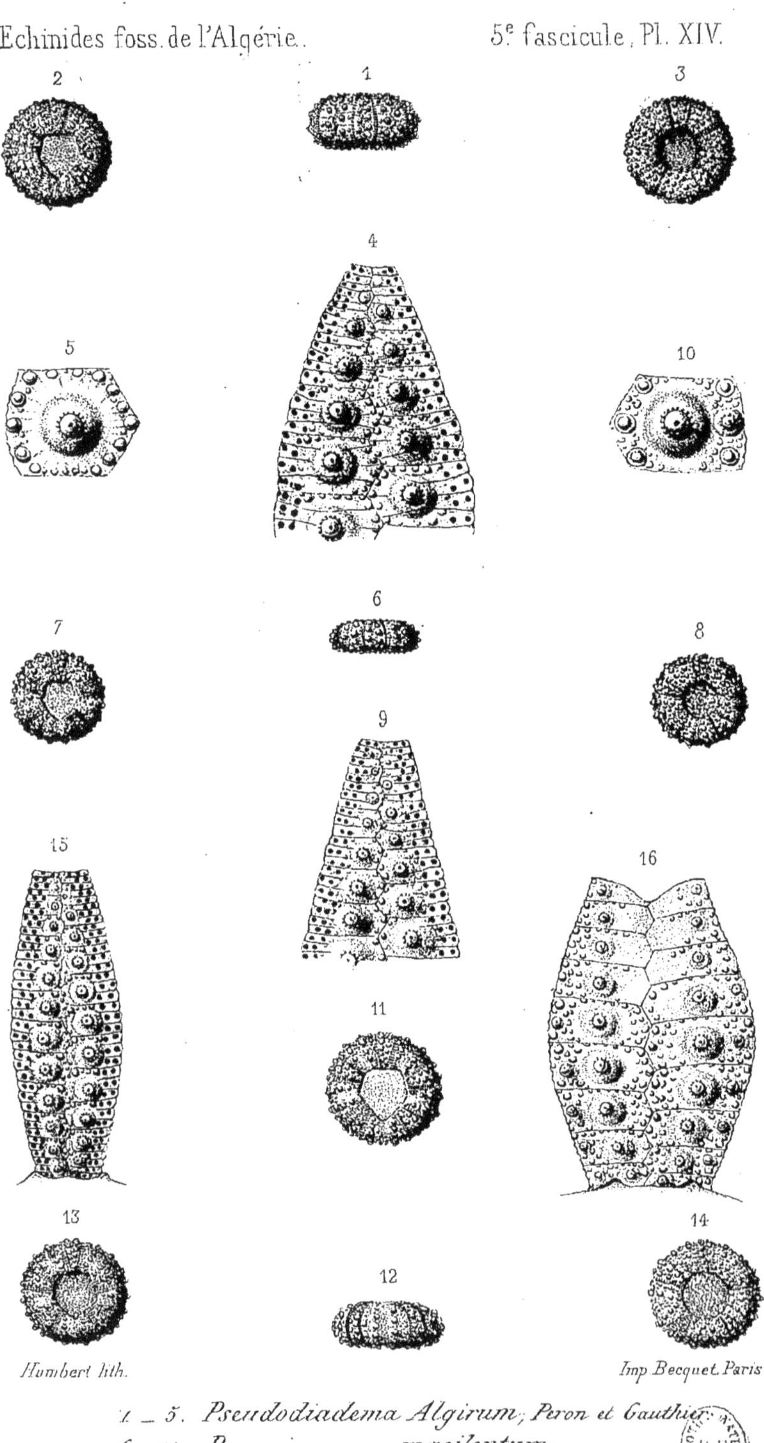

1 _ 5. Pseudodiadema Algirum, Peron et Gauthier.
6 _ 11. P. ———— macilentum, ————
12 _ 16. P. ———— concinnum, ————

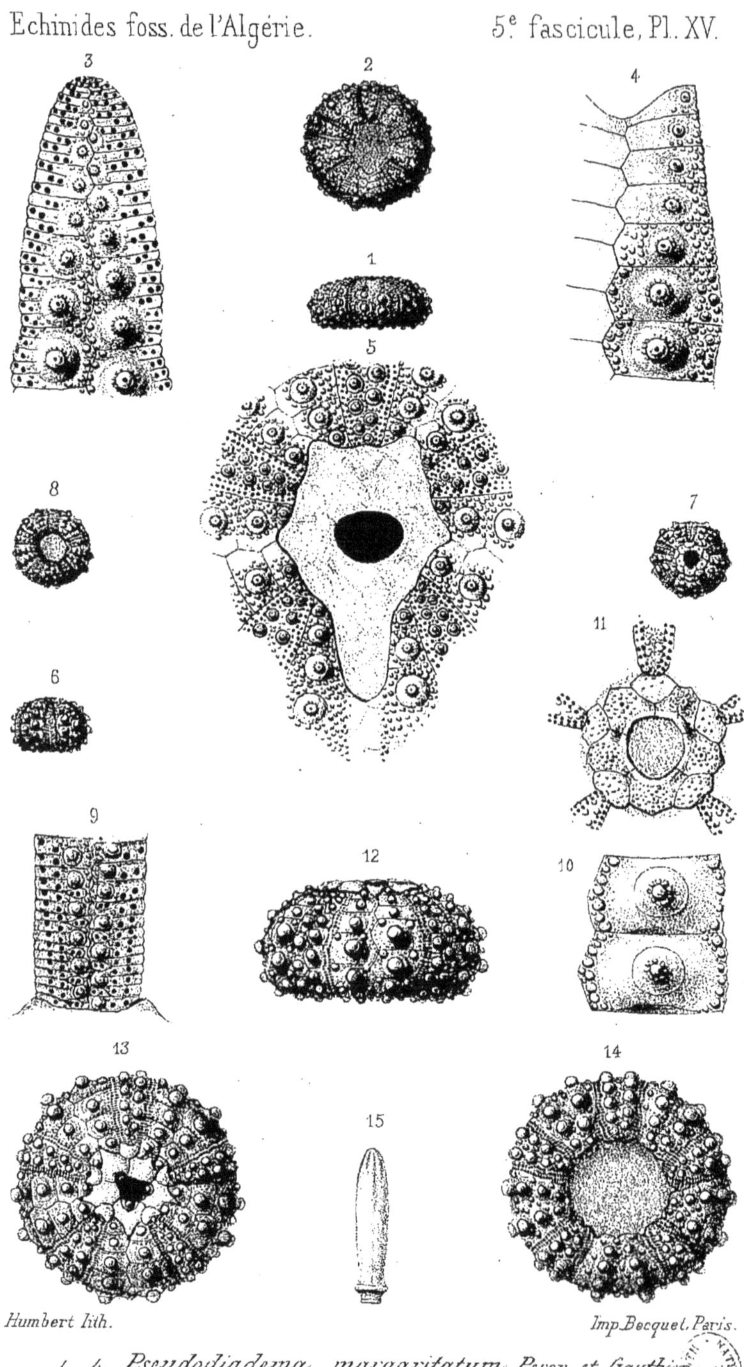

Humbert lith. Imp. Becquet, Paris.

1_4. *Pseudodiadema margaritatum*, Peron et Gauthier.
5. *Heterodiadema Libycum*, Cotteau.
6_11. *Coptophyma problematicum*, Peron et Gauthier.
12_15. *Goniopygus Messaoud*, ———

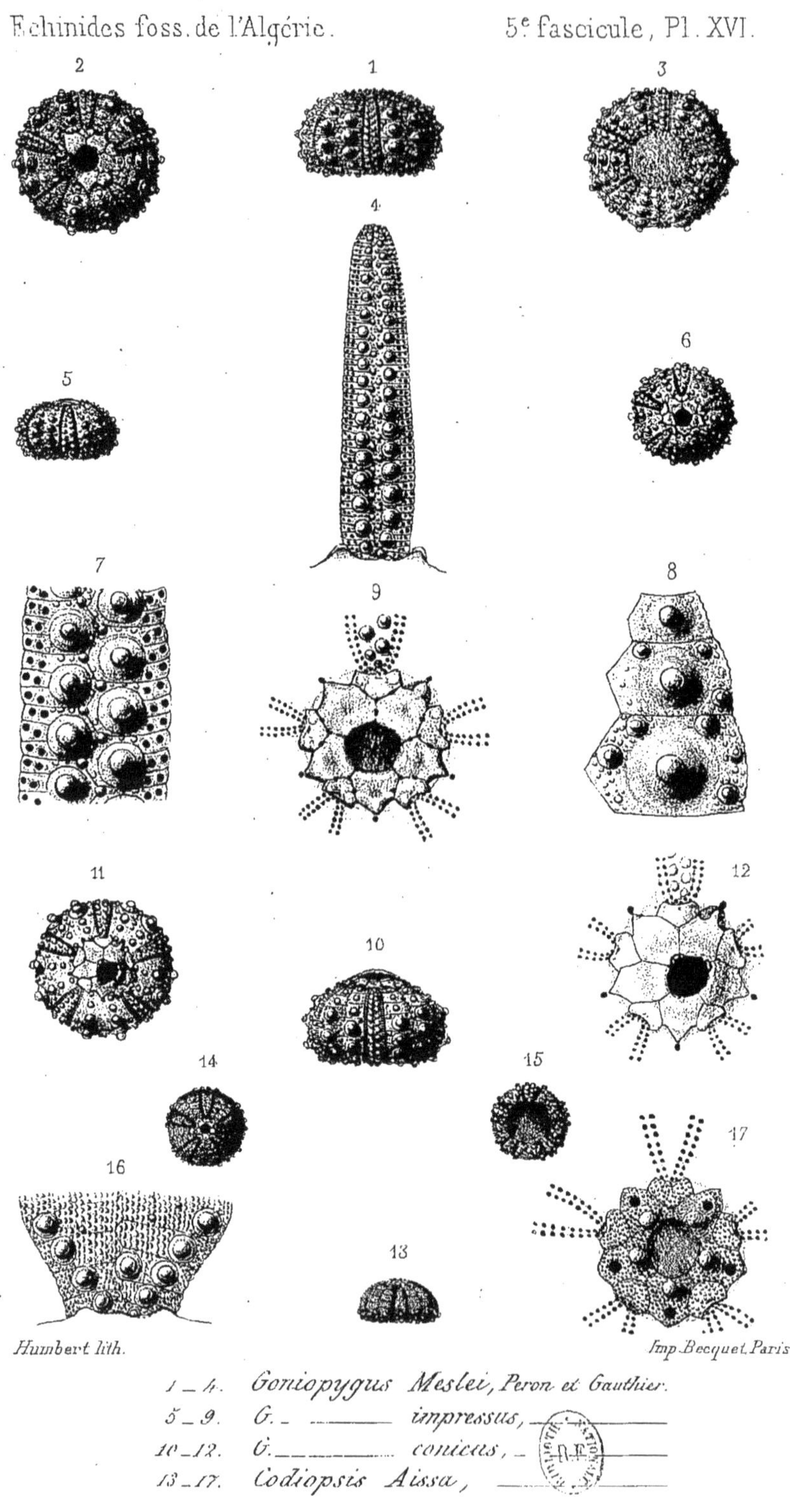

Humbert lith. Imp. Becquet, Paris.

1 _ 4. *Goniopygus Meslei*, Peron et Gauthier.
5 _ 9. *G.* _ _____ *impressus*, _____
10 _ 12. *G.* _____ *conicus*, _____
13 _ 17. *Codiopsis Aissa*, _____

www.ingramcontent.com/pod-product-compliance
Ingram Content Group UK Ltd.
Pitfield, Milton Keynes, MK11 3LW, UK
UKHW021856190726
13855UKWH00001B/353

9 782013 269841